HotSpot实战

陈涛 著

人民邮电出版社
北京

图书在版编目（CIP）数据

HotSpot实战 / 陈涛著. -- 北京：人民邮电出版社，2014.3（2022.1重印）
ISBN 978-7-115-34363-5

Ⅰ．①H… Ⅱ．①陈… Ⅲ．①虚拟处理机 Ⅳ．①TP338

中国版本图书馆CIP数据核字（2014）第001815号

内容提要

本书深入浅出地讲解了HotSpot虚拟机的工作原理，将隐藏在它内部的本质内容逐一呈现在读者面前，包括OpenJDK与HotSpot项目、编译和调试HotSpot的方法、HotSpot内核结构、Launcher、OOP-Klass对象表示系统、链接、运行时数据区、方法区、常量池和常量池Cache、Perf Data、Crash分析方法、转储分析方法、垃圾收集器的设计演进、CMS和G1收集器、栈、JVM对硬件寄存器的利用、栈顶缓存技术、解释器、字节码表、转发表、Stubs、Code Cache、Code生成器、JIT编译器、C1编译器、编译原理、JVM指令集实现、函数的分发机制、VTABLE和ITABLE、异常表、虚拟机监控工具（如jinfo、jstack、jhat、jmap等）的实现原理和开发方法、Attach机制、基于GUI的JVM分析工具（如MAT、VisualVM）等内容。

除了HotSpot技术，本书还对方法论进行了探讨。在各个章节的讲解中，都会有一些与系统运行机制相关的实战或练习，供读者练手。通过这些实战练习，不仅有助于读者加深对知识或原理的理解，更为重要的是，它还可以培养读者独立探索的思维方式，这有助于读者把知识融会贯通并灵活应用到实际项目中。

本书适合于已具有一定Java编程基础的读者，以及在Java或基于JVM的编程语言平台下进行各类软件开发的开发人员、测试人员和运维人员。对于JVM和编程语言爱好者来说，本书也具有一定的学习参考价值。

◆ 著　　陈　涛
　　责任编辑　杜　洁
　　责任印制　程彦红　杨林杰

◆ 人民邮电出版社出版发行　北京市丰台区成寿寺路11号
　　邮编　100164　电子邮件　315@ptpress.com.cn
　　网址　http://www.ptpress.com.cn
　　北京天宇星印刷厂印刷

◆ 开本：800×1000　1/16
　　印张：22.5　　　　　　　2014年3月第1版
　　字数：491千字　　　　　2022年1月北京第12次印刷

ISBN 978-7-115-34363-5

定价：69.00元

读者服务热线：（010）81055410　印装质量热线：（010）81055316
反盗版热线：（010）83155315
广告经营许可证：京东市监广登字20170147号

序

  每个 Java 开发者都知道 Java 字节码是在 JRE 上执行的。JRE 中最重要的部分就是 Java 虚拟机（JVM），JVM 负责分析和执行 Java 字节码。通常情况下，Java 开发人员并不需要去关心 JVM 是如何运行的。即使不理解 JVM 的工作原理，也不会给开发人员带来过多困惑。但是，如果你了解 JVM 的话，就会更加了解 Java，并且能够解决很多看似棘手的问题。

  很多开发工程师不愿意花时间去了解 JVM 的底层，因为了解的过程很辛苦，也很枯燥。陈涛喜欢专研技术，他不仅对 Java、C、C++ 熟悉，而且对操作系统底层也很熟悉。他的知识面也比较广，能够将理论很好地应用于实践中。《HotSpot 实战》便是他潜心研究和实践的成果。

  本书第一次系统全面地剖析了具体的虚拟机产品（即 HotSpot，Oracle 官方虚拟机）的实现，填补了市场上这类图书的空白。作者不仅透彻地讲解了那些看似深奥的原理，还提供了很多容易上手的实践案例。该书的一个突出特色是：读者通过自己动手实践便可掌握原本难以理解的原理。这为读者学习 JVM 提供了一条轻松的途径。此外，书中还深入浅出地介绍了很多实战应用的方法和技巧，具有较强的现实意义。

  陈涛是网易宝的核心开发人员之一，同时维护了网易宝的多个系统。网易宝是网易官方的在线支付系统，对开发工程师的技术要求极高。尤其是在逻辑上，不能有半点疏忽，因为任何错误都有可能导致几百万甚至上千万的损失。他在不耽误正常工作的同时能够完成一本高质量的技术书籍，是非常不容易的。

赵 刚
网易宝系统负责人，资深技术专家

前言

在聚贤庄一役中,金庸先生描写了一场颇有意思而又寓意深刻的较量。玄难舍弃自己的成名绝技不用,使出习武之人众所周知的入门功夫太祖长拳与乔峰决战。仅区区几个回合下来,便引得群雄对玄难由衷地赞叹:"同样的一招入门拳法,在他手底竟有这么强大的威力"。而当乔峰也使出太祖长拳还以颜色时,众人更是情不自禁地喝彩:"武林高手毕生所盼望达到的拳术完美之境,竟在这一招中表露无疑"。这个场面给我深刻的启示:扎实的根基与持续的打磨,才是技术人员的修行之道。

技术能力的培养与武功的修行,同样遵循着循序渐进的发展规律。在达到高手境界之前,每个人都需要从零起步并坚持不懈地学习。这听起来似乎很难,毕竟我们不知道会遇到多少困难。但有一个天大的困难却是显而易见的,那就是技术人员自身的浮躁。

近些年来,互联网技术犹如开足马力的高速列车一样,在飞速地前进着。似乎"快"一词已经成了时下互联网领域最贴切的写照。为了维持市场竞争力,我们必须持续地、快速地更新自身的产品和服务。而技术人员很容易在紧迫的 deadline 面前忘却了自身的技术追求。我们,正在变得浮躁起来。

为什么会写这本书

"蚓无爪牙之利,筋骨之强,上食埃土,下饮黄泉,用心一也。蟹六跪而二螯,非蛇鳝之穴无可寄托者,用心躁也"。对于技术人员来说,如果长期忽略自身技术的根基而去一味地追求高层框架技术,这无疑是舍本逐末的做法。

相较于 C 或 C++ 程序员,我发现 Java 程序员更容易忽视基础技术。JVM 的出现,为程序员屏蔽了操作系统与硬件的细节,使得程序员从诸如内存管理这样的繁琐任务中解放出来。但这不并等同于允许 Java 程序员放弃对基础的重视。我们是否有过这样的经历,在遇到内存故障、丢包、网络协议设计、资源瓶颈、证书、二进制等问题时,往往会觉得比较棘手,在寻求解决思路时更是显得力不从心。这实质上是自身技术遇到了瓶颈难以突破所致。可怕的是,想去深究的时候却无从下手。

我写这本书的初衷是为了唤起 Java 程序员对基础技术的重视。事实上，任何平台的程序员都应当了解平台的基本特性、实现机制以及接口，这是提高自身修养的必经之路。对于 Java 程序员来说，我们需要了解的平台就是 JVM。了解 JVM 的基本实现机制，不仅对于解决实际应用中诸如 GC 等虚拟机问题有直接帮助，还有利于我们更好地理解语言本身。

所幸的是，Oracle 官方已经将虚拟机项目的源码开放出来，这对于我们来说简直就是福音。本书将以 OpenJDK 和 HotSpot 为素材，深入浅出地讲解我们最为熟悉的一款虚拟机产品的实现。除了 Java 程序员，从事与 Java 或 JVM 相关的开发、测试、运维等技术人员也可以在本书中获益。

本书内容

本书深入浅出地讲解了 HotSpot 虚拟机的工作原理，将隐藏在它内部的本质内容逐一呈现在读者面前，包括 OpenJDK 与 HotSpot 项目、编译和调试 HotSpot 的方法、HotSpot 内核结构、Launcher、OOP-Klass 对象表示系统、链接、运行时数据区、方法区、常量池和常量池 Cache、Perf Data、Crash 分析方法、转储分析方法、垃圾收集器的设计演进、CMS 和 G1 收集器、栈、JVM 对硬件寄存器的利用、栈顶缓存技术、解释器、字节码表、转发表、Stubs、Code Cache、Code 生成器、JIT 编译器、C1 编译器、编译原理、JVM 指令集实现、函数的分发机制、VTABLE 和 ITABLE、异常表、虚拟机监控工具（如 jinfo、jstack、jhat、jmap 等）的实现原理和开发方法、Attach 机制、基于 GUI 的 JVM 分析工具（如 MAT、VisualVM）等内容。

除了 HotSpot 技术，本书强调了对方法论的探讨。在各个章节的讲解中，都会有一些与系统运行机制相关的实战或练习，供读者练手。通过这些实战练习，不仅有助于读者加深对知识或原理的理解，更为重要的是，它还可以培养读者独立探索的思维方式，这有助于读者把知识融会贯通并灵活应用到实际项目中。

古人云"授人以鱼，不如授之以渔"，本书并不是简单地列举那些高深莫测的知识点，而是力求将理论与实践有机地结合起来，培养读者独立分析 JVM 底层机制的能力。读者在今后的实践中，通过自己动手实践就能揭开 HotSpot 内部机制的神秘面纱，汲取到书本上没有介绍但是实际项目中又急需的"营养"。

本书适用读者

本书适合于已具有一定 Java 编程基础的读者，以及在 Java 或基于 JVM 的编程语言平台下进行各类软件开发的开发人员、测试人员以及运维人员。对于 JVM 和编程语言爱好者来说，本书也具有一定的学习参考价值。

感谢

最想感谢的人莫过于我的父母,感谢你们对我的养育之恩。直到如今,我初为人父,才深刻体会到你们为家庭付出的艰辛。感谢哥哥和姐姐,我为我们之间的手足之情感到骄傲。特别感谢我的妻子,在我写书期间女儿出生了,我因工作和写书没能抽出太多时间照顾你们,而你从不抱怨,相反,你却很好地照顾了家庭和孩子,令我深感幸福。感谢刚出生的女儿,你的乖巧和可爱为家庭注入了活力和感动,也是我前进的动力。感谢我的家人们,你们的关爱和支持是我终身最大的财富。

本书得以出版,需要感谢人民邮电出版社的编辑杜洁,她多次对稿件进行了审读并提出许多宝贵意见,催使本书顺利完成。感谢网易宝赵刚先生的垂青,让本书有了出版的机会。感谢通策集团陈双辉先生,您对技术和互联网的见解令我深感钦佩。感谢网易宝朱晓明女士的支持,并感谢网易宝技术团队为本书提出的许多宝贵意见和建议,能与你们共事是我莫大的荣幸。

参与本书编写的还有陈为松、崔正明、陶云、陈育键、陈元元、夏崔莹、徐飞、袁超、吴倩倩、郭超、王秋子、陈晓明、赵国强、伍和海、在此一并表示感谢。

陈 涛
2014 年 1 月

目录

第 1 章 初识 HotSpot 1
1.1 JDK 概述 2
- 1.1.1 JCP 与 JSR 3
- 1.1.2 JDK 的发展历程 4
- 1.1.3 Java 7 的语法变化 7

1.2 动手编译虚拟机 13
- 1.2.1 源代码下载 13
- 1.2.2 HotSpot 源代码结构 13
- 1.2.3 搭建编译环境 15
- 1.2.4 编译目标 16
- 1.2.5 编译过程 17
- 1.2.6 编译常见问题 19

1.3 实战：在 HotSpot 内调试 HelloWorld 20
- 1.3.1 认识 GDB 21
- 1.3.2 准备调试脚本 22

1.4 小结 26

第 2 章 启动 28
2.1 HotSpot 内核 28
- 2.1.1 如何阅读源代码 28
- 2.1.2 HotSpot 内核框架 36
- 2.1.3 Prims 37
- 2.1.4 Services 39
- 2.1.5 Runtime 43

2.2 启动 46
- 2.2.1 Launcher 46
- 2.2.2 虚拟机生命周期 48
- 2.2.3 入口：main 函数 50
- 2.2.4 主线程 51
- 2.2.5 InitializeJVM 函数 53
- 2.2.6 JNI_CreateJavaVM 函数 55
- 2.2.7 调用 Java 主方法 56
- 2.2.8 JVM 退出路径 56

2.3 系统初始化 57
- 2.3.1 配置 OS 模块 58
- 2.3.2 配置系统属性 60
- 2.3.3 加载系统库 61
- 2.3.4 启动线程 62
- 2.3.5 vm_init_globals 函数：初始化全局数据结构 65
- 2.3.6 init_globals 函数：初始化全局模块 65

2.4 小结 69

第 3 章 类与对象 70
3.1 对象表示机制 71
- 3.1.1 OOP-Klass 二分模型 71
- 3.1.2 Oops 模块 71
- 3.1.3 OOP 框架与对象访问机制 73
- 3.1.4 Klass 与 instanceKlass 79
- 3.1.5 实战：用 HSDB 调试 HotSpot 82

3.2 类的状态转换 87
- 3.2.1 入口：Class 文件 87
- 3.2.2 类的状态 92
- 3.2.3 加载 96

3.2.4 链接　101
3.2.5 初始化　104
3.2.6 实战：类的"族谱"　107
3.2.7 实战：系统字典　111
3.3 创建对象　113
3.3.1 实例对象的创建流程　114
3.3.2 实战：探测 JVM 内部对象　116
3.4 小结　119

第 4 章 运行时数据区　120
4.1 堆　121
4.1.1 Java 的自动内存管理　121
4.1.2 堆的管理　122
4.2 线程私有区域　125
4.2.1 PC　125
4.2.2 JVM 栈　126
4.3 方法区　126
4.3.1 纽带作用　127
4.3.2 常量池　130
4.3.3 常量池缓存：ConstantPoolCache　133
4.3.4 方法的表示：methodOop　134
4.3.5 方法的解析：将符号引用转换成直接引用　138
4.3.6 代码放在哪里：ConstMethodOop　141
4.3.7 实战：探测运行时常量池　142
4.4 性能监控数据区：Perf Data　147
4.4.1 描述这段空间：PerfMemory　147
4.4.2 查看　148
4.4.3 生产　150
4.5 转储　151
4.5.1 用 VisualVM 进行转储分析　151
4.5.2 JVM Crash　153
4.6 小结　158

第 5 章 垃圾收集　159
5.1 堆与 GC　160

5.1.1 垃圾收集　160
5.1.2 分代收集　162
5.1.3 快速分配　165
5.1.4 栈上分配和逸出分析　167
5.1.5 GC 公共模块　167
5.2 垃圾收集器　170
5.2.1 设计演进　170
5.2.2 CMS 收集器　175
5.2.3 G1 收集器　180
5.3 实战：性能分析方法　184
5.3.1 获取 GC 日志　184
5.3.2 GC 监控信息　187
5.3.3 内存分析工具　189
5.3.4 选择合适的收集器与 GC 性能评估　190
5.3.5 不要忽略 JVM Crash 日志　195
5.4 小结　196

第 6 章 栈　197
6.1 硬件背景：了解真实机器　198
6.1.1 程序是如何运行的　198
6.1.2 x86 与栈帧　199
6.1.3 ARM 对 Java 硬件级加速：Jazelle 技术　202
6.2 Java 栈　203
6.2.1 寄存器式指令集与栈式指令集　203
6.2.2 HotSpot 中的栈　204
6.2.3 栈帧　207
6.2.4 充分利用寄存器资源　210
6.2.5 虚拟机如何调用 Java 函数　212
6.2.6 优化：栈顶缓存　221
6.2.7 实战：操作数栈　223
6.3 小结　228

第 7 章 解释器和即时编译器　229
7.1 概述　230
7.2 解释器如何工作　231
7.2.1 Interpreter 模块　232
7.2.2 Code 模块　234

    7.2.3　字节码表　235
    7.2.4　Code Cache　236
    7.2.5　InterpreterCodelet 与 Stub 队列　239
    7.2.6　Code 生成器　241
    7.2.7　模板表与转发表　244
    7.2.8　实战：InterpreterCodelet　247
  7.3　即时编译器　250
    7.3.1　概述　250
    7.3.2　编译器模块　251
    7.3.3　编译器的基本结构　252
    7.3.4　实战：编译原理实践，了解编译中间环节　255
  7.4　小结　267

第 8 章　指令集　268

  8.1　再说栈式指令集　268
  8.2　数据传送　270
    8.2.1　局部变量、常量池和操作数栈之间的数据传送　270
    8.2.2　数据传送指令　272
    8.2.3　实战：数组的越界检查　277
  8.3　类型转换　279
  8.4　对象的创建和操作　281
  8.5　程序流程控制　282
    8.5.1　控制转移指令　282
    8.5.2　条件转移　283
    8.5.3　无条件转移　284
    8.5.4　复合条件转移　285
    8.5.5　实战：switch 语句如何使用 String　287
  8.6　运算　290
    8.6.1　加法：iadd　290
    8.6.2　取负：ineg　291
  8.7　函数的调用和返回　292
    8.7.1　Java 函数分发机制：VTABLE 与 ITABLE　293

    8.7.2　invoke 系列指令　297
    8.7.3　动态分发：覆盖　299
    8.7.4　静态分发：重载　302
  8.8　异常　305
    8.8.1　异常表　305
    8.8.2　创建异常　306
    8.8.3　try-catch　309
    8.8.4　finally　311
  8.9　小结　312

第 9 章　虚拟机监控工具　313

  9.1　Attach 机制　314
    9.1.1　AttachProvider 与 VirtualMachine　314
    9.1.2　命令的下发：execute()　317
    9.1.3　命令的执行：Attach Listener 守护线程　319
  9.2　查看 JVM 进程　320
    9.2.1　用 jps 查看 Java 进程　320
    9.2.2　实战：定制 jps，允许查看库路径　323
  9.3　查看和配置 JVM　326
    9.3.1　用 jinfo 查看 JVM 参数配置　326
    9.3.2　实战：扩展 flags 选项，允许查看命令行参数　330
  9.4　堆内存转储工具　332
    9.4.1　Heap Dump　332
    9.4.2　原理　333
  9.5　堆转储分析　337
    9.5.1　Heap Dump 分析工具：jhat　337
    9.5.2　实战：MAT 分析过程　340
  9.6　线程转储分析　343
    9.6.1　jstack　343
    9.6.2　实战：如何分析资源等待　344
  9.7　小结　347

第 1 章　初识 HotSpot

"知止而后有定，定而后能静，静而后能安，安而后能虑，虑而后能得。"

——《大学》

本章内容
- JVM 与 HotSpot VM
- 开源项目 OpenJDK 与 HotSpot 项目
- Java 语言特性的发展，以及 JCP 和 JSR 的推动作用
- Coin 项目为 Java 7 贡献的新特性
- GDB 调试工具的基本使用方式
- HotSpot 工程的编译与调试方法

对于 Java 程序员来说，启动一个应用服务器是再平常不过的工作了。不知读者是否留意过，在启动应用服务器时，控制台可能会有关于 HotSpot 的信息输出，如图 1-1 所示。

在图 1-1 中，划线部分的字符串描述的是关于 Java 虚拟机（Java Virtual Machine，缩写为 JVM）产品的基本信息。应用服务器启动了一款名为"HotSpot"的 JVM。我们也可以直接在命令行中敲入"java -version"命令查看虚拟机版本信息，如图 1-2 所示。

HotSpot 是 Oracle JDK 官方的默认虚拟机，因此它也顺理成章地成为了 JVM 家族[1]里最为家

---

[1] 目前市场份额较高的几款 Java 虚拟机分别是 Oracle HotSpot、BEA JRockit 和 IBM VM。BEA 后来被 Oracle 收购，这样一来，Oracle 就拥有了两款优秀的 JVM 产品。Oracle 官方宣布，未来会将 HotSpot 与 JRockit 合并。

喻户晓的产品。对于大多数 Java 程序员来说，HotSpot 是与我们打交道最为频繁的一款虚拟机。

```
@ Javadoc  Declaration  Console ☒  Search  Debug  IaloadDemo.class  Outline  Call Hierarchy  Memory  Problems

epay-b-trunk-20130729 [Java Application] D:\develop\jdk\jdk1.7.0_21\bin\javaw.exe (2013-9-16 下午4:49:59)
Copyright(c) 1998-2008 Caucho Technology.  All rights reserved.

Starting Resin on Mon, 16 Sep 2013 16:49:59 +0800 (CST)

[16:50:01.038] {main} Proxy Cache disk-size=1024M memory-size=64M
[16:50:01.048] {main} PingThread[] starting, checking []
[16:50:01.229] {main}
[16:50:01.229] {main} Windows 7 6.1 amd64
[16:50:01.229] {main} Java(TM) SE Runtime Environment 1.7.0_21-b11, UTF-8, zh
[16:50:01.229] {main} Java HotSpot(TM) 64-Bit Server VM 23.21-b01, 64, mixed mode, Oracle Corporation
[16:50:01.229] {main} user.name: acer
[16:50:01.229] {main} resin.home = D:\develop\resin\resin-pro-3.1.9
[16:50:01.229] {main} resin.root = D:\develop\resin\resin-pro-3.1.9
[16:50:01.229] {main} resin.conf = /D:/develop/resin/resin-pro-3.1.9/conf/config.conf
[16:50:01.229] {main}
[16:50:01.229] {main} jmx-remote disabled.  jmx-remote requires at least one enabled management <user>
[16:50:01.629] {main} WebApp[http://localhost:80] active
[16:50:01.689] {main} WebApp[http://localhost:80/resin-admin] active
[16:50:01.819] {main} WebApp[http://localhost:80/resin-doc] active
[16:50:01.829] {main} Host[] active
[16:50:01.829] {main} Socket JNI library is not available.
[16:50:01.829] {main} Resin will still run but performance will be slower.
[16:50:01.829] {main} To compile the Socket JNI library on Unix, use ./configure; make; make install.
[16:50:01.839] {main} hmux listening to ultraedit.com:6800
[16:50:01.839] {main} http listening to *:80
[16:50:01.839] {main} Server[id=,cluster=app-tier] active
[16:50:01.839] {main} Resin started in 2041ms
```

图 1-1 启动 HotSpot VM

```
C:\Windows\system32>java -version
java version "1.7.0_21"
Java(TM) SE Runtime Environment (build 1.7.0_21-b11)
Java HotSpot(TM) 64-Bit Server VM (build 23.21-b01, mixed mode)
```

图 1-2 java -version

对于这个我们赖以生存的系统平台，我们又是否真的了解它是如何工作的呢？在实际应用中，我们是否曾屡次被它的“顽皮”折磨得筋疲力尽，又因不了解它的“脾气”而束手无策？我们能否在实际应用中驾驭好它呢？

事实上，我们之所以会遇到这些困扰，是因为对虚拟机的了解还不够。只要我们积累了足够的知识，是完全可以在实践中处理好虚拟机问题的。接下来，就让我们正式开启 HotSpot 的学习之旅吧。

1.1 JDK 概述

Java 是一门不断发展和壮大的语言，随着理论和应用的飞速发展，它不断地吸收有益营养，许多优良特性也在 JDK 的各个版本中逐渐添加进来。

JDK 在一开始并不是开源的。随着开源运动的蓬勃发展，Sun 公司在 2006 年的 JavaOne 大会上声称将对 Java 开放源代码，开源的 Java 平台开发主要集中在 OpenJDK 项目上。Sun 公司于 2009 年 4 月 15 日正式发布 OpenJDK。Java 7 则是 Java 开源后发布的第一个正式版本。

任何组织和个人都可以为 Java 的发展做出贡献，如果你愿意为 OpenJDK 项目添砖加瓦，可以从 AdoptOpenJDK 起步，AdoptOpenJDK 是一个旨在帮助开发人员更好地加入 OpenJDK 项目而提供指导的社区[2]。

在 Java 和 OpenJDK 的发展中，JCP 起到了重要的推动作用。

1.1.1 JCP 与 JSR

JCP（Java Community Process）是一套制定 Java 技术规范的机制，通过制定和审查 JSR（Java Specification Requests）推动 Java 技术规范的发展。

一个已提交的 JSR 要想成为最终状态，需要经过正式的公开审查，并由 JCP 执行委员会投票决定。最终的 JSR 会提供一个参考实现，它是免费而且公开源代码的；除此之外，还需要提供一个用来验证是否符合 API 规范的技术兼容性工具包（Technology Compatibility Kit）。

JSR 并非只由 Oracle 管理，任何个人都可以注册并参与审查 JSR。只要你有足够的兴趣和热情，都可以注册成为 JCP 成员，并参加 JSR 的专家组，甚至提交自己的 JSR 建议。

在 JCP 官网（http://www.jcp.org/）中可以查看所有的 JSR。对 Java 语言发展动态感兴趣的读者来说，跟踪 JSR 的发展动态是一条不错的学习途径。目前提交的 JSR 大概有 300 多个，包括我们熟知的一些特性都是通过 JSR 提交的，如 Java 模块化、动态语言支持等，如表 1-1 所示。

表 1-1　　　　　　　　　　部分 JSR

编号	主要内容	名称
JSR 5	XML	XML Parsing Specification
JSR 14	范型	Add Generic Types To The Java Programming Language
JSR 47	日志 API	Logging API Specification
JSR 51	NIO	New I/O APIs for the Java Platform
JSR 56	网络协议	Java Network Launching Protocol and API
JSR 59	Merlin	J2SE Merlin Release Contents
JSR 63	XML	Java API for XML Processing 1.1
JSR 166	并发 API	Concurrency Utilities
JSR 175	注解	A Metadata Facility for the Java Programming Language
JSR 176	J2SE 5.0 (Tiger)	J2SE 5.0 (Tiger) Release Contents
JSR 199	Java 编译器 API	Java Compiler API

---

[2] AdoptOpenJDK 社区官网为 *https://java.net/projects/adoptopenjdk/pages/AdoptOpenJDK*。

续表

编号	主要内容	名称
JSR 201	枚举、自动装箱等	Extending the Java Programming Language with Enumerations, Autoboxing, Enhanced for loops and Static Import
JSR 221	JDBC 4.0 API	JDBC 4.0 API Specification
JSR 223	脚本引擎	Scripting for the Java Platform
JSR 224	JAX-WS	Java API for XML-Based Web Services (JAX-WS) 2.0
JSR 270	Java SE 6	Java SE 6 Release Contents
JSR 292	动态语言支持	Supporting Dynamically Typed Languages on the Java Platform
JSR 294	模块化	Improved Modularity Support in the Java Programming Language
JSR 308	注解	Annotations on Java Types
JSR 310	日期和时间 API	Date and Time API
JSR 334	Coin 项目增强	Small Enhancements to the Java Programming Language
JSR 354	货币 API	Money and Currency API

1.1.2 JDK 的发展历程

接下来，就让我们翻开历史的画卷，看一看在 JDK 的发展历程中各个优良的特性是如何添加到 Java 中的。

1. 混沌初开

1996 年 1 月 23 日，第一个稳定的正式版本 JDK 发布。该版本编号为 JDK 1.0.2，Sun 公司官方称为 Java 1。

2. JDK 1.1

1997 年 2 月 19 日，Sun 公司发布 JDK 1.1。在此版本中为 Java 增加了诸如 AWT、内部类、Java Beans、JDBC、RMI 和反射等特性。

3. J2SE 的开始

JDK 1.2 也称为 J2SE 1.2。1998 年 12 月 8 日，Sun 公司发布 JDK 1.2，工程代号 Playground（运动场）。

自该版本开始一直到后来的 5.0 版本，统称为 Java 2 平台。Java 2 平台根据应用领域的不同，提供了 3 个版本：

- J2SE（Java 2 Standard Edition，Java 2 标准版）;
- J2EE（Java 2 Enterprise Edition，Java 2 企业版）;
- J2ME（Java 2 Micro Edition，Java 2 嵌入式版）。

也正是从该版本开始，官方开始使用新的术语"J2SE"来描述 Java 2 标准版的变化。JDK 1.2 为 Java 带来了许多的变化，包括 strictfp 关键字、Swing、Java Plug-in、Java IDL、Collections 集合框架等技术，并首次在虚拟机中引入了 JIT（即时）编译器。

4. J2SE 1.3

JDK 1.3 也称为 J2SE 1.3。2000 年 5 月 8 日，Sun 正式发布 JDK 1.3，其工程代号为 Kestrel（红隼）。该版本引入的技术包括：

- HotSpot 虚拟机；
- RMI 兼容 CORBA；
- JDDI；
- JPDA；
- JavaSound 等。

5. J2SE 1.4

JDK 1.4 也称为 J2SE 1.4。2002 年 2 月 6 日，Sun 正式发布 JDK 1.4，其工程代号为 Merlin（灰背隼）。该版本是经 JCP 的努力发布的第一个版本，变化很大，JSR 59 定义了改进的相关技术，包括：

- assert 关键字；
- 正则表达式；
- 异常链；
- NIO（JSR 51）；
- IPv6 支持；
- 日志 API（JSR 47）；
- 图形图像 API；
- 内置 XML 和 XSTL 解析器（即 JAXP，Java API for XML Processing，见 JSR 5 和 JSR 63）；
- 内置安全和加密类库 JCE/JSSE/JAAS、Java Web Satrt（JSR 56）等。

JDK 1.4 有两个修订版本：2002 年 9 月 16 日发布的工程代号为 Grasshopper（草蜢）的 JDK 1.4.1，以及在 2003 年 6 月 26 日发布的工程代号为 Mantis（螳螂）的 JDK 1.4.2。

6. Java 5

JDK 1.5 也称为 JDK 5、J2SE 5 或 Java 5。从该版本起，官方开始在公开版本（Product Version）中使用 5.0、6.0 或 7.0 的版本号命名方式，仅在开发版本中沿用 JDK 1.5、JDK 1.6 或 JDK 1.7 的命名，在 Java 开发人员中，也广泛使用后者的命名方式。2004 年 9 月 30 日，Sun 官方正式发布 JDK 1.5，工程代号为 Tiger（虎），对 Java 语法做了很多改进（JSR 176），包括：

- 范型（JSR 14）；
- 注解（JSR 175）；
- 装箱（JSR 201）；
- 枚举（JSR 201）；
- 可变长参数；
- foreach 循环（JSR 201）；
- 改进了 JMM（Java Memory Model，即 Java 内存模型）等。

7. Java 6

JDK 1.6 也称为 JDK 6、J2SE 6 或 Java 6。2006 年 12 月 11 日，Sun 官方发布 JDK 6。该版本的变化来自 JSR 270 的定义，工程代号为 Mustang（野马）。主要变化为：

- 脚本语言支持（JSR 223）；
- 改进了 Web Service 支持，JAX-WS（JSR 224）；
- JDBC 4.0（JSR 221）；
- Java 编译器 API（JSR 199），允许 Java 程序调用 Java 编译器；
- JAXB 2.0；
- 在虚拟机方面，提供了同步机制优化、编译器性能优化、垃圾收集增加新的算法、应用程序启动性能优化等功能。

8. Java 7

JDK 1.7 也常称为 JDK 7、J2SE 7 或 Java 7。工程代号为 Dolphin（海豚）。Oracle 收购 Sun 后，为了保证让进度一再延后的 JDK 7 正式版能够在 2011 年 7 月 28 日如期发布，不得不削减了原先的发布计划，将许多招致延误的项目迁移到了 JDK 8 的开发分支中。这样，在正式版最终发布后，JDK 7 的主要变化在于以下几个方面。

- 在虚拟机方面，提供一款性能优秀的 G1 收集器；
- 增强对动态语言的支持（JSR 292）；
- 在 64 位系统中，提供可压缩的对象指针（-XX:+UseCompressedOops）；
- Coin 项目贡献的 Java "语法糖"；
- 并发工具 API（JSR 166）；
- NIO.2；
- 网络协议库对新的协议支持，如 SCTP 协议和 SDP 协议等。

JDK 7 中曾计划但未按时完成的一些特性[3]，如 Lambda 表达式和部分来自 Jigsaw 项目和 Coin 项目的特性，将加入 JDK 8 的开发计划，预计随 JDK 8 在 2014 年春季发布。

9. Java 8

Oracle 计划在 2014 年 3 月正式发布 JDK 8[4]。该版本将包含原本在 JDK 7 的计划中但最终未能及时发布的特性，包括：

- Lambda 表达式，由 Lambda 项目[5]开发；
- 部分 Coin 项目提供的特性；
- JavaScript 引擎（JSR 223），允许 Java 程序嵌入 JavaScript 代码。由 Nashorn 项目[6]开发；
- Java 类型注解（JSR 308）；
- 日期和时间 API（JSR 310）。

10. Java 9

JDK 9 也称为 Java SE 9。在 2011 年的 JavaOne 大会上，Oracle 表示希望在 2016 年发布 JDK 9。JDK 9 可以很好地管理数 G 的 Java 堆，能够更好地与本地代码集成，并做到虚拟机自我调节。这些开发计划还包括：

- 模块化（JSR 294）；
- 货币 API（JSR 354）；
- 对 JavaFX 更好地集成。

1.1.3　Java 7 的语法变化

现在，我们将介绍一些 Java 7 带来的变化。说到 Java 7 的改进，Coin 项目为其做出了重要贡献。Coin 项目[7]是 OpenJDK 的子项目，它成立的主要目的是为 Java 语言贡献语法增强特性。本节将介绍 Coin 项目为 Java 7 贡献的几个语法新特性。这些新特性通过 JSR 334 提交到 JCP。

这些新特性在并未对 Java 底层做很大改动的基础上，丰富了 Java 语法的表现形式，为 Java 程序员提供了更便捷的方式表达业务逻辑。这些特性主要包括：

- 允许 switch 语句中使用 String 表达式；

---

[3] JDK 7 的 Java 特性开发计划，可以参考 http://openjdk.java.net/projects/jdk7/features/#f700。
[4] 参见官方邮件列表（http://mail.openjdk.java.net/pipermail/jdk8-dev/2013-April/002336.html），即《Proposed new schedule for JDK 8》。
[5] Lambda 项目官网为 http://openjdk.java.net/projects/lambda/。
[6] Nashorn 项目官网为 http://openjdk.java.net/projects/nashorn/。
[7] Coin 项目官网为 http://openjdk.java.net/projects/coin/。

- 允许数值以下划线分隔；
- 允许数值以二进制表示；
- 异常处理增强；
- TWR；
- 简化范型定义、简化变长参数的方法调用等。

下面我们选取一些有代表性的特性举例说明。本书在后续章节也安排了对一些特性的实现机制的探讨，感兴趣的读者敬请留意。

1. switch 语句中使用 String

在 Java 7 之前，使用 switch 语句的条件表达式类型只能是枚举类型，或者 byte、char、short 和 int 类型以及它们的包装类 Byte、Character、Short 和 Integer。若要根据 String 类型进行条件选择，则需要做额外的转换。换句话说，尚需跨过 Java 语法层面的"障碍"才能进行业务逻辑处理，从某种程度上来说，这为程序员带来了额外的负担。

在 Java 7 中，对条件表达式的类型有所放宽，允许在条件表达式中出现实际应用中最常用的 String 类型。

举例来说，在金融应用中，常常需要根据银行名获得对应的银行机构代码。在清单 1-1 中，通过改进的 switch 语句，我们可以根据 bankName 轻松获取 bankId，中间无需转换。

清单 1-1
来源：com.hotspotinaction.demo.chap1.Switch
描述：switch 语句中使用 String

```
1    public String getBankIdByName(String bankName) {
2        String bankId = "";
3        switch (bankName) {
4           case "ICBC" :
5               bankId = "B00001";
6               break;
7           case "ABC" :
8               bankId = "B00002";
9               break;
10          case "CCB" :
11              bankId = "B00003";
12              break;
13          case "BOC" :
14              bankId = "B00004";
15              break;
16          default :
17              bankId = "UNVALID";
18       }
19       return bankId;
20   }
```

可以看到，这一处改进，让 Java 语法更加灵活，这样更利于程序员对业务逻辑进行处理。

> **练习 1**
> 想一想，在 Java 6 及以前的版本中，如何实现 getBankIdByName()？

2. 数值字面量增强

（1）二进制。

在 Java 7 之前，Java 支持的整数字面量包括 3 种进制：十进制（默认）、八进制（前缀"0"）和十六进制（前缀"0X"或"0x"），但是不支持二进制的直接表示，为此，我们需要进行内部的进制间转换。

例如，为了创建二进制数"0100"，我们可能需要使用十六进制"0x04"来间接表示。或者调用包装类 Integer 的 parseInt()方法得到它，如 Integer.parseInt("0100", 2)。但这些方式，都并不直观。

在 Java 7 中，可以直接使用二进制表示："0b0100"或"0B0010"，如清单 1-2 所示，读者要体会新特性带来的微妙变化。

清单 1-2
来源：com.hotspotinaction.demo.chap1.Literals
描述：数值字面量增强

```java
1   public int getBinaryInt(String number) { /* befor Java 7 */
2       int a = -1;
3       try {
4           a = Integer.parseInt(number, 2);
5       } catch (NumberFormatException e) {
6           // TODO 异常处理
7       }
8       return a;
9   }

10  public int getBinaryIntLiterals() {  /* Java 7: 二进制字面量 */
11      int a = 0b0100;
12      return a;
13  }
```

在 Java 7 以前，为了获得以二进制表示的数据，我们可能会使用类似 getBinaryInt()函数这样的实现方式。如第 1~9 行代码所示，getBinaryInt()函数根据传入的字符串参数，经过一番数据转换，方能得到期望的数据。而在这些转换过程中，为了程序的健壮性，还不得不编写更多的异常处理代码。而这一切，在 Java 7 中却可以用一种直观优雅的方式表现出来。如第 11 行代码所示，我们可以直接声明一个二进制整数，而无需做任何转换。

（2）利用下划线增强可读性。

假设我们要处理一个长串数据，如人民币"10000000"，想象一下在电子商务系统中，如果多敲入或者少敲入一个零将会造成多大的麻烦。

在 Java 7 中，允许对这样的数据使用下划线进行字符分隔表示，如清单 1-3 所示。

清单 1-3
来源：com.hotspotinaction.demo.chap1.Literals
描述：用下划线表示数值字面量
```
1  long a = 10_000_000L;
2  int b = 0b1100_1000_0011_0000;
```

这样，数据便能一目了然地置于代码中，程序的可读性也大大增强了。

3. 异常处理增强

在 Java 6 及之前的版本，我们要捕获多个异常，可以通过多个 catch 语句实现，如清单 1-4 所示。

清单 1-4
来源：com.hotspotinaction.demo.chap1.MutilCatch
描述：Java 7 之前捕获多个异常的方式
```
1  try {
2      a = a / i;
3      a = Integer.parseInt(number, 2);
4  } catch (NumberFormatException e) {
5      // TODO 异常处理
6  } catch (ArithmeticException e) {
7      // TODO 异常处理
8  }
```

在 Java 7 中，可以在一个 catch 表达式中对多种类型异常进行合并捕获，如清单 1-5 所示。

清单 1-5
来源：com.hotspotinaction.demo.chap1.MutilCatch
描述：Java 7 在一个 catch 中捕获多个异常
```
1  try {
2      a = a / i;
3      a = Integer.parseInt(number, 2);
4  } catch (NumberFormatException | ArithmeticException e) {
5      // TODO 异常处理
6  }
```

4．TWR（try-with-resources）

Java 7 中新增了 Try-With-Resources[8]（缩写为 TWR）语句，允许声明一个或多个资源。资源（resource）对象在使用它的程序结束时必须进行关闭。使用 TWR 语句，能够确保在语句运行结束前关闭资源。

任何实现了 java.lang.AutoCloseable 接口的对象，都可以成为 TWR 的资源。Java 7 中对 JDK 中大部分资源对象都重新定义了一番，让它们都实现了 java.lang.AutoCloseable 接口。如果需要在应用程序中自定义新的资源，请确保它已实现了 java.lang.AutoCloseable 接口，这样就可以充分应用 TWR 特性了。

下面我们实现一个打开 Http 接口并读取返回数据的工具方法。在 Java 6 以前的版本中，可

---

[8] 更多内容可以参考 http://docs.oracle.com/javase/tutorial/essential/exceptions/tryResourceClose.html。

以这样实现，如清单 1-6 所示。

清单 1-6
来源：com.hotspotinaction.demo.chap1.HttpUtil
描述：TWR

```java
 1  public static String openUrl(String strUrl, String postParams) {
 2    InputStream is = null;
 3    OutputStream os = null;
 4    String message = "";
 5    try {
 6      URL webURL = new URL(strUrl);
 7      HttpURLConnection conn = (HttpURLConnection) webURL.openConnection();
 8      conn.setDoOutput(true);// 打开写入属性
 9      conn.setDoInput(true);// 打开读取属性
10      conn.setRequestMethod("POST");// 设置提交方法
11      conn.connect();
12      os = conn.getOutputStream();
13      os.write(postParams.toString().getBytes());
14      os.flush();
15      if (conn.getResponseCode() != HttpURLConnection.HTTP_OK) {
16        System.err.println("response error=" + conn.getResponseCode());
17      }
18      is = conn.getInputStream();
19      message = getReturnValueFromInputStream(is);
20    } catch (Exception e) {
21      // TODO 异常处理
22    } finally {
23      if (is != null) {
24        try {
25          is.close();
26        } catch (IOException e) {
27          // TODO 异常处理
28        }
29      }
30      if (os != null) {
31        try {
32          os.close();
33        } catch (IOException e) {
34          // TODO 异常处理
35        }
36      }
37    }
38    return message;
39  }
```

显然，在 finally 代码块（第 22～37 行）中关闭 InputStream 和 OutputStream 需要写上不少代码，并且这种关闭的语法很不友好，一旦遗漏 finally 语句块那就很有可能造成应用程序的资源泄露，遗漏某个非空判断则也会导致程序在运行时出现异常。

Coin 项目提供了一个很贴心的改进——TWR，它让我们能以一种更为便捷的方式实现资源关闭，如清单 1-7 所示。

清单 1-7
来源：com.hotspotinaction.demo.chap1.HttpUtil
描述：TWR

```java
 1  public static String openUrlTWR(String strUrl, String postParams) {
 2      URL webURL = null;
```

```
3       HttpURLConnection con = null;
4       String message = "";
5       try {
6         webURL = new URL(strUrl);
7         con = (HttpURLConnection) webURL.openConnection();
8         con.setDoOutput(true);
9         con.setDoInput(true);
10        con.setRequestMethod("POST");
11        con.connect();
12        try (OutputStream os = con.getOutputStream(); InputStream is=con.getInputStream()) {
13          os.write(postParams.toString().getBytes());
14          os.flush();
15          if (con.getResponseCode() != HttpURLConnection.HTTP_OK) {
16            System.err.println("response error=" + con.getResponseCode());
17          }
18          message = getReturnValueFromInputStream(is);
19        }
20      } catch (Exception e) {
21        // TODO 异常处理
22      }
23      return message;
24    }
```

只需要在 try 语句中声明程序块需使用的资源即可，省去了繁琐的资源泄露处理。将资源关闭任务交给系统去做，程序员只需要关注业务逻辑的实现就行了。

5. 简化泛型定义

泛型是一种强大而又安全的设计工具，它能够让程序员在编译期就能避免把错误类型的对象添加到容器中。

清单 1-8
来源：com.hotspotinaction.demo.chap1.SimplifiedGeneric
描述：简化泛型定义

```
1   HashMap<String, HashMap<Long, String>> map1 = new HashMap<String, HashMap<Long, String>>();
2   HashMap<String, HashMap<Long, String>> map2 = new HashMap<>();
```

如清单 1-8 所示，第 1 行代码首先向我们展示了在 Java 6 之前是如何创建一个类型明确的容器的。我们看到，在等号左边声明了一个类型为容器 HashMap 的对象 map1，这个容器以 String 类型作为 key，但它的 value 类型同样是一个 HashMap 容器，这个内嵌的容器以 Long 类型作为 key 并以 String 类型作为 value。这种容器内嵌入容器的设计方式，在日常工作中是很常见的。麻烦的是在等号右边，还要敲入与等号左边相同的类型声明代码。显然，这是多余的，毕竟，等号左边已经明确了 map1 的具体类型。

这种繁琐的语法在 Java 7 中得到了简化。第 2 行代码演示了应用 Java 7 改进语法后的效果。程序员在等式右边只需要输入少量代码，剩下的类型推断工作交给编译器去做就行了。本来就应该这样，不是吗？

1.2 动手编译虚拟机

源码面前，了无秘密。对于 OpenJDK 和 HotSpot 项目来说也是如此。因此，研究虚拟机实现机制的最佳途径就是阅读和调试源代码。我们希望能够动手编译一个完整的 OpenJDK（含 HotSpot）项目，或者仅编译 HotSpot，这样就可以对虚拟机展开调试了。

虽然官方也支持在 Windows 操作系统下构建编译环境。但是经验表明，选择在 Linux 环境下搭建编译环境，可以避免不少弯路。理由有以下两点：

- Windows 上为了得到完整的编译环境，需要借助 Cygwin 等虚拟环境，而在 Linux 环境下环境下则可以省去大量的环境准备工作，成本较低；
- 深入研究时，若遇到涉及操作系统内核上的困惑，开源的 Linux 内核较易获得。

即便如此，编译一个完整的 Open JDK 对开发者的要求还是较高的。我们选择的 Linux 发行版、内核版本、编译器（GCC/G++等）以及项目依赖的第三方库的差异，都有可能导致编译过程出错。因此，需要读者具备基本的 Linux 使用技能，能够在出现问题时找到解决方案。

由于本文关注的只是 HotSpot，所以编译完整的 OpenJDK 也并不是必须完成的任务，若无法编译完整的 OpenJDK，我们可以仅编译 HotSpot，这就能满足大部分的学习需求。相较于编译完整的 OpenJDK，仅编译 HotSpot 项目就相对简单很多。简单说来，可以按照如图 1-3 所示的步骤进行操作。

（1）下载一套含有 HotSpot 项目的 JDK 源代码；
（2）搭建编译环境；
（3）配置编译目标；
（4）编译；
（5）运行测试程序，检测编译是否成功。

接下来，我们开始动手编译 HotSpot 吧。

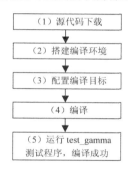

图 1-3　编译 HotSpot 工程操作步骤

1.2.1 源代码下载

可以在 OpenJDK 官网（*http://download.java.net/openjdk/jdk7/*）下载源代码。将下载的源代码包解压后，可以找到一个名为 hotspot 的目录，该路径下就是 Hotspot 项目完整的源代码。

1.2.2 HotSpot 源代码结构

从 JVM 为语言的运行时提供支撑功能来看，虚拟机是 Java 语言的"系统程序"，但从本质上来说，它只是一个运行在操作系统上的普通应用程序而已。因此，对于我们来说，过分担心它有多么的庞大和神秘，是完全没有必要的。

HotSpot 项目主体是由 C++实现的，并伴有少量 C 代码和汇编代码。此外，作为 HotSpot 的重要组成部分之一，Serviceability Agent [9]（可维护性代理，简称 SA）及其他 Agent 则由 Java 代码实现。

HotSpot 工程目录结构如图 1-4 所示。

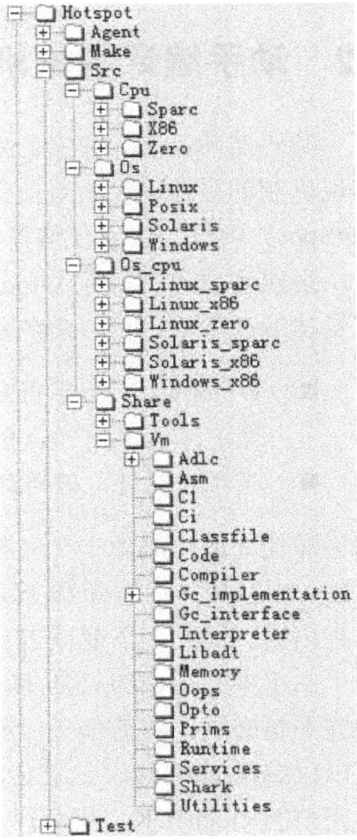

在根目录 Hotspot 下有 Agent、Make、Src 和 Test 目录。其中 Make 目录包含了编译 HotSpot 的 Makefile 文件，Agent 目录中的源代码主要实现 SA，而 Test 目录下包含了一些 Java 实现的测试用例。

在 Src 目录下就是 HotSpot 项目的主体源代码，由 Cpu、Os、Os_cpu 和 Share 这 4 个子目录组成。在 Cpu 目录下是一些依赖具体处理器架构的代码，主要按照 Sparc、x86 和 Zero 三种计算机体系结构划分子模块；Os 目录下则是一些依赖操作系统的代码，主要按照 Linux、Windows、Solaris 和 Posix[10] 进行模块划分；而 Os_cpu 目录下则是一些同时依赖于操作系统和处理器类型的代码，如 Linux+Sparc、Linux+x86、Linux+Zero、Solaris+Sparc、Solaris+x86 和 Windows+x86 等模块。

在 Share 目录下是独立于操作系统和处理器类型的代码，

图 1-4 HotSpot 工程结构

这部分代码是 HotSpot 工程的核心业务，实现了 HotSpot 的主要功能。Share 由两部分组成，一部分是实现虚拟机各项功能的 Vm 目录。另一部分是位于 Tools 目录下的几个独立的虚拟机工具程序，如 Hsdis、IdealGraphVisualizer、Launcher、LogCompilation 和 ProjectCreator。

在 Vm 目录下，按照虚拟机的功能划分了一些模块。这些模块构成了虚拟机的内核，它们是 HotSpot 内核的顶层模块，每个顶层模块封装了在功能上相对独立的业务逻辑。目前，HotSpot 中主要包括了下列顶层模块。

- Adlc：平台描述文件。
- Libadt：抽象数据结构。
- Asm：汇编器。
- Code：机器码生成。

---

[9] 更多内容可以参考 *http://openjdk.java.net/groups/hotspot/docs/Serviceability.html*。

[10] 可移植操作系统接口（Portable Operating System Interface，缩写为 Posix），是 IEEE 为在跨 UNIX 操作系统的应用程序的可移植性，而定义的一系列的 API 和标准的总称。Linux 虽然没有参加正式的 Posix 认证，但事实上基本与 Posix 保持兼容。更多信息，可以参考 http://en.wikipedia.org/wiki/POSIX。

- C1：client 编译器，即 C1 编译器。
- Ci：动态编译器。
- Compiler：调用动态编译器的接口。
- Opto：Server 编译器，即 C2 编译器。
- Shark：基于 LLVM 实现的即时编译器。
- Interpreter：解释器。
- Classfile：Class 文件解析和类的链接等。
- Gc_interface：GC 接口。
- Gc_implementation：垃圾收集器的具体实现。
- Memory：内存管理。
- Oops：JVM 内部对象表示。
- Prims：HotSpot 对外接口。
- Runtime：运行时。
- Services：JMX 接口。
- Utilizes：内部工具类和公共函数。

在下文中，我们将分别对这些模块展开探讨。第 2 章不仅介绍了 Launcher 作为 JVM 的启动器是如何启动虚拟机并进行系统初始化的，还介绍了 Prims、Services 和 Runtime 等公共模块为虚拟机提供的重要基础作用：Prims 为外界与 JVM 搭建了通信的桥梁，Services 和 Runtime 为其他模块提供了公共服务。第 3 章将会讨论 Oops 和 Classfile 模块，前者构成了 HotSpot 内部的面向对象表示系统，而后者则提供了类的解析功能；第 4 章会介绍 Memory 模块提供内存管理功能；第 5 章深入介绍了与垃圾收集器相关的 GC 模块；第 7 章详细讨论了与解释器和编译器的实现息息相关的 Interpreter、C1、Code 等模块。

1.2.3 搭建编译环境

在各种 Linux 发行版中，Ubuntu 算是比较普及的一款产品。它具有功能丰富、更新速度快和容易上手的优良特性，鉴于此，我们选择 Ubuntu 12 作为开发环境。当然，也可以选择官方推荐的其他 Linux 发行版，如 Fedora、Debian 等，这完全没有任何限制。

我们在这里搭建的环境如下。

- 源代码版本：OpenJDK7，分支代号 b147。
- 操作系统：基于 Linux Kernel 3.5 内核的 Ubuntu 12.10（Vmware Workstation 9.0[11]）

---

[11] 在 PC 上搭建 Ubuntu 环境有两种常见方式：一种是在 Windows 上基于 Vmware Workstation 虚拟机启动 Ubuntu；另一种是安装双系统，如果选择这种方式，推荐使用 WUBI 工具实现一键式安装 Ubuntu。这两种启动 Ubuntu 的方式是等价的，读者可以自由选择，笔者这里使用的是前者。

发行版。
- 编译环境：GCC 4.7 、G++ 4.6 和 GDB 7.5。

为方便搭建编译环境，读者可以在 Hotspot 目录下创建一个编译脚本，来节省许多手工配置工作。脚本内容如清单 1-9 所示（读者请将路径替换为本地路径）。

清单 1-9
描述：HotSpot 工程编译脚本

```
#!/bin/bash
export LANG=C
```

导入 JDK 路径：

```
export ALT_BOOTDIR="/home/chentao/mywork/soft/jdk1.6.0_35"
export ALT_JDK_IMPORT_PATH="/home/chentao/mywork/soft/jdk1.6.0_35"
```

导入 ANT 路径：

```
export ANT_HOME="/home/chentao/mywork/soft/apache-ant-1.8.4"
```

导入 PATH：

```
export PATH="/usr/lib/:/usr/local/sbin:/usr/local/bin:/usr/sbin:/usr/bin:/sbin:/bin/ usr/games:/home/chentao/mywork/soft/apache-ant-1.8.4:/usr/lib/i386-linux-gnu:/usr/lib/gcc/i686-linux-gnu/4.6"
```

其他配置：

```
export HOTSPOT_BUILD_JOBS=5
#输出目录
export ALT_OUTPUTDIR=../build/hotspot_debug
```

选择目标版本为 jvmg，启动编译 HotSpot 命令：

```
cd make
make jvmg jvmg1 2>&1 | tee ~/hotspot-in-action/hotspot/build/hotspot_debug.log
```

编译完成后，在日志文件 hotspot_debug.log 中可以查看编译过程。阅读这份日志，有助于加深对 HotSpot 项目整体架构的理解。

1.2.4 编译目标

如清单 1-10 所示，在 Makefile 中定义了 HotSpot 项目的编译目标和级别。其中，主要包括以下 4 种基本级别。

- product：产品级别。优化编译，但无断言。
- fastdebug：快速调试级别。优化编译，但开启断言。
- optimized：优化级别。优化编译，但无断言。
- debug：调试级别。编译后的 libjvm 链接库中含有较丰富的调试信息。

清单 1-10
来源：hotspot/make/Makefile
描述：编译目标

```
1   C1_VM_TARGETS=product1 fastdebug1 optimized1 jvmg1
2   C2_VM_TARGETS=product  fastdebug  optimized  jvmg
3   KERNEL_VM_TARGETS=productkernel fastdebugkernel optimizedkernel jvmgkernel
4   ZERO_VM_TARGETS=productzero fastdebugzero optimizedzero jvmgzero
5   SHARK_VM_TARGETS=productshark fastdebugshark optimizedshark jvmgshark

6   all:           all_product all_fastdebug
7   ifndef BUILD_CLIENT_ONLY
8   all_product:   product product1 productkernel docs export_product
9   all_fastdebug: fastdebug fastdebug1 fastdebugkernel docs export_fastdebug
10  all_debug:     jvmg jvmg1 jvmgkernel docs export_debug
11  else
12  all_product:   product1 docs export_product
13  all_fastdebug: fastdebug1 docs export_fastdebug
14  all_debug:     jvmg1 docs export_debug
15  endif
16  all_optimized: optimized optimized1 optimizedkernel docs export_optimized

17  allzero:             all_productzero all_fastdebugzero
18  all_productzero:     productzero docs export_product
19  all_fastdebugzero:   fastdebugzero docs export_fastdebug
20  all_debugzero:       jvmgzero docs export_debug
21  all_optimizedzero:   optimizedzero docs export_optimized

22  allshark:            all_productshark all_fastdebugshark
23  all_productshark:    productshark docs export_product
24  all_fastdebugshark:  fastdebugshark docs export_fastdebug
25  all_debugshark:      jvmgshark docs export_debug
26  all_optimizedshark:  optimizedshark docs export_optimized
```

在清单 1-9 中，我们在 make 命令后传递参数 "jvmg jvmg1"，表示选择编译 debug 级别的目标。这样待编译成功后，生成的 libjvm 库（HotSpot VM 运行时库）中会包含丰富的调试信息，通过这些信息，调试器可以建立虚拟机运行时与源代码间的关联，为单步调试 HotSpot 做好准备。

1.2.5 编译过程

执行清单 1-9 所示的编译脚本后，就可以启动 HotSpot 编译过程。如果一切顺利，待编译过程结束后，将在 Hotspot 目录下创建一个 Build 目录。Build 目录是整个编译过程的工作空间，该目录下包含了最终的编译目标（参见清单 1-10）。打开 Build 目录，可以见到一些新创建的目录，如清单 1-11 所示。

清单 1-11

```
unix> cd build/
unix> ls
hotspot_debug  linux
unix> cd hotspot_debug/
unix> ls
linux_i486_compiler1  linux_i486_compiler2
unix> cd linux_i486_compiler1
```

```
unix> ls
debug  fastdebug  generated  jvmg  optimized  product  profiled  shared_dirs.lst
```

编译结束后，执行 jvmg 目录下可执行文件 test_gamma，便可以检验整个编译过程是否成功。执行 test_gamma 后，如果能够在控制台看到类似图 1-5 所示的输出信息，就表示编译成功了。

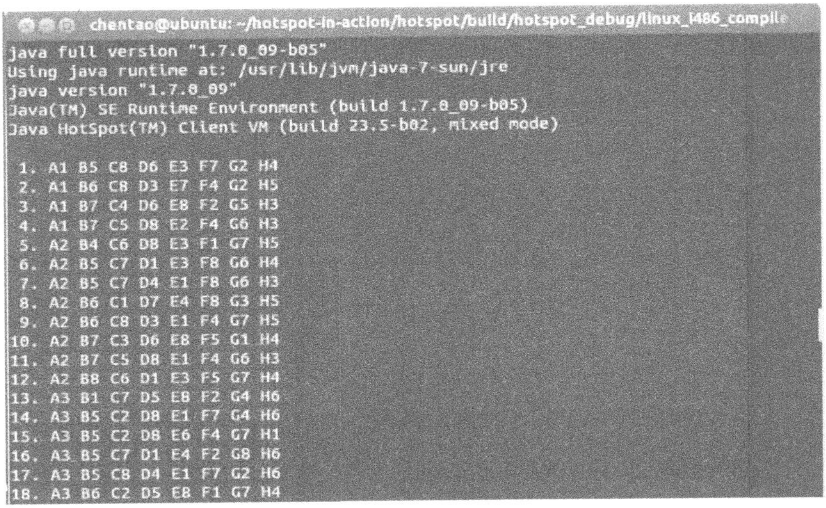

图 1-5 test_gamma 执行成功

实际上，test_gamma 也是一个脚本，其内容如清单 1-12 所示。

清单 1-12
来源：test_gamma
描述：测试脚本

```
1   #!/bin/sh
2   # Generated by /home/chentao/hotspot-in-action/hotspot/make/linux/makefiles/ buildtree.make
3   . ./env.sh
4   if [ "" != "" ]; then { echo Cross compiling for ARCH , skipping gamma run.; exit 0; }; fi
5   if [ -z $JAVA_HOME ]; then { echo JAVA_HOME must be set to run this test.; exit 0; }; fi
6   if ! ${JAVA_HOME}/bin/java -d32 -fullversion 2>&1 > /dev/null
7   then
8     echo JAVA_HOME must point to 32bit JDK.; exit 0;
9   fi
10  rm -f Queens.class
11  ${JAVA_HOME}/bin/javac -d . /home/chentao/hotspot-in-action/hotspot/make/test/ Queens.java
12  [ -f gamma_g ] && { gamma=gamma_g; }
13  ./${gamma:-gamma} -Xbatch -showversion Queens < /dev/null
```

在第 3 行中，执行 env.sh 准备执行环境。在第 10 行中，编译测试程序 Queens.java。在第 12 和第 13 行中，最终是利用调试版启动器 gamma，来启动测试程序 Queens。Queens 是一个求解 N 皇后问题的 Java 程序，图 1-5 便是运行 Queens 程序输出的结果。

1.2.6 编译常见问题

编译过程中可能会遇到一些问题，下面列出几个常见错误及其解决办法，供读者参考。

1. 内核版本支持

在我们下载的 HotSpot 源代码中，默认支持的 Linux 内核最高版本为 2.6，而我们所用的发行版很有可能采用了高于此版本的 Linux 内核。例如，笔者所用的 Ubuntu12 的内核是 3.5（可通过 uname -r 命令查看自己内核版本）。如果不进行一些调整的话，编译 HotSpot 时可能会遇到如下报错：

```
"*** This OS is not supported:" 'uname -a'; exit 1;
```

如果遇到这个问题，可以在这个文件中找到解决办法：hotspot/make/linux/Makefile。在 Makefile 文件中，定位到包含字符串 "SUPPORTED_OS_VERSION" 的代码，并在该行末尾增加 "3.5%"，这样就可以使 HotSpot 支持我们实际使用的内核版本，调整后的代码如下：

```
SUPPORTED_OS_VERSION = 2.4% 2.5% 2.6% 2.7% 3.5%
```

另一种调整方法是绕过验证操作系统版本的步骤。如清单 1-13 所示的定位到包含字符串 "check_os_version" 的代码，将其删除或者注释掉便可。

清单 1-13
来源：hotspot/make/linux/Makefile
描述：验证 OS 版本

```
check_os_version:
#ifeq ($(DISABLE_HOTSPOT_OS_VERSION_CHECK)$(EMPTY_IF_NOT_SUPPORTED),)
#   $(QUIETLY) >&2 echo "*** This OS is not supported:" 'uname -a'; exit 1;
#endif
```

2. 头文件的宏定义冲突的问题

cdefs.h 中定义的宏 "__LEAF" 与 interfaceSupport.hpp 冲突。可以在 interfaceSupport.hpp 中增加一个 "#undef __LEAF" 语句来解决冲突，具体代码如清单 1-14 所示。

清单 1-14
来源：hotspot/src/share/vm/runtime/interfaceSupport.hpp
描述：预定义宏 __LEAF

```
// LEAF routines do not lock, GC or throw exceptions
#ifdef __LEAF
#undef __LEAF
#define __LEAF(result_type, header)                    \
  TRACE_CALL(result_type, header)                      \
  debug_only(NoHandleMark __hm;)                       \
  /* begin of body */
#endif
```

3. GCC 版本过高导致的问题

有时，编译器的版本也可能引起编译失败。例如，清单 1-15 描述了一个 GCC 版本过高引起的问题。

清单 1-15

```
Linking vm...
/usr/bin/ld: cannot find -lstdc++
collect2: error: ld returned 1 exit status
ln: failed to create symbolic link 'libjvm_g.so': File exists
ln: failed to create symbolic link 'libjvm_g.so.1': File exists
```

GCC 链接工具 ld 返回的错误信息显示：无法找到 "-lstdc++" 这个链接选项。这是由于 GCC 版本过高不支持 "lstdc++" 选项导致的错误。解决办法是把 Makefile 中的 "lstdc++" 选项去掉并重新尝试编译。

由于开发环境各不相同，每个人遇到的问题可能都不尽相同；即使遇到相同的问题，在不同的平台上解决的方式可能也有所不同。当然，对于相同的问题，也会有多种办法解决。限于篇幅，在这里不能所有错误信息和解决办法都列举出来。具体问题应当具体对待，但绝大多数问题的解决思路是一样的：首先根据错误码或报错信息确认错误来自于哪个组件（工具程序或库），根据自身经验判断错误的原因，或者查找错误来源组件的官方资料定位错误的原因。只要原因得到确认，距离解决办法也就不远了。当然，最重要的是遇到问题时能够保持从容和耐心。

1.3 实战：在 HotSpot 内调试 HelloWorld

本节讲解的是 Java 入门程序 HelloWorld 在 HotSpot 上的执行过程。我们通过一个普通 Java 程序的运行过程，能够以点带面地讲解到涉及 HotSpot 内部实现的基础概念。

虽然是调试简单的 HelloWorld 程序，但在这个过程中会涉及 HotSpot 的基本数据结构以及环境准备等内容。理解这些，一方面使读者对 HotSpot 项目有个感性认识，其实调试 HotSpot 没有想象的那么困难，这利于我们增强驾驭 HotSpot 的自信心；另一方面，让我们正式接触到 HotSpot 的基本代码，并掌握 HotSpot 项目的基本调试方法。

调试准备过程如图 1-6 所示，具体步骤如下。

（1）选择调试器。
（2）配置 GDB 工作目录的绝对路径。
（3）配置 JDK 和动态链接库路径。
（4）定位 Launcher。
（5）运行 GDB 初始化脚本，准备 GDB 运行环境。
（6）设置 HotSpot 项目断点。

(7) 启动调试脚本。
(8) 虚拟机运行 HelloWorld 程序,在断点处暂停。
(9) 利用 GDB 命令调试 HotSpot 虚拟机程序的运行。

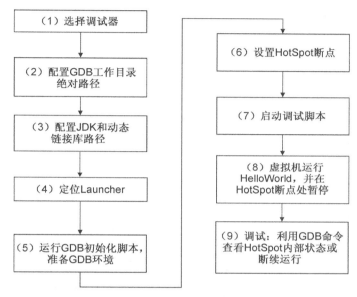

图 1-6 调试准备过程

接下来,我们先了解一下如何使用 GDB 调试程序,然后开启我们的调试之旅。

1.3.1 认识 GDB

本地程序(C/C++)的调试,一般使用 GDB 命令。对于 Java 程序员来说,GDB 有些陌生,其实我们只需要掌握一些基本的调试命令,便足够应付 HotSpot 的调试任务了。

下面附上一些常用的 GDB 命令,包括断点、执行、查看代码、查看栈帧、查看数据等,如清单 1-16 所示。

清单 1-16

```
断点:
break InitializeJVM: 在 InitializeJVM 函数入口处设置断点
break java.c:JavaMain: 在源文件 java.c 的 InitializeJVM 函数入口处设置断点
break os_linux.cpp:4380: 在源文件 os_linux.cpp 的第 4380 行处设置断点
break *0x8048000: 在地址为 0x8048000 的地址处设置断点
delete 1: 删除断点 1
delete: 删除所有断点
执行:
step: 执行 1 条语句,会进入函数
step n: 执行 n 条语句,会进入函数
next: 与 step 类似,但是不进入函数
```

```
next n：与 step n 类似，但是不进入函数
continue：继续运行
finish：运行至当前函数返回后退出
查看代码：
list n：查看当前源文件中第 n 行的代码
list InitializeJVM：查看 InitializeJVM 函数开始位置的代码
list：查看更多的行
list -：查看上次查看的代码行数之前的代码
默认，GDB 打印 10 行。若需要调整，可使用：
set listsize n：调整打印行数为 n 行
查看栈帧：
frame n：从当前栈帧移动到#n 栈帧
up n：从当前栈帧向上移动 n 个栈帧
down n：从当前栈帧向下移动 n 个栈帧
select-frame：查看更多的行
backstrace：查看整个调用栈
backstrace n：与 backstrace 类似，只不过只查看 4 个栈帧
backstrace full：查看整个调用栈，另外还打印出局部变量和参数
info args：查看函数参数
info locals：查看局部变量
查看数据：
print expr：查看 expr 的值，其中 expr 是源文件中的表达式
print /f expr n：以 f 指定的格式查看 expr 的值。其中 f 表示的格式可以为：
x：十六进制整数
d：有符号整数
u：无符号整数
o：八进制整数
t：二进制整数
c：字符常量
f：浮点数
s：字符串
r：原始格式
a：地址
x 0xbfffd034：查看内存地址为 0xbfffd34 的值
disassemble：查看汇编代码，反汇编当前函数
info registers：查看所有寄存器的值
print $eax：以十进制形式查看寄存器%eax 的值
print /x $eax：以十六进制形式查看寄存器%eax 的值
```

更多 GDB 的信息，可以参考 GDB 的官方教程[12]。

1.3.2 准备调试脚本

在 HotSpot 编译完成后，会在 Jvmg 目录下生成一个名为 hotspot 的脚本文件，如清单 1-17 所示。使用脚本可以替代大量重复性的输入，并且可以帮助我们准备好调试环境，为我们轻松调试系统创造了良好的环境。我们可以在此脚本文件的基础上调试 HotSpot 项目。

在启动调试之前，了解调试脚本究竟做了哪些工作是十分有益的，这有助于我们掌握独立分析和解决问题的能力，在出现问题时不致于手忙脚乱，可以利用自身所学知识解决问题。

清单 1-17
来源：hotspot/src/os/posix/launcher/launcher.script
描述：调试脚本

```
#!/bin/bash
```

---

[12] 更多内容可以参考 http://www.gnu.org/software/gdb/documentation/。

1.3 实战：在 HotSpot 内调试 HelloWorld

首先是对传入的调试器名称参数进行转换，以便于定位到指定的调试器，支持的调试器包括 GDB、GUD、DBX 和 VALGRIND 等。

```
# This is the name of the gdb binary to use
if [ ! "$GDB" ]
then
    GDB=gdb
fi

# This is the name of the gdb binary to use
if [ ! "$DBX" ]
then
    DBX=dbx
fi

# This is the name of the Valgrind binary to use
if [ ! "$VALGRIND" ]
then
    VALGRIND=valgrind
fi

# This is the name of Emacs for running GUD
EMACS=emacs
```

用户可以通过调用该脚本时传入参数选择熟悉的调试器，这些参数可以是"-gdb"、"-gud"、"-dbx"或"-valgrind"。

```
# Make sure the paths are fully specified, i.e. they must begin with /.
SCRIPT=$(cd $(dirname $0) && pwd)/$(basename $0)
RUNDIR=$(pwd)

# Look whether the user wants to run inside gdb
case "$1" in
    -gdb)
        MODE=gdb
        shift
        ;;
    -gud)
        MODE=gud
        shift
        ;;
    -dbx)
        MODE=dbx
        shift
        ;;
    -valgrind)
        MODE=valgrind
        shift
        ;;
    *)
        MODE=run
        ;;
esac
```

${MYDIR} 是配置脚本的绝对路径：

```
# Find out the absolute path to this script
```

```
MYDIR=$(cd $(dirname $SCRIPT) && pwd)
```

${JDK}用来配置 JDK 路径，此外，还有一些链接库路径需要配置：

```
JDK=
if [ "${ALT_JAVA_HOME}" = "" ]; then
    source ${MYDIR}/jdkpath.sh
else
    JDK=${ALT_JAVA_HOME%%/jre};
fi

if [ "${JDK}" = "" ]; then
    echo Failed to find JDK. ALT_JAVA_HOME is not set or ./jdkpath.sh is empty or not found.
    exit 1
fi

# We will set the LD_LIBRARY_PATH as follows:
#     o       $JVMPATH (directory portion only)
#     o       $JRE/lib/$ARCH
# followed by the user's previous effective LD_LIBRARY_PATH, if
# any.
JRE=$JDK/jre
JAVA_HOME=$JDK
ARCH=i386

# Find out the absolute path to this script
MYDIR=$(cd $(dirname $SCRIPT) && pwd)

SBP=${MYDIR}:${JRE}/lib/${ARCH}

# Set up a suitable LD_LIBRARY_PATH

if [ -z "$LD_LIBRARY_PATH" ]
then
    LD_LIBRARY_PATH="$SBP"
else
    LD_LIBRARY_PATH="$SBP:$LD_LIBRARY_PATH"
fi

export LD_LIBRARY_PATH
export JAVA_HOME

JPARMS="$@ $JAVA_ARGS";
```

${LAUNCHER}用作定位 Launcher。关于 Launcher，我们会在下一章中展开探讨。这里只需要知道它是虚拟机启动器程序便可：

```
# Locate the gamma development launcher
LAUNCHER=${MYDIR}/gamma
if [ ! -x $LAUNCHER ] ; then
    echo Error: Cannot find the gamma development launcher \"$LAUNCHER\"
    exit 1
fi
```

接下来是进行 GDB 自身初始化工作，包括配置工作路径以及信号等工作：

```
GDBSRCDIR=$MYDIR
BASEDIR=$(cd $MYDIR/../../.. && pwd)
```

1.3 实战：在 HotSpot 内调试 HelloWorld

```
init_gdb() {
# Create a gdb script in case we should run inside gdb
    GDBSCR=/tmp/hs1.$$
    rm -f $GDBSCR
    cat >>$GDBSCR <<EOF
cd `pwd`
handle SIGUSR1 nostop noprint
handle SIGUSR2 nostop noprint
set args $JPARMS
file $LAUNCHER
directory $GDBSRCDIR
```

在这里，可以设置断点。选择你感兴趣的 HotSpot 项目源代码位置，如 JVM 初始化模块"InitializeJVM"函数入口。接下来，便可以利用 GDB 的 break 命令设置断点，如：

```
# Get us to a point where we can set breakpoints in libjvm.so
break InitializeJVM
run
# Stop in InitializeJVM
delete 1
# We can now set breakpoints wherever we like
EOF
}
```

剩余配置代码我们可以不做调整：

```
case "$MODE" in
    gdb)
        init_gdb
        $GDB -x $GDBSCR
    rm -f $GDBSCR
        ;;
    gud)
        init_gdb
# First find out what emacs version we're using, so that we can
# use the new pretty GDB mode if emacs -version >= 22.1
        case $($EMACS -version 2> /dev/null) in
            *GNU\ Emacs\ 2[23]*)
                emacs_gud_cmd="gdba"
                emacs_gud_args="--annotate=3"
                ;;
            *)
                emacs_gud_cmd="gdb"
                emacs_gud_args=
                ;;
        esac
        $EMACS --eval "($emacs_gud_cmd \"$GDB $emacs_gud_args -x $GDBSCR\")";
    rm -f $GDBSCR
        ;;
    dbx)
        $DBX -s $MYDIR/.dbxrc $LAUNCHER $JPARMS
        ;;
    valgrind)
        echo Warning: Defaulting to 16Mb heap to make Valgrind run faster, use -Xmx for larger heap
        echo
        $VALGRIND --tool=memcheck --leak-check=yes --num-callers=50 $LAUNCHER -Xmx16m $JPARMS
        ;;
```

```
        run)
            LD_PRELOAD=$PRELOADING exec $LAUNCHER $JPARMS
            ;;
        *)
            echo Error: Internal error, unknown launch mode \"$MODE\"
            exit 1
            ;;
esac
RETVAL=$?
exit $RETVAL
```

至此，调试脚本已经准备就绪，接下来，让我们开始 HotSpot 的调试吧。输入命令：

```
sh hotspot -gdb HelloWorld
```

启动调试，将出现如图 1-7 所示的界面。

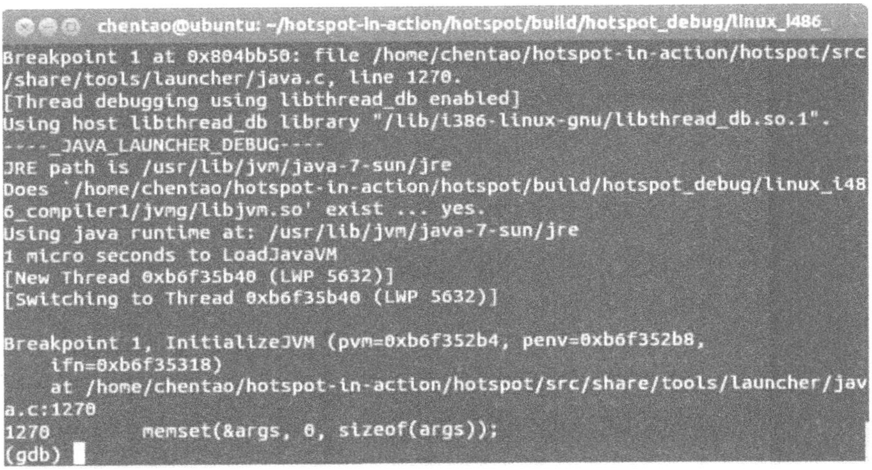

图 1-7 调试 HelloWorld

HotSpot 运行在断点 1（InitializeJVM）上停止下来，这时就可以利用前面提到的 GDB 命令尽情地控制 HotSpot 的运行了！

如果想让程序继续执行，输入 continue 命令使虚拟机正常运行下去，可以看到程序输出"Hello hotspot"并正常退出。感兴趣的读者可以亲自动手尝试一下。

建议读者结合源代码，利用 GDB 命令来跟踪调试 HotSpot，查看系统运行时的内部数据和状态。这有两个好处：一方面，这能帮助我们将枯燥的阅读源码任务转换成有趣的虚拟机调试工作；另一方面，也能促进我们加深对 HotSpot 的理解。

1.4 小结

在本章开头，回顾了 JDK 的发展历程。接着，我们看到了 Java 7 带来的一些语法变化。

这些变化并没有让 JVM 在底层做出较大改动，而是通过"语法糖"的包装形式实现。OpenJDK 项目成为了 Java 官方主打的开源项目。JCP 为推动 Java 特性的发展发挥着重要的作用。

OpenJDK 的开源对于促进 Java 爱好者与从业者深入研究 JVM，具有难以估量的价值。要想系统了解 JVM 底层实现原理，亲自动手编译和调试 JVM 无疑是最为有效的一条途径。为帮助读者更快接触 HotSpot，本章通过一个实战案例讲解了编译和调试 HotSpot 的基本技术。调试 HotSpot 虽然是一项较为精细的任务，但好在还是有法可循的，只要读者掌握这些基本技能，摒除浮躁，是完全可以深入掌握 HotSpot 的。

现在，我们已经打好了继续研究 JVM 的技术基础，这有利于将枯燥的阅读源码任务转换成一项具有操作性和趣味性的实践工作。从下一章开始，我们将深入 HotSpot 内核，在阐述底层运作原理的同时也会引入一些对实际工作有益的实用技巧。

第 2 章　启动

"物有本末，事有终始。知其先后，则近道矣。"

——《大学》

本章内容
- HotSpot 内核模块
- 启动器 Launcher 和启动过程
- JVM 初始化过程
- 全局模块初始化

本章是 HotSpot 内核的入门导读。首先介绍阅读源代码的方式，接下来讲解了 HotSpot 内核模块组成和功能框架，最后重点讲解了 JVM 的启动和初始化过程。

2.1　HotSpot 内核

在引入 HotSpot 内核模块之前，我们有必要掌握一些阅读源代码的技巧。

2.1.1　如何阅读源代码

我们知道，HotSpot 项目主要是由 C++ 语言开发的，对于 Java 程序员来说，直接阅读这部分源代码可能会有些吃力。因此，我们有必要先阐释一些语言上的差异，扫清这些学习障碍。

1. 宏

实际上，Java 语言在语法上与 C 和 C++ 是颇为相似的。除了一些在 Java 中没有提供的语法和特性，大多数 C/C++ 代码还是很容易被 Java 程序员理解的。在这里，我们首先对在 C 和 C++ 中大量使用的 "宏" 做一个简单介绍。

宏是一个较为简单的概念，在编译 C/C++ 代码前，预处理器将宏代码展开，这样编译出来的代码在运行时就省去了一些额外的空间和时间开销。因此，使用宏可以在不影响程序运行性能的前提下提高代码的可读性。HotSpot 项目中，在许多情形下都使用了宏。

（1）功能相似的数据结构。

在 HotSpot 中出现的所有内部对象，都需要一个类型进行定义。HotSpot 为了能够更好地管理内部的对象表示，设计了一套面向对象表示系统，即 OOP-Klass 二分模型。在第 3 章中，我们将继续深入认识这一系统。简单来说，在这个模型中需要定义许多内部类型。考虑到很多类型具有相似的定义方式，出于模块化和可扩展性的设计思维，HotSpot 的设计者运用宏巧妙地实现了对各种相似类型的通用定义。如清单 2-1 所示，在定义 OOP 结构类型时，设计了 DEF_OOP 宏，它能根据传入的 type 参数定义出不同的 oopDesc 类型。

清单 2-1
来源：hotspot/src/share/vm/oops/oopsHierarchy.hpp
描述：定义<type>oopDesc 类型

```
1    #define DEF_OOP(type)                                                  \
2      class type##OopDesc;                                                 \
3      class type##Oop : public oop {                                       \
4        public:                                                            \
5          type##Oop() : oop() {}                                           \
6          type##Oop(const volatile oop& o) : oop(o) {}                     \
7          type##Oop(const void* p) : oop(p) {}                             \
8          operator type##OopDesc* () const { return (type##OopDesc*)obj(); } \
9          type##OopDesc* operator->() const {                              \
10             return (type##OopDesc*)obj();                                \
11         }                                                                \
13     };                                                                   \
```

在 DEF_OOP 宏的定义中，预处理器根据外部传入的参数 type，将宏分别展开为不同的代码块。符号 "##" 表示将实际传入的 "type" 值与 "##" 右边的字符串连接在一起。显然，在调用 DEF_OOP 宏时，如果传递给它不同的 "type" 值，那么在展开的代码块中，最终定义的类型将肯定不同。当定义好 DEF_OOP 后，我们每次调用 DEF_OOP 宏，就完成了一个 oopDesc 类型的定义，如清单 2-2 所示。

清单 2-2
来源：hotspot/src/share/vm/oops/oopsHierarchy.hpp
描述：定义<type>oopDesc 类型

```
1    DEF_OOP(instance);
2    DEF_OOP(method);
3    DEF_OOP(methodData);
4    DEF_OOP(array);
5    DEF_OOP(constMethod);
```

```
 6   DEF_OOP(constantPool);
 7   DEF_OOP(constantPoolCache);
 8   DEF_OOP(objArray);
 9   DEF_OOP(typeArray);
10   DEF_OOP(klass);
11   DEF_OOP(compiledICHolder);
```

在清单 2-2 中，定义了 11 种相似的 oopDesc 子类型，如 instanceOopDesc、methodOopDesc 和 methodDataOopDesc 等。在定义句柄时也使用了相同的方式，如清单 2-3 所示。

清单 2-3
来源：hotspot/src/share/vm/runtime/handles.hpp
描述：定义句柄

```
 1  #define DEF_HANDLE(type, is_a)                                              \
 2    class type##Handle;                                                       \
 3    class type##Handle: public Handle {                                       \
 4     protected:                                                               \
 5      type##Oop    obj() const                    { return (type##Oop)Handle::obj(); } \
 6      type##Oop    non_null_obj() const           { return (type##Oop)Handle::non_null_obj(); } \
 7                                                                              \
 8     public:                                                                  \
 9      /* 构造函数 */                                                           \
10      type##Handle ()                             : Handle()        {}       \
11      type##Handle (type##Oop obj) : Handle((oop)obj) {                      \
12        assert(SharedSkipVerify || is_null() || ((oop)obj)->is_a(),          \
13             "illegal type");                                                \
14      }                                                                       \
15      type##Handle (Thread* thread, type##Oop obj) : Handle(thread, (oop)obj) { \
16        assert(SharedSkipVerify || is_null() || ((oop)obj)->is_a(), "illegal type"); \
17      }                                                                       \
18                                                                              \
19      type##Handle (type##Oop *handle, bool dummy) : Handle((oop*)handle, dummy) {} \
20                                                                              \
21      /* 操作符重载 */                                                         \
22      type##Oop    operator () () const           { return obj(); }           \
23      type##Oop    operator -> () const           { return non_null_obj(); } \
24    };
```

在 DEF_HANDLE 宏的定义中，根据外部传入的 type 和 is_a 等参数，可以定义出不同的 handle 类型，如清单 2-4 所示。

清单 2-4
来源：hotspot/src/share/vm/oops/oopsHierarchy.hpp
描述：定义<type>Handle 类型局部

```
1   DEF_HANDLE(instance         , is_instance         )
2   DEF_HANDLE(method           , is_method           )
3   DEF_HANDLE(constMethod      , is_constMethod      )
4   DEF_HANDLE(methodData       , is_methodData       )
5   DEF_HANDLE(array            , is_array            )
6   DEF_HANDLE(constantPool     , is_constantPool     )
7   DEF_HANDLE(constantPoolCache, is_constantPoolCache)
8   DEF_HANDLE(objArray         , is_objArray         )
9   DEF_HANDLE(typeArray        , is_typeArray        )
```

（2）函数定义。

在定义一组具有相似结构的函数时，如以 "jmm_" 或 "JVM_" 为前缀命名的虚拟机接口函数。在这些函数中,都需要做一些相似的工作。如果为每个函数都重复编写相同的代码去做同一件事,这显然不利于维护和扩展。因此,HotSpot 中将那些事务性的工作,如处理接口返回值类型、JNI 声明、获取当前线程和调试开关的代码提取出来,由 JVM_ENTRY 宏来代替。这样依赖,我们在 HotSpot 项目中就看到了很多利用 JVM_ENTRY 宏定义的接口函数,如 jmm_GetMemoryUsage()函数,如清单 2-5 所示。

清单 2-5
来源:hotspot/src/share/vm/services/management.cpp
描述:GetMemoryUsage 的底层实现

```cpp
1   // Returns a java/lang/management/MemoryUsage object representing
2   // the memory usage for the heap or non-heap memory.
3   JVM_ENTRY(jobject, jmm_GetMemoryUsage(JNIEnv* env, jboolean heap))
4     ResourceMark rm(THREAD);
5     // Calculate the memory usage
6     size_t total_init = 0;
7     size_t total_used = 0;
8     size_t total_committed = 0;
9     size_t total_max = 0;
10    bool   has_undefined_init_size = false;
11    bool   has_undefined_max_size = false;

12    for (int i = 0; i < MemoryService::num_memory_pools(); i++) {
13      MemoryPool* pool = MemoryService::get_memory_pool(i);
14      if ((heap && pool->is_heap()) || (!heap && pool->is_non_heap())) {
15        MemoryUsage u = pool->get_memory_usage();
16        total_used += u.used();
17        total_committed += u.committed();

18        // if any one of the memory pool has undefined init_size or max_size,
19        // set it to -1
20        if (u.init_size() == (size_t)-1) {
21          has_undefined_init_size = true;
22        }
23        if (!has_undefined_init_size) {
24          total_init += u.init_size();
25        }

26        if (u.max_size() == (size_t)-1) {
27          has_undefined_max_size = true;
28        }
29        if (!has_undefined_max_size) {
30          total_max += u.max_size();
31        }
32      }
33    }

34    // In our current implementation, we make sure that all non-heap
35    // pools have defined init and max sizes. Heap pools do not matter,
36    // as we never use total_init and total_max for them.
37    assert(heap || !has_undefined_init_size, "Undefined init size");
38    assert(heap || !has_undefined_max_size, "Undefined max size");

39    MemoryUsage usage((heap ? InitialHeapSize : total_init),
40                     total_used,
41                     total_committed,
```

```
42                      (heap ? Universe::heap()->max_capacity() : total_max));
43      Handle obj = MemoryService::create_MemoryUsage_obj(usage, CHECK_NULL);
44      return JNIHandles::make_local(env, obj());
45  JVM_END
```

与 JVM_ENTRY 相伴生的宏是 JVM_END，相当于语句"}}"的作用，表示函数定义的结束。

（3）共同基类。

如果有大量的类都继承自同一类型，可以将继承基类的语句抽象成一个宏。

在 HotSpot 内部定义一个继承自 _ValueObj（表示对象类型为值）的类时，就使用了宏 VALUE_OBJ_CLASS_SPEC，如清单 2-6 所示。

清单 2-6
来源：hotspot/src/share/vm/runtime/thread.cpp - Threads::threads_do()
描述：迭代线程列表
```
    #define VALUE_OBJ_CLASS_SPEC    : public _ValueObj
```

当定义一个本身是值类型的新类型时，可以这样做，如清单 2-7 所示。

清单 2-7
来源：hotspot/src/share/vm/runtime/thread.cpp - Threads::threads_do()
描述：迭代线程列表
```
    class frame VALUE_OBJ_CLASS_SPEC {...}
```

（4）循环条件。

在线程模块中，常常需要迭代活跃线程列表，那么可以将遍历 Threads 静态成员 _thread_list 的操作提取出来，定义成一个名为 ALL_JAVA_THREADS 的宏，如清单 2-8 所示。

清单 2-8
来源：hotspot/src/share/vm/runtime/thread.cpp
描述：遍历线程列表
```
    #define ALL_JAVA_THREADS(X) for (JavaThread* X = _thread_list; X; X = X->next())
```

这样，在使用时，只需要调用 ALL_JAVA_THREADS(X)，接下来的循环体就可以直接使用 X 作为线程元素进行业务处理了，而不必关心循环的创建和终止，如清单 2-9 所示。

清单 2-9
来源：hotspot/src/share/vm/runtime/thread.cpp - Threads::threads_do()
描述：迭代线程列表
```
1   ALL_JAVA_THREADS(p) {
2       tc->do_thread(p);
3   }
```

（5）调试技术。

这种类型的宏常用于内部调试逻辑，如在关键代码路径处判断程序状态是否出错，决定是否输出一些错误信息或退出程序，如清单 2-10 所示。

清单 2-10
来源：hotspot/src/share/vm/utilities/debug.hpp
描述：调试宏
```
1   #define ShouldNotReachHere()                                      \
```

```
2    do {                                                           \
3      report_should_not_reach_here(__FILE__, __LINE__);            \
4      BREAKPOINT;                                                  \
5    } while (0)
```

在 JVM 内部流程中，当流程走到本不该走的地方时，调用 ShouldNotReachHere() 进行错误处理。

2. 内联函数

内联函数用于消除函数调用和返回时的寄存器存储和恢复开销，它通常应用于频繁执行的函数中。由于函数调用时，需要将程序执行流程转移到被调用函数中，并要求函数返回时回到原先的执行流程继续执行。这就要求在调用时保存现场并记住执行的地址，以待函数返回后恢复并按原程序流程继续执行。因此，函数调用会带来一定的时间和空间方面的开销，影响效率。而使用内联函数，编译器可以实现在函数调用时将内联函数展开，这样就取消了函数的入栈和出栈工作，减少了程序的开销。当函数被频繁调用的时候，节省下来的开销就十分可观了。

通常，将那些时间要求比较高，而本身长度比较短的函数定义成内联函数。例如，在定义 OOP 结构类型的成员函数时，可以采用如清单 2-11 所示的做法。

清单 2-11
来源：hotspot/src/share/vm/oops/oop.inline.hpp
描述：对象头内联函数——设置 mark word

```
1    inline markOop oopDesc::cas_set_mark(markOop new_mark, markOop old_mark) {
2      return (markOop) Atomic::cmpxchg_ptr(new_mark, &_mark, old_mark);
3    }
```

在第 1 行代码中，关键字 inline 表明 oopDesc::cas_set_mark() 是一个内联函数。

3. 内部锁

在 JVM 内部，有些操作在同一时刻，只允许一个线程执行，因此需要互斥锁来保证系统的绝对安全。例如，对诸如 SystemDictionary（系统字典）、Safepoint（安全点）或 Heap（堆）等功能实体进行操作时，需要先取得相应的锁。表 2-1 定义了这些内部锁。

表 2-1　　　　　　　　　　　HotSpot 内部使用的锁

锁	锁
SystemDictionary_lock	iCMS_lock
InlineCacheBuffer_lock	FullGCCount_lock
VMStatistic_lock	SATB_Q_FL_lock
JmethodIdCreation_lock	SATB_Q_CBL_mon
JfieldIdCreation_lock	Compile_lock
Heap_lock	MethodCompileQueue_lock
VtableStubs_lock	CompileThread_lock
SymbolTable_lock	BeforeExit_lock

锁	锁
StringTable_lock	Notify_lock
CodeCache_lock	ProfileVM_lock
MethodData_lock	ExceptionCache_lock
VMOperationQueue_lock	OsrList_lock
VMOperationRequest_lock	PerfDataManager_lock
Safepoint_lock	OopMapCacheAlloc_lock
Threads_lock	Service_lock

4. 可移植性

Java 自一问世，便具有了"一次编译，到处运行"的跨平台的特点。因此，JVM 应当能够在各种系统平台上运行，这得益于 JVM 能够在不同 CPU 和操作系统类型上保持着良好的可移植性。我们知道，HotSpot 大部分的业务逻辑位于各个平台共享的公共代码（在 hotspot/src/share 路径下），而对于平台依赖的逻辑，往往使用一种简单有效的办法能够在不削弱系统可维护性前提下保证可移植性。

清单 2-12
来源：hotspot/src/share/vm/oops/oop.inline.hpp
描述：oop.hpp 中的内联函数

```
1  #ifdef TARGET_OS_ARCH_linux_x86
2  # include "orderAccess_linux_x86.inline.hpp"
3  #endif
4  #ifdef TARGET_OS_ARCH_linux_sparc
5  # include "orderAccess_linux_sparc.inline.hpp"
6  #endif
7  #ifdef TARGET_OS_ARCH_linux_zero
8  # include "orderAccess_linux_zero.inline.hpp"
9  #endif
10 #ifdef TARGET_OS_ARCH_solaris_x86
11 # include "orderAccess_solaris_x86.inline.hpp"
12 #endif
13 #ifdef TARGET_OS_ARCH_solaris_sparc
14 # include "orderAccess_solaris_sparc.inline.hpp"
15 #endif
16 #ifdef TARGET_OS_ARCH_windows_x86
17 # include "orderAccess_windows_x86.inline.hpp"
18 #endif
19 #ifdef TARGET_OS_ARCH_linux_arm
20 # include "orderAccess_linux_arm.inline.hpp"
21 #endif
22 #ifdef TARGET_OS_ARCH_linux_ppc
23 # include "orderAccess_linux_ppc.inline.hpp"
24 #endif
```

这种办法就是根据目标系统的类型选择性的包含不同的头文件。例如，在清单 2-12 中，就是利用这种方式保证了在目标运行环境为 Linux、Windows 和 Solaris 操作系统以及 Sparc、ARM、x86 和 PowerPC 等体系结构时能够引入正确的头文件。

5．VM 选项

对于经常与虚拟机调优打交道的人员来说，有必要了解 VM 选项（即 flag）。为方便用户使用，虚拟机选项可以分为如下几类。

- 基本配置类：对虚拟机主要组件或策略的配置或选择，如 Java 堆的大小、垃圾收集器的选择、编译模式的选择等。举例来说，-agentlib 选项用来加载本机代理库；-Xint 配置虚拟机以纯解释模式运行，-Xmixed 以解释器+即时编译混合模式运行；-Xmx 配置最大 Java 堆大小；-XX:UseG1GC 配置 G1 收集器等。
- 调优类：对虚拟机组件或策略进行较为细致的配置，往往是尝试对虚拟机调优的重要参数。主要集中在-XX 选项。如-XX:ThreadStackSize 选项允许自定义线程栈大小。
- 性能监控类：开启监控选项，当虚拟机运行状态符合预定条件时，能够将相关信息输出以便定位问题。如使用-Xloggc 选项运行系统记录 GC 事件，即我们常说的 GC 日志；-XX:ErrorFile 选项可以配置当虚拟机遇到内部错误（JVM Crash）时，可以将错误日志写入文件，文件名格式默认为 hs_err_pid<pid>.log。
- 内部校验类：增强虚拟机内部过程校验。如开启-Xcheck:jni 选项，虚拟机内部将对 JNI 函数进行额外的校验；-XX:ImplicitNullChecks 和-XX:ImplicitDiv0Checks 选项使虚拟机内部加强对空值和除零行为的校验。额外的内部校验在牺牲少量系统性的前提下增强了系统的健壮性。
- 调试和跟踪类：对虚拟机内部过程进行跟踪调试并输出跟踪日志，主要由一些-XX 选项组成。这类选项一般在 product 版中是受限的，仅在 debug 版或 fastdebug 版中彩允许使用，一般用作了解虚拟机的重要工具。

在系统初始化阶段，Arguments 模块会对传入的 VM 选项进行解析。

如果想提高自己的虚拟机调优技术，那么熟悉虚拟机选项应当成为必修课。虚拟机提供的配置选项至少有数百个，我们不能通过死记硬背了解每一个选项的含义和用法。在调优时，需要通过一定的实践、对比和分析，才能确定某个选项或参数对实际应用的确具有积极作用。但需要指出的是，我们应避免在实际应用中盲目尝试虚拟机调优，只有在对虚拟机的基本原理和运作机制理解的基础上才能够驾驭它。

如果你想系统了解虚拟机支持的所有选项，可以在非 product 版本虚拟机中打开选项-XX:PrintFlagsWithComments，这个选项允许我们查看虚拟机支持的所有选项及简要的功能描述。此外，还有一些辅助选项，如-XX:PrintVMOptions、-XX:PrintFlagsInitial 等也有可以派上用场。

本书将在各个章节中附上相关的虚拟机选项和基本功能描述，以供读者参考。

练习 1
阅读源代码，了解宏 JVM_ENTRY 和 JVM_END 的定义，并了解使用它们定义的函数。

2.1.2 HotSpot 内核框架

在扫清阅读源码的障碍后,现在是时候介绍 HotSpot 内核框架了。图 2-1 展示了 HotSpot 内核模块的基本结构。内核由一些顶层模块构成系统的主要功能组件,我们在上一章(如图 1-4 所示)也接触过这些顶层模块,如 Oops、Classfile 等功能模块。

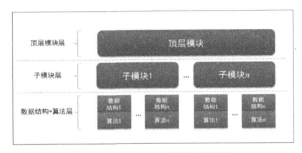

图 2-1 HotSpot 内核框架结构

HotSpot 内核主要由 C/C++实现,可能很多 Java 程序员会觉得阅读源码会觉得有些吃力。但事实上,只要掌握了正确的阅读源码的方法,我们完全可以打消这个疑虑。

当我们阅读任何一个开源项目源代码时,核心目标都是去理解系统的运作原理,了解功能组件如何协作和发挥作用。那么我们的着眼点应当在于抓住数据结构这一核心,去了解功能的实现算法,而不是陷入编程语言的细节。

数据结构的设计反映了功能组件的本质,从数据结构出发,可以了解组件在实现一个功能时需要考虑哪些因素:是否依赖其他组件、需要设置哪些状态、是否提供优化措施等。数据结构包括结构体、枚举、类和接口,它定义了数据成员,用以支撑算法(含功能性操作函数)的实现。而算法往往反映了功能的实现逻辑。因此从了解数据结构出发,结合算法的实现,便可以了解一个模块的具体作用,进而理解系统功能组件的实现原理。

我们知道,HotSpot 由多个顶层模块组成,主要包括 Service、Prims、Runtime、Classfile、Interpreter、Code、Memory、Compiler、Oops、C1/Opto/Shark 和 GC。

其中每个顶层模块又是由若干子模块组成。在每个子模块中,定义了一些数据结构和算法,它们相互协作实现子模块的逻辑功能。

以顶层模块 Classfile 为例,它包含了许多子模块,其中一个子模块叫做类文件解析器,位于 ClassFileParser 子模块中。在 ClassFileParser 模块中,定义了数据结构 ClassFileParser 类,用做解析*.class 格式文件(也称为 Class 文件或类文件,下同)。ClassFileParser 类用_major_version 和_minor_version 字段记录 Class 文件的主版本号和次版本号,并用_class_name 字段记录类名。在算法层面,则提供了一些列的解析函数,这些解析函数实现了类文件解析器的功能主体,如 parse_constant_pool() 解析常量池、parse_interfaces() 解析接口、parse_fields() 解析字段、

parse_method()解析 Java 方法、parse_localvariable_table()解析局部变量表等。

在本书的后续章节中，将会陆续介绍 HotSpot 的内核模块。接下来，我们来了解一下对外接口模块。

2.1.3 Prims

JVM 应当具有外部访问的通道，允许外部程序访问内部状态信息。如图 2-2 所示，HotSpot 在这方面提供了丰富的通信接口，可以供 JDK 或其他应用程序调用。

在 HotSpot 内核中，由 Prims 模块定义外部接口。图 2-3 列举了 Prims 模块的部分子模块，主要包括 4 个模块。

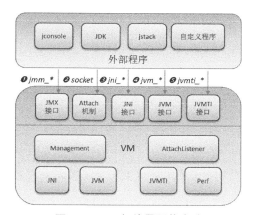

图 2-2　VM 与外界通信方式

图 2-3　Prims 模块组成

1. JNI 模块

Java 本地接口（Java Native Interface，缩写为 JNI）是 Java 标准的重要组成部分。它允许 Java 代码与本地代码进行交互，如与 C/C++代码实现相互调用。虽然 Java 在平台移植性方面具有天然的优势，但是有的时候 Java 程序需要使用一些与底层操作系统或硬件相关的功能，这时就需要一种机制，允许调用本地库或 JVM 库。在 JDK 中定义了很多函数都依赖这些由本地语言实现的库。JNI 模块提供 Java 运行时接口，定义了许多以"jni_"为前缀命名的函数，允许 JDK 或者外部程序调用由 C/C++实现的库函数。

2. JVM 模块

在 JVM 模块中，虚拟机向外提供了一些函数，以"JVM_"为前缀命名，作为标准 JNI 接口的补充。这些函数可以归纳为三个部分。

首先，是一些与 JVM 相关的函数，用来支持一些需要访问本地库的 Java API。

java.lang.Object 需要这些函数实现 wait 和 notify 监视器（monitor），如清单 2-13 所示。

清单 2-13
来源：hotspot/src/share/vm/prims/jvm.h
描述：JVM 模块导出函数举例

```
1   JNIEXPORT void JNICALL
2   JVM_MonitorWait(JNIEnv *env, jobject obj, jlong ms);

3   JNIEXPORT void JNICALL
4   JVM_MonitorNotify(JNIEnv *env, jobject obj);
```

其次，是一些函数和常量定义，用来支持字节码验证和 Class 文件格式校验。清单 2-14 列举了部分由 "JVM_" 作为前缀命名的函数和常量，用作 Class 文件解析。

清单 2-14
来源：hotspot/src/share/vm/prims/jvm.h
描述：JVM 模块导出函数和常量举例

```
1   /*
2    * Returns the constant pool types in the buffer provided by "types."
3    */
4   JNIEXPORT void JNICALL
5   JVM_GetClassCPTypes(JNIEnv *env, jclass cb, unsigned char *types);

6   /*
7    * Returns the number of *declared* fields or methods.
8    */
9   JNIEXPORT jint JNICALL
10  JVM_GetClassFieldsCount(JNIEnv *env, jclass cb);

11  #define JVM_ACC_PUBLIC        0x0001  /* visible to everyone */
12  #define JVM_ACC_PRIVATE       0x0002  /* visible only to the defining class */
13  #define JVM_ACC_PROTECTED     0x0004  /* visible to subclasses */
```

最后，是各种 I/O 和网络操作，用来支持 Java I/O 和网络 API。清单 2-15 列举了部分由 JVM 模块导出的 I/O 函数和网络操作函数。

清单 2-15
来源：hotspot/src/share/vm/prims/jvm.h
描述：JVM 模块导出 I/O 和 network 函数

```
1   JNIEXPORT jint JNICALL
2   JVM_Open(const char *fname, jint flags, jint mode);

3   JNIEXPORT jint JNICALL
4   JVM_Read(jint fd, char *buf, jint nbytes);

5   JNIEXPORT jint JNICALL
6   JVM_Socket(jint domain, jint type, jint protocol);

7   JNIEXPORT jint JNICALL
8   JVM_Recv(jint fd, char *buf, jint nBytes, jint flags);

9   JNIEXPORT jint JNICALL
20  JVM_Send(jint fd, char *buf, jint nBytes, jint flags);
```

JVM 模块的导出函数均在头文件 jvm.h 中声明。HotSpot 项目中的 jvm.h 文件与 JDK 使用的头文件是一致的。而函数的具体实现则是在源文件 jvm.cpp 中使用 JVM_ENTRY 宏方式定义。

3. JVMTI 模块

Java 虚拟机工具接口（Java Virtual Machine Tool Interface，缩写为 JVMTI）提供了一种编程接口，允许程序员创建代理以监视和控制 Java 应用程序。JVMTI 代理常用于对应用程序进行监控、调试或调优。例如监控内存实际使用情况、CPU 利用率以及锁信息等。该模块为外部程序提供 JVMTI 接口。

4. Perf 模块

JDK 中 sun.misc.Perf 类的底层实现，定义了一些以 "Perf_" 为前缀命名的函数，由外部程序调用，以监控虚拟机内部的 Perf Data 计数器。

2.1.4 Services

Services 模块为 JVM 提供了 JMX 等功能。JMX（即 Java Management Extensions）是为支持对 Java 应用程序进行管理和监控而定义的一套体系结构、设计模式、API 以及服务。通常使用 JMX 来监控系统的运行状态或者对系统进行灵活的配置，比如清空缓存、重新加载配置文件、更改配置等。

JMX 可以跨越一系列异构操作系统平台、系统体系结构和网络传输协议，为程序员开发无缝集成的系统、网络和服务管理应用提供一定程度的灵活性。

Services 模块包含以下 9 个主要子模块，如图 2-4 所示。

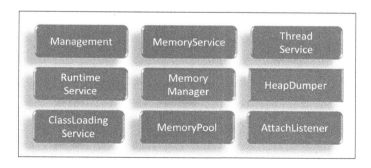

图 2-4　Services 模块组成

1. Management 模块

Management 模块提供 JMX 底层实现的基础。例如，在 Java 层开发 JXM 程序时，会遇到如下几个函数：

- Java_sun_management_MemoryManagerImpl_getMemoryPools0;
- Java_sun_management_MemoryImpl_getMemoryManagers0;
- Java_sun_management_MemoryImpl_getMemoryUsage0;
- Java_sun_management_ThreadImpl_dumpThreads0 等。

JMX 示例程序会输出内存池及垃圾收集器等信息，如清单 2-16 所示。

清单 2-16
来源：com.hotspotinaction.demo.chap2.MemoryPoolInfo
描述：利用 JMX 获取 GC 信息

```java
1   List<MemoryPoolMXBean> pools = ManagementFactory.getMemoryPoolMXBeans();
2   int poolsFound = 0;
3   int poolsWithStats = 0;
4   for (int i = 0; i < pools.size(); i++) {
5     MemoryPoolMXBean pool = pools.get(i);
6     String name = pool.getName();
7     System.out.println("found pool: " + name);

8     if (name.contains(poolName)) {
9       long usage = pool.getCollectionUsage().getUsed();
10      System.out.println(name + ": usage after GC = " + usage);
11      poolsFound++;
12      if (usage > 0) {
13        poolsWithStats++;
14      }
15    }
16  }
17  if (poolsFound == 0) {
18    throw new RuntimeException("无匹配的内存池：请打开-XX:+UseConcMarkSweepGC");
19  }

20  List<GarbageCollectorMXBean> collectors = ManagementFactory.getGarbageCollectorMXBeans();
21  int collectorsFound = 0;
22  int collectorsWithTime = 0;
23  for (int i = 0; i < collectors.size(); i++) {
24    GarbageCollectorMXBean collector = collectors.get(i);
25    String name = collector.getName();
26    System.out.println("found collector: " + name);
27    if (name.contains(collectorName)) {
28      collectorsFound++;
29      System.out.println(name + ": collection count = " + collector.getCollectionCount());
30      System.out.println(name + ": collection time  = " + collector.getCollectionTime());
31      if (collector.getCollectionCount() <= 0) {
32        throw new RuntimeException("collection count <= 0");
33      }
34      if (collector.getCollectionTime() > 0) {
35        collectorsWithTime++;
36      }
37    }
38  }
```

运行得到如清单 2-17 所示的日志。

2.1 HotSpot 内核

清单 2-17
```
found pool: Code Cache
found pool: Par Eden Space
found pool: Par Survivor Space
found pool: CMS Old Gen
CMS Old Gen: usage after GC = 208123288
found pool: CMS Perm Gen
CMS Perm Gen: usage after GC = 2626528
found collector: ParNew
found collector: ConcurrentMarkSweep
ConcurrentMarkSweep: collection count = 7
ConcurrentMarkSweep: collection time  = 17
```

JVM 以 management 动态链接库的形式，向 JDK 提供一套监控和管理虚拟机的 jmm 接口，如清单 2-18 所示。动态链接库被安装在 JRE/bin 目录下。例如，在 Windows 平台上，JRE/bin 目录下名为 management.dll 的文件即为该库。

清单 2-18
来源：hotspot/src/share/vm/services/management.cpp
描述：jmm_interface

```
1   const struct jmmInterface_1_ jmm_interface = {
2     NULL,
3     NULL,
4     jmm_GetVersion,
5     jmm_GetOptionalSupport,
6     jmm_GetInputArguments,
7     jmm_GetThreadInfo,
8     jmm_GetInputArgumentArray,
9     jmm_GetMemoryPools,
10    jmm_GetMemoryManagers,
11    jmm_GetMemoryPoolUsage,
12    jmm_GetPeakMemoryPoolUsage,
13    jmm_GetThreadAllocatedMemory,
14    jmm_GetMemoryUsage,
15    jmm_GetLongAttribute,
16    jmm_GetBoolAttribute,
17    jmm_SetBoolAttribute,
18    jmm_GetLongAttributes,
19    jmm_FindMonitorDeadlockedThreads,
20    jmm_GetThreadCpuTime,
21    jmm_GetVMGlobalNames,
22    jmm_GetVMGlobals,
23    jmm_GetInternalThreadTimes,
24    jmm_ResetStatistic,
25    jmm_SetPoolSensor,
26    jmm_SetPoolThreshold,
27    jmm_GetPoolCollectionUsage,
28    jmm_GetGCExtAttributeInfo,
29    jmm_GetLastGCStat,
30    jmm_GetThreadCpuTimeWithKind,
31    jmm_GetThreadCpuTimesWithKind,
32    jmm_DumpHeap0,
33    jmm_FindDeadlockedThreads,
34    jmm_SetVMGlobal,
35    NULL,
36    jmm_DumpThreads,
37    jmm_SetGCNotificationEnabled
38  };
```

如果读者想了解 JMX 在虚拟机中是如何实现的，可以在 management 模块中查看上述 jmm 接口函数（使用 JVM_ENTRY 和 JVM_END 宏定义）。

例如，清单 2-5 中由 JVM_ENTRY 宏定义的函数 getMemoryUsage0，实现的便是 JMX 接口 Java_sun_management_MemoryImpl_getMemoryUsage0。

虚拟机启动过程中，在初始化 management 模块时，将调用顶层模块 Runtime 中的 ServiceThread 模块，启动一个名为"Service Thread"的守护线程（见清单 2-33，在较早版本中也称"Low Memory Detector"），该守护线程负责向 JVM 上报内存不足报警。

若系统开启了选项-XX:ManagementServer，则加载并创建 sun.management.Agent 类，执行其 startAgent()方法启动 JMX Server。

除了 JXM 功能模块以外，还有其他几个模块，下面依次介绍。

2. MemoryService 模块

提供 JVM 内存管理服务。如堆的分配和内存池的管理等。

3. MemoryPool 模块

内存池管理模块。内存池表示由 JVM 管理的内存区域，是内存管理的基本单元。JVM 拥有至少一块内存池，它可以在 JVM 运行期间创建或删除。一块内存池可以由堆或非堆拥有，也可以由它们同时拥有。MemoryPool 分为两类：CollectedMemoryPool 和 CodeHeapPool。其中，CollectedMemoryPool 又可分为如下几种子类型：

- ContiguousSpacePool；
- SurvivorContiguousSpacePool；
- CompactibleFreeListSpacePool；
- GenerationPool。

4. MemoryManager 模块

内存管理器。一个内存管理负责管理一个或多个内存池。垃圾收集器也是一种内存管理器，它负责回收不可达对象的内存空间。在 JVM 中，允许有一个或多个内存管理器，允许在系统运行期间根据情况添加或删除内存管理器。一个内存池可以由一个或多内存管理器管理。已定义的内存管理器包括 CodeCacheMemoryManager、GCMemoryManager。其中 GCMemoryManager 又可分为如下几种子类型：

- CopyMemoryManager；
- MSCMemoryManager；
- ParNewMemoryManager；
- CMSMemoryManager；

- PSScavengeMemoryManager;
- PSMarkSweepMemoryManager;
- G1YoungGenMemoryManager;
- G1OldGenMemoryManager 等。

5. RuntimeService 模块

提供 Java 运行时的性能监控和管理服务，如 applicationTime、jvmCapabilities 等。

6. ThreadService 模块

提供线程和内部同步系统的性能监控和管理服务，包括维护线程列表、线程相关的性能统计、线程快照、线程堆栈跟踪和线程转储等功能。

7. ClassLoadingService 模块

提供类加载模块的性能监控和管理服务。

8. AttachListener 模块

JVM 系统初始化时启动名为 "Attach Listener" 的守护线程。它是为客户端的 JVM 监控工具提供连接（attach）服务，它维护一个操作列表用来接受已连接的客户端进程发送的操作请求，当执行完毕这些操作后，将数据返回给客户端进程。关于 Attach 机制的详细内容，请参考本书第 9 章。

9. HeapDumper 模块

提供堆转储功能，将堆转储信息写入 HPROF 格式二进制文件中。关于对转储机制和 HRPOF 格式的更多内容，可以参考本书的第 9 章。

> **练习 2**
> 在安装的 JRE 下面寻找 management 动态链接库，查看库中分别包含了哪些函数符号。查阅资料，了解这些函数的作用？通过已学过的知识，试着在 openjdk 源代码中独立找到这些函数的定义。

2.1.5 Runtime

Runtime 是运行时模块，它为其他系统组件提供运行时支持。JVM 在运行时需要的很多功能，如线程、安全点、PerfData、Stub 例程、反射、VMOperation 以及互斥锁等组件，均由 Runtime 模块定义。在本书后续章节对相关专题展开讲解时，还将看到 Runtime 模块发挥着重要作用。

如图 2-5 所示，顶层模块 Runtime 中定义了大量公共模块，限于篇幅，这里不能一一详解，仅对几个主要模块进行介绍，读者如需要进一步了解，可以参阅源代码。

1. Thread 模块

定义了各种线程类型，包含 JVM 内部工作线程以及 Java 业务线程。此外，还定义了 Threads 子模块，它维护着系统的有效线程队列。

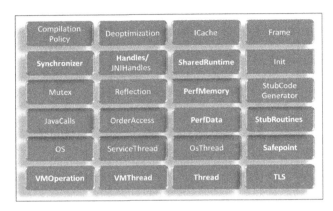

图 2-5 Runtime 模块的主要组成

2. Arguments 模块

记录和传递 VM 参数和选项，详见第 9 章。

3. StubRoutines 和 StubCodeGenerator 模块

生成 stub，关于 stub 的更多信息，可以参考第 7 章。

4. Frame 模块

Frame 表示一个物理栈帧（又称**活动记录**，Activation Record，详见第 7 章），Frame 模块定义了表示物理栈帧的数据结构 frame，如清单 2-19 所示。frame 是与 CPU 类型相关的，既可以表示 C 帧，也可以表示 Java 帧，对于 Java 帧既可以是解释帧，也可以是编译帧。

```
清单 2-19
来源：hotspot/src/share/vm/runtime/frame.hpp
描述：frame 的成员变量
1    class frame {
2     private:
3      // 成员变量
4      intptr_t* _sp; // stack pointer (from Thread::last_Java_sp)
5      address   _pc; // program counter (the next instruction after the call)
6      CodeBlob* _cb; // CodeBlob that "owns" pc
7      enum deopt_state {
```

```
8        not_deoptimized,
9        is_deoptimized,
10       unknown
11    };
12    deopt_state _deopt_state;
13    ……
14  }
```

在 frame 类型的定义中，会根据具体的 CPU 类型定义不同的函数实现。一个 frame 可由栈指针、PC 指针、CodeBlob 指针和状态位描述。其中，这三个指针的作用为：栈栈帧_sp 指向栈顶元素；PC 指针_pc 指向下一条要执行的指令地址；CodeBlob 指针指向持有相应的指令机器码的 CodeBlob。在第 6 章中，我们将会看到 frame 的设计在结构上十分类似于真实机器的栈帧结构。

5. CompilationPolicy 模块

CompilationPolicy 模块用来配置编译策略，即选择什么样的方法或循环体来编译。Runtime 模块中定义了两种编译策略类型——SimpleThresholdPolicy 和 AdvancedThresholdPolicy。CompilationPolicy 模块初始化时，将根据 VM 选项 CompilationPolicyChoice 来配置编译策略，选项为 0 表示 SimpleCompPolicy，为 1 则表示 StackWalkCompPolicy。

6. Init 模块

用于系统初始化，如启动 init_globals() 函数初始化全局模块等。

7. VmThread 模块

在虚拟机创建时，将会在全局范围内创建一个单例原生线程 VMThread（虚拟机线程），该线程名为 "VM Thread"，能够派生出其他的线程。该线程的一个重要职责是：维护一个虚拟机操作队列（VMOperationQueue），接受其他线程请求虚拟机级别的操作（VMOperation），如执行 GC 等任务。事实上，VMOperation 是 JVM 对外及对内提供的核心服务。甚至是在一些外部虚拟机监控工具（详见第 9 章）中，也享受到了这些 VMOperation 所提供的服务。

这些操作根据阻塞类型以及是否进入安全点，可分为 4 种操作模式（Mode）。

- safepoint：阻塞，进入安全点。
- no_safepoint：阻塞，非进入安全点。
- concurrent：非阻塞，非进入安全点。
- async_safepoint：非阻塞，进入安全点。

8. VMOperation 模块

虚拟机内部定义的 VM 操作有 ThreadStop、ThreadDump、PrintThreads、FindDeadlocks、

ForceSafepoint、ForceAsyncSafepoint、Deoptimize、HandleFullCodeCache、Verify、HeapDumper、GenCollectFull、ParallelGCSystemGC、CMS_Initial_Mark、CMS_Final_Remark、G1CollectFull、G1CollectForAllocation、G1IncCollectionPause、GetStackTrace、HeapWalkOperation、HeapIterateOperation 等（详见 vm_operations.hpp）。

这些 VM 操作均继承自共同父类 VM_Operation。了解哪些 VM 操作需要进入安全点，对我们在实践中排查引起程序停顿过久这类问题时大有裨益。可以通过函数 evaluation_mode() 判断具体的操作模式，如清单 2-20 所示。

清单 2-20
来源：hotspot/src/share/vm/runtime/vm_operations.hpp
描述：VM_Operation::evaluation_mode()

```
virtual Mode evaluation_mode() const { return _safepoint; }
```

若具体实现子类有特殊模式要求，将会覆盖该函数，否则默认模式为 safepoint。

2.2 启动

Launcher（启动器），是用来启动 JVM 和应用程序的工具。在这一节中，我们将看到 HotSpot 中提供了两种 Launcher 类型，分别是通用启动器和调试版启动器。

2.2.1 Launcher

通用启动器（Generic Launcher）是指我们比较熟悉的 JDK 命令程序：java（含 javaw）。java 是由 JDK 自带的启动 Java 应用程序的工具。为启动一个 Java 应用程序，java 将准备一个 Java 运行时环境（即 JRE）、加载指定的类并调用它的 main 方法。类加载的前提条件是由 JRE 在指定路径下找到类加载器和应用程序类。一般来说，JRE 将在以下 3 种路径下搜索类加载器和其他类：

- 引导类路径（bootstrap class path）；
- 已安装的扩展（installed extensions）；
- 用户类路径（user class path）。

类被加载进来之后，java 会将全限定类名或 JAR 文件名之后的非选项类参数作为参数传递给 main 方法。

javaw 命令等同于 java，只是 javaw 没有控制台窗口。当你不想显示一个命令提示符窗口时，可以使用 javaw。但是如果由于某些原因启动失败，javaw 仍将显示一个对话框提供错误信息。

1. 基本用法

java 和 javaw 的命令格式如下所示：

```
java [ option ] class [ argument ... ]
java [ option ] -jar file.jar [ argument ... ]
javaw [ option ] class [ argument ... ]
javaw [ option ] -jar file.jar [ argument ... ]
```

其中 class 是要调用的类名，而 file.jar 是要调用的 JAR 文件名。

值得注意的是，我们需要区分选项和参数的不同用途。

- 选项（option）是传递给 VM 的参数。目前，有两类 VM 选项，包括标准 VM 选项和非标准 VM 选项。其中，非标准选择在使用时以 "-X" 或 "-XX" 指定。
- 参数（argument）是传递给 main 方法的参数。

注意　对于启动器，有一套标准选项（standard options），在当前和将来的版本中都将支持。此外，HotSpot 虚拟机默认提供一套非标项（non-standard options），这些非标选项有可能在将来版本中更改。另外，32 位 JDK 和 64 位 JDK 命令选项也会有所不同。

2. 标准 VM 选项

标准 VM 选项主要包括以下几项。

- -client、-server: 指定 HotSpot 以 client 或 server 模式运行虚拟机。对于 64 位 JDK，将忽略此选项，默认以 server 模式运行虚拟机。
- -agentlib:libname[=options]: 按照库名 libname 载入本地代理库（agent library）。如 -agentlib:hprof、-agentlib:jdwp=help、-agentlib:hprof=help。
- -agentpath:pathname[=options]: 按照完整路径名 pathname 载入本地代理库。
- -classpath、-cp: 指定类文件搜索路径。
- -Dproperty=value: 设置系统属性值
- -jar: 执行封装在 jar 文件中的应用程序。
- -javaagent:jarpath[=options]: 加载 Java 编程语言代理库，可参阅 java.lang.instrument。
- -verbose、-verbose:class: 显示每个被加载的类信息。
- -verbose:gc: 报告每个垃圾回收事件。
- -verbose:jni: 报告关于调用本地方法和其他本地接口的信息。
- -X: 显示非标准选项信息，然后退出。

3. 非标准 VM 选项

以 "-X" 指定的非标准 VM 选项主要包括以下几项[1]。

- -Xint: 以解释模式运行虚拟机。禁用编译本机代码，并由解释器（interpreter）执行所有字节码。

---

[1] 可以在 JDK 安装路径下找到这些选项的帮助文件 Xusage.txt。

- -Xbatch：禁用后台编译。一般来说，虚拟机将编译方法作为后台任务，虚拟机在解释器模式下运行某方法时，需要等到后台编译完成该方法的编译任务。该参数将禁用后台编译，使方法的编译作为前台任务直到完成为止。
- -Xbootclasspath：指定引导类和资源文件的搜索路径。
- -Xcheck:jni：对于 Java 本地接口 JNI 函数执行额外的检查。JVM 验证传递给 JNI 函数的参数。在本机代码中遇到任何无效的数据将导致 JVM 终止。使用此选项时，会带来一些性能损失。
- -Xfuture：执行严格的类文件格式检查。
- -Xnoclassgc：禁用类垃圾回收。
- -Xincgc：启用增量垃圾回收器。
- -Xloggc:<file>：报告垃圾回收事件，并记录到<file>指定的文件中。
- -Xms<size>：设置 Java 堆的初始化大小。
- -Xmxn：设置 Java 堆的最大值。
- -Xssn：设置 Java 线程的栈大小。
- -Xprof：输出 CPU 性能数据。

4．隐藏的非标 VM 选项

这一类选项以"-XX"指定。该类 VM 选项数量十分可观，可以说有成百上千个也不为过。本书将在各章节中，附上一些相关的虚拟机选项和功能描述，以供参考。

5．gamma：调试版启动器

HotSpot 提供了一个精简调试 Launcher，称为 gamma。相对于通用 Launcher，gamma 就安装在与 JVM 库相同的目录下，或者与 JVM 库静态链接为一个库文件，因此可以把 gamma 看作是精简了虚拟机选项解析等逻辑的 java 命令。

事实上，为便于维护，OpenJDK 就是基于同一套 Launcher 代码维护了 gamma launcher 和通用 launcher 的，对于差异代码则使用#ifndef GAMMA 进行注释区分。gamma 启动器入口位于 hotspot/src/share/tools/luncher/java.c；通用 Launcher 的入口并不在 hotspot 工程下，感兴趣的读者可以在与 hotspot 同级目录 jdk 下找到 hotspot/../jdk/src/share/bin/main.c。

从本节开始，我们将以 Launcher 作为切入点，对 HotSpot 进行实战调试和分析。为方便调试，我们将在 Linux 平台上基于 gamma 启动器来讲解 HotSpot 启动过程。

2.2.2 虚拟机生命周期

图 2-6 描述了一个完整的虚拟机生命周期，具体过程如下。

（1）Launcher 启动后，首先进入 Launcher 的入口，即 main 函数。正像稍后看到的那样，

main 工作的重点是：创建一个运行环境，为接下来启动一个新的线程创建 JVM 并跳到 Java 主方法做好一切准备工作。

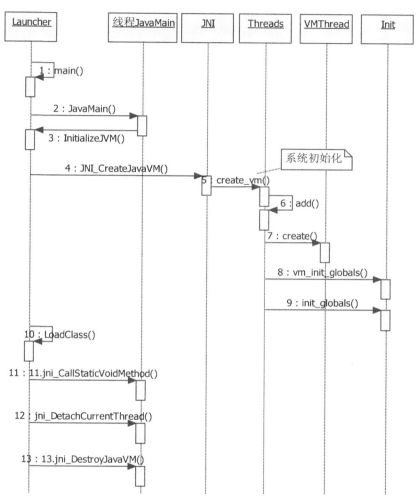

图 2-6 虚拟机生命周期

（2）环境就绪后，Launcher 启动 JavaMain 线程，将程序参数传递给它。如清单 2-21 所示，Launcher 调用 ContinueInNewThread()函数启动新的线程并继续执行任务。新的线程将要执行的任务由该函数的第一个参数指定，即 JavaMain()函数。这时，新线程将要阻塞当前线程，并在新线程中开启一段相对独立的历程，去完成 Launcher 赋予它的使命。

清单 2-21
来源：hotspot/src/share/tools/luncher/java.c

描述：Launcher 启动 JavaMain 线程
```
return ContinueInNewThread(JavaMain, threadStackSize, (void*)&args);
```

（3）一般来说，JavaMain 线程将伴随应用程序的整个生命周期。首先，它要做的便是在 Launcher 模块内调用 InitializeJVM()函数，初始化 JVM。值得一提的是，在理解虚拟机生命周期复杂的模块调用过程时，我们不能对 Launcher 模块本身抱有过高的期待。毕竟，Launcher 模块本身无力实现这些核心功能，它必须借助其他专门模块来提供相应功能。因此，在阅读源代码时，我们应当培养这样的意识，在遇到某个核心功能或重要组件时，首先问自己几个问题：核心功能是由哪个模块提供的？它最终是为系统哪个组件提供服务的？它是以什么形式向调用者提供服务的？养成这种意识，对于独立分析和思考系统运作具有重要的意义。

Launcher 模块本身并不具有创建虚拟机的能力。下面我们将看到，有哪些模块参与了这个过程。由于 Launcher 模块需要借助自身以外的力量完成任务，理所当然地，它需要拥有访问外部接口的能力。稍后将提到一些数据结构，它们持有外部接口的函数指针，Launcher 通过它们可以达到调用外部接口的目的。

（4）虚拟机在 Prims 模块中定义了一些以"JNI_"为前缀而命名的函数，并向外部提供这些 jni 接口。JNI_CreateJavaVM()函数就是其中一个，它为外部程序提供创建 JVM 的服务。前面提到的创建 JVM 的任务，实际上就是调用了 JNI_CreateJavaVM()函数。JNI 模块是连接虚拟机内部与外部程序的桥梁，JVM 系统内部的命名空间对 JNI 模块都是可见的，因此它可以调用内部模块并通过接口向外提供查看和操纵 JVM 的能力。JNI_CreateJavaVM()函数调用 Threads 模块 create_vm()函数完成最终的虚拟机的创建和初始化工作。

（5）可以说，create_vm()函数是 JVM 启动过程的精华部分，它初始化了 JVM 系统中绝大多数的模块。

（6）调用 add()函数，将线程加入线程队列。
（7）调用 create()函数，创建虚拟机线程"VMThread"；
（8）调用 vm_init_globals()函数，初始化全局数据结构；
（9）调用 init_globals()函数，初始化全局模块；
（10）调用 LoadClass()函数，加载应用程序主类；
（11）调用 jni_CallStaticVoidMethod()函数，实现对 Java 应用程序的主方法的调用；
（12）调用 jni_DetachCurrentThread()函数；
（13）调用 jni_DestroyJavaVM()函数，销毁 JVM 后退出。

接下来，我们将选取一些重要过程展开详解。

2.2.3　入口：main 函数

与其他应用程序一样，Launcher 的入口是一个 main 函数。在不同操作系统中，main 函数的原型看起来会有些差异。例如在 UNIX 或 Linux 系统中，按照 POSIX 规范的函数原型如清单 2-22 所示。

2.2 启动

清单 2-22
来源：hotspot/src/share/tools/luncher/java.c
描述：launcher 入口
```
int
main(int argc, char ** argv)
```

而在 Windows 平台上，其原型如清单 2-23 所示。

清单 2-23
来源：jdk/src/share/bin/main.c
描述：launcher 入口
```
int WINAPI
WinMain(HINSTANCE inst, HINSTANCE previnst, LPSTR cmdline, int cmdshow)
```

main 函数的程序流程如图 2-7 所示。

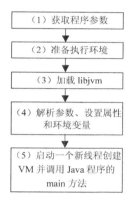

图 2-7 main 函数流程

在 main 函数执行的最后一步，程序将启动一个新的线程并将 Java 程序参数传递给它，接下来阻塞自己，并在新线程中继续执行。新线程也可称为为主线程，它的执行入口是 JavaMain。

2.2.4 主线程

一般来说，主线程将伴随应用程序的整个生命周期。打个形象的比喻：JavaMain 好比一个外壳，应用程序便是在这个外壳的包裹下完成执行的。它的函数原型如清单 2-24（a）所示。

清单 2-24(a)
来源：hotspot/src/share/tools/luncher/java.c
描述：启动新线程执行该方法
```
int JNICALL
JavaMain(void * _args)
```

在介绍 JavaMain 的主要流程前，我们先了解几个重要的基础数据结构，它们在调用主方法、断开主线程和销毁 JVM 的过程中发挥重要作用的数据结构。它们分别是 JavaVM、JNIEnv 和 InvocationFunctions。

JavaVM 类型是一个结构体，它拥有一组少而精的函数指针[2]。顾名思义，这几个函数为 JVM 提供了诸如连接线程、断开线程和销毁虚拟机等重要功能。在 JavaMain 的流程中，我们也可以看到这些功能的执行。HotSpot 定义了大量的运行时接口，上述功能实际上是由这些接口提供的。如图 2-8 所示，在 JavaMain 运行时由 InitializeJVM 模块将 JavaVM 的这些成员赋上正确的值，指向相应的 JNI 接口函数上。

同 JavaVM 类型类似，JNIEnv 也是拥有一组函数指针的结构体。不过，相对于 JavaVM 来说，它是一个重量级类型，JNIEnv 容纳了大量的函数指针成员。同样地，在 JavaMain 运行时由 InitializeJVM 模块将 JNIEnv 的这些成员赋上正确的值，指向相应的 JNI 接口函数上。

InvocationFunctions 中定义了 2 个函数指针，CreateJavaVM 和 GetDefaultJavaVMInitArgs，如图 2-9 所示，这 2 个函数在加载 libjvm 时中已经指派好了。

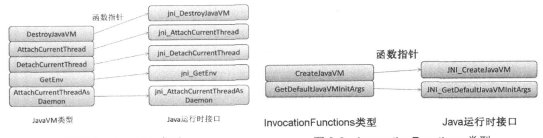

图 2-8　JavaVM 类型　　　　　　图 2-9　InvocationFunctions 类型

在 JavaMain 中，拥有 3 个局部变量：vm、env 和 ifn，分别对应着上述 JavaVM、JNIEnv 和 InvocationFunctions 这三种类型。JavaMain 的主要流程如图 2-10 所示。

（1）初始化虚拟机：调用 InitializeJVM 模块，将 JavaVM 和 JNIEnv 类型的成员指向正确的 jni 函数上。

（2）获取应用程序主类（main class），如清单 2-24（b）所示。

清单 2-24（b）
```
    jclass mainClass = LoadClass(env, classname);
```

（3）获取应用程序主方法（main method），如清单 2-24（c）所示。

清单 2-24（c）
```
    jmethodID mainID = (*env)->GetStaticMethodID(env, mainClass, "main",
                            "([Ljava/lang/String;]V"];
```

（4）传递应用程序参数并执行主方法，如清单 2-24（d）所示。

清单 2-24（d）
```
    (*env)->CallStaticVoidMethod(env, mainClass, mainID, mainArgs);
```

---

[2] 对于 Java 程序员，可能不太熟悉结构体或指针，这里可以将结构体 JavaVM 理解成拥有一组方法的类，将其中的每个函数指针成员理解成该类的方法成员。

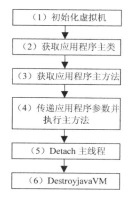

图 2-10　JavaMain ()程序流程

（5）与主线程断开连接，如清单 2-24（e）所示。

清单 2-24（e）
```
(*vm)->DetachCurrentThread(vm);
```

（6）主方法执行完毕，等待非守护线程结束，然后创建一个名为"DestroyJavaVM"的 Java 线程执行销毁 JVM 任务，如清单 2-24（f）所示。

清单 2-24（f）
```
(*vm)->DestroyJavaVM(vm);
```

练习 3

阅读源代码，认真分析 JavaMain 函数，体会它在 JVM 中的作用和地位。如果通过前面的学习，你已经掌握了调试的基本方法，请仔细调试这部分程序。

2.2.5　InitializeJVM 函数

在第 1 章中，我们知道，在编译 HotSpot 项目后，启动脚本 hotspot 中会默认设置一个断点，即 InitializeJVM。启动 GDB 调试 HotSpot，JVM 开始运行 HelloWorld 程序，但是程序并不急于打印"Hello hotspot!"，而是先停在了断点"Breakpoint 1"上（如图 1-6 所示），即 InitializeJVM 函数。

现在，我们想将断点往前挪一点，以便于我们详细了解 JavaMain 的运行细节。利用 GDB，我们将断点设置在 JavaMain 函数的入口处，GDB 界面中输入如下命令：

```
(gdb)break java.c:JavaMain
```

或者直接使用代码行数：

```
(gdb)break java.c:396
```

断点设置完毕后，我们再次启动调试，如图 2-11 所示。

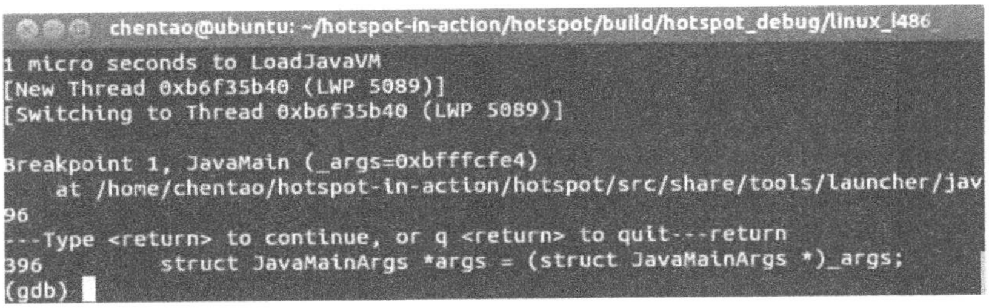

图 2-11 断点设置：JavaMain

HotSpot 运行至第 396 行，停了下来。实际上，我们在这里共设置了 2 个断点（JavaMain 和 InitializeJVM）。输入 continue 命令让程序继续运行至第 1270 行，即 InitializeJVM。

InitializeJVM 的原型如清单 2-25 所示。

清单 2-25
来源：hotspot/src/share/tools/launcher/java.c & jdk/src/share/bin/java.c
描述：InitializeJVM

```
static jboolean
InitializeJVM(JavaVM **pvm, JNIEnv **penv, InvocationFunctions *ifn)
```

数字 1270 的含义是下一条将要运行的语句行数，如图 2-12 所示，这行代码是一条 memset 语句，用来对 main() 函数的参数 args 进行初始化填零。

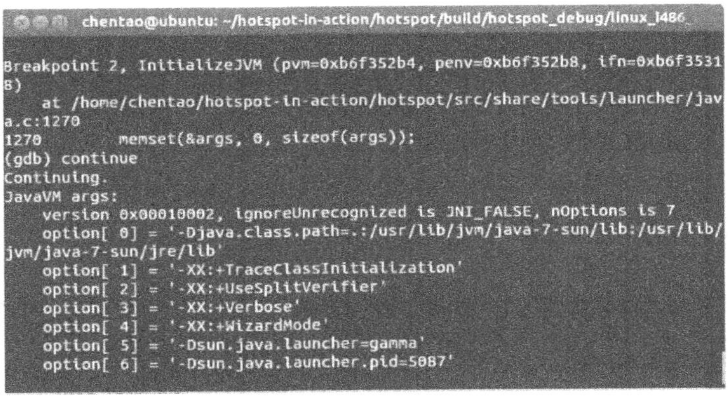

图 2-12 打印 VM 版本和选项信息

利用 GDB 调试工具，我们还可以深入到 InitializeJVM 内部，看看 InitializeJVM 是如何初始化 JVM 的。由前文可以，InitializeJVM 的任务之一就是需要完成对 vm 和 env 指派接口函数的重任。在调用 InitializeJVM 返回后，通过 GDB 查看命令，我们可以看到 vm 的函数指针成员得到了赋值，如图 2-13 所示。

此外，InitializeJVM 中还会打印一些额外信息，如图 2-12 所示，可以看到 InitializeJVM 打印了一些与 JVM 的版本和选项相关的信息。

```
(gdb) p vm
$4 = (JavaVM *) 0xb7b675c4 <main_vm>
(gdb) p *vm
$5 = (JavaVM) 0xb7b59fa0 <jni_InvokeInterface>
(gdb) p **vm
$6 = {reserved0 = 0x0, reserved1 = 0x0, reserved2 = 0x0,
  DestroyJavaVM = 0xb7584b83 <jni_DestroyJavaVM>,
  AttachCurrentThread = 0xb7584fbd <jni_AttachCurrentThread>,
  DetachCurrentThread = 0xb75850b0 <jni_DetachCurrentThread>,
  GetEnv = 0xb75851e6 <jni_GetEnv>,
  AttachCurrentThreadAsDaemon = 0xb7585397 <jni_AttachCurrentThreadAsDaemon>}
(gdb)
```

图 2-13　InitializeJVM 对 vm 赋值

通过这些调试过程，相信读者对使用 GDB 调试 HotSpot 又有了新的认识。可是，到现在为止，我们仍然没有接触到与 JVM 的创建或初始化相关的实质内容，只是知道在调用 CreateJavaVM 之后，得到了大量的 JNI 函数。显然，这一过程向我们屏蔽了很多细节。但是换句话说，现在我们距离 JVM 初始化的核心内容仅一步之遥了。

在继续深入了解 JVM 的创建和初始化过程之前，我们希望你能够做些小的练习，以便巩固刚才学过的知识，同时为接下来的深入学习打下良好的实践基础。

> **练习 4**
> 将断点设置在 JavaMain 跟踪调试，在 InitializeJVM 返回之后，确认 env 成员已指派到了正确的 jni 接口函数上。

> **练习 5**
> 试一试在你安装的正式版 JDK 中，找到下面这些函数符号：
> JNI_CreateJavaVM
> JNI_GetDefaultJavaVMInitArgs

提示　在 Windows 上，可以使用 DLL export Viewer 等 dll 查看工具列出其中包含的符号；在 UNIX 上，可以通过 nm 等工具查看。

2.2.6　JNI_CreateJavaVM 函数

创建 JVM 的程序模块是 JNI_CreateJavaVM。JNI_CreateJavaVM 主要任务是调用 Threads 模块的 create_vm() 函数，以完成最终的虚拟机创建和初始化工作。

在 Threads 模块中，实现了对虚拟机各个模块的初始化，以及创建虚拟机线程。这些被初始化的模块，在本书后续章节中均有大量涉及，因此理解这一过程对于其余章节的理解十分重要。为了保证知识的连贯性，避免打断对启动过程的叙述，我们将具体的初始过程安排在 2.3 小节中继续探讨。

注意　vm 和 env 是在 JNI_CreateJavaVM 接口中实现赋值的。

此外，JNI_CreateJavaVM 还将为 vm 和 env 分配 JNI 接口函数。

> **练习 6：**
> 设置断点并调试 HotSpot，跟踪 vm 和 env 的赋值。

2.2.7 调用 Java 主方法

在 JavaMain 中，虚拟机得到初始化之后，接下来就将执行应用程序的主方法。通过 env 引用 jni_CallStaticVoidMethod 函数（原型如清单 2-26 所示），可以执行一个由 "static" 和 "void" 修饰的方法，即 Java 应用程序主类的 main 方法。

清单 2-26
来源：hotspot/src/share/vm/prims/jni.h
描述：JNI 函数：调用静态 void 方法

```
void
CallStaticVoidMethod(jclass cls, jmethodID methodID, ...)
```

读到这里，细心的读者可能会想弄明白：由清单 2-24（c）和清单 2-26 可知，主方法是根据 JVM 内部一个唯一的方法 ID（即 methodID）定位到的。那么，我们不禁想问，JVM 是如何根据 methodID 定位到要执行的方法的？方法在 JVM 内部又是什么样的呢？如果你还没想过这个问题，那么请闭上眼睛，花上几分钟思考一下这个问题。

这里我们暂时不急着回答这个问题，通过本书后续章节对类的解析以及方法区等知识点的学习，这些疑惑就可以迎刃而解了。

为了执行主类的 main 方法，将在 jni_invoke_static 中通过调用 JavaCalls 模块完成最终的执行 Java 方法。在 HotSpot 中，所有对 Java 方法的调用都需要通过类 JavaCalls 来完成。

清单 2-27
来源：hotspot/src/share/vm/prims/jni.cpp
描述：JNI 函数：jni_invoke_static

```
methodHandle method(THREAD, JNIHandles::resolve_jmethod_id(method_id));
JavaCalls::call(result, method, &java_args, CHECK);
```

清单 2-27 中是这部分逻辑的实现：首先根据 method_id 转换成方法句柄，然后调用 JavaCalls 模块方法实现从 JVM 对 Java 方法的调用。

2.2.8 JVM 退出路径

前面讲述了 JVM 启动的过程，这里介绍 JVM 退出的过程。一般来说，JVM 有两条退出路径。其中一条路径称为**虚拟机销毁**（destroy vm）：当程序运行到主方法的结尾处，系统将调用 jni_DestroyJavaVM() 函数销毁虚拟机。而另外一条路径则是**虚拟机退出**（vm exit）：当程序调用 System.exit() 函数，或当 JVM 遇到错误时，将通过这条路径直接退出。

这两条退出途径并不完全相同，但它们在 Java 层共享 Shutdown.shutdown() 和 before_exit() 函数，并在 JVM 层共享 VM_Exit 函数。

这里，介绍一下 destroy_vm 的退出流程。

- 当前线程等待直到成为最后一条非守护线程。此时，所有工作仍在继续。
- Java 层调用 java.lang.Shutdown.shutdown()函数。
- 调用 before_exit()函数，为 JVM 退出做一些准备工作：首先，运行 JVM 层的关闭钩子函数（shutdown hooks）。这些钩子函数是通过 JVM_OnExit 进行注册的。目前唯一使用了这套机制的钩子函数是 File.deleteOnExit()函数；其次，停止一些系统线程，如"StatSampler"，"watcher thread"和"CMS threads"等，并向 JVMTI 发送"thread end"和"vm death"事件；最后，停止信号线程。
- 调用 JavaThread::exit()函数，这将释放 JNI 句柄块，并从线程列表中移除本线程。
- 停止虚拟机线程，使虚拟机进入安全点（safepoint）并停止编译器线程。
- 禁用 JNI/JVM 跟踪。
- 为那些仍在运行本地代码的线程设置"_vm_exited"标记。
- 删除当前线程。
- 调用 exit_globals()函数，删除 tty 和 PerfMemory 等资源。
- 返回到上层调用者。

到目前为止，我们对启动过程已经有了较为整体的认识。接下来，在 2.3 小节中，我们将深入了解系统初始化过程。

2.3 系统初始化

前面提到，系统初始化过程是 JVM 启动过程中的重要组成部分。初始化过程涉及到绝大多数的 HotSpot 内核模块，因此，了解这个过程对于理解 HotSpot 整体架构具有重要意义。图 2-14 描述了系统初始化的完整过程。

系统初始化的具体步骤如下所示。

（1）初始化输出流模块；
（2）配置 Launcher 属性；
（3）初始化 OS 模块；
（4）配置系统属性；
（5）程序参数和虚拟机选项解析；
（6）根据传入的参数继续初始化操作系统模块；
（7）配置 GC 日志输出流模块；
（8）加载代理（agent）库；
（9）初始化线程队列；
（10）初始化 TLS 模块；

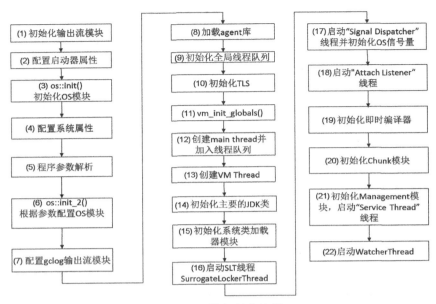

图 2-14 系统初始化流程

（11）调用 vm_init_globals() 函数初始化全局数据结构；

（12）创建主线程并加入线程队列；

（13）创建虚拟机线程；

（14）初始化 JDK 核心类，如 java.lang.String、java.util.HashMap、java.lang.System、java.lang.ThreadGroup、java.lang.Thread、java.lang.OutOfMemoryError 等；

（15）初始化系统类加载器模块，并初始化系统字典；

（16）启动 SLT 线程，即"SurrogateLockerThread"线程；

（17）启动"Signal Dispatcher"线程；

（18）启动"Attach Listener"线程；

（19）初始化即时编译器；

（20）初始化 Chunk 模块；

（21）初始化 Management 模块，启动"Service Thread"线程；

（22）启动"Watcher Thread"线程。

接下来，我们将对其中几个重要的步骤做详细的讲解。

2.3.1 配置 OS 模块

OS 模块的初始化包括两个环节。

- init() 函数：第一次初始化的时机是在 TLS 前，全局参数传入之前。

- init_2()函数：第二次初始化的实际是在 args 解析后，全局参数传入之后。

1. init()函数

第一次初始化能够完成一些固定的配置，主要包括以下几项内容。

- 设置页大小。
- 设置处理器数量。
- 初始化 proc，打开 "/proc/$pid"。
- 设置获得物理内存大小，保存在全局变量 os::Linux::_physical_memory 中；
- 获得原生主线程的句柄：获得指向原生线程的指针，并将其保存在全局变量 os::Linux::_main_thread 中。
- 系统时钟初始化：选用 CLOCK_MONOTONIC 类型时钟。从动态链接库 "librt.so.1" 或 "librt.so" 中将时钟函数 clock_gettime 装载进来，并保存在全局变量 os::Linux::_clock_gettime 中。

注意 Linux 的时钟与计时器。CLOCK_MONOTONIC 提供相对时间，它的时间值是通过 jiffies 值来计算的，jiffies 取决于系统的频率，单位是 Hz，是周期的倒数，一般表示为一秒钟中断产生的次数。该时钟不受系统时钟源的影响，较为稳定，只受 jiffies 值的影响。按照 POSIX 规范，与 CLOCK_MONOTONIC 相对的另外一种时钟类型是 CLOCK_REALTIME，这是系统实时时钟（RTC）。这是一个硬件时钟，用来持久存放系统时间，系统关闭后靠主板上的微型电池保持计时。系统启动时，内核通过读取 RTC 来初始化 Wall Time，并存放在 xtime 变量中，即 xtime 是从 cmos 电路中取得的时间，一般是从某一历史时刻开始到现在的时间，也就是为了取得我们操作系统上显示的日期，它的精度是微秒。

2. init_2()函数

OS 模块还有一部分配置是允许外部参数进行控制的。当解析完全局参数后，就可以根据配置参数进行配置，具体包括以下几项内容。

- 快速线程时钟初始化。
- 使用 mmap 分配共享内存，配置大页内存。
- 初始化内核信号，安装信号处理函数 SR_handler，用作线程执行过程中的 Suspended/Resumed 处理。操作系统信号（signal），作为进程间通信的一种手段，用来通知进程发生了某种类型的系统事件。
- 配置线程栈：设置栈大小、分配线程初始栈等。
- 设置文件描述符数量。
- 初始化时钟，用来串行化线程创建。

- 若开启 VM 选项 "PerfAllowAtExitRegistration",则向系统注册 atexit 函数。
- 初始化线程优先级策略。

OS 模块初始化相关的 VM 配置、调试选项如表 2-2 所示,其中 "Build" 表示 VM 选项作用的 Build 版本,具体版本含义可参考 globals.hpp 中的相关定义。

表 2-2　　　　　　　　　OS 模块初始化相关的 VM 配置、调试选项

选项	Build	默认值	描述
-XX:+UseNUMA	product	false	使用 NUMA
-XX:+UseLargePages	pd product	true	使用大页内存
-XX:+UseSHM	product	false	使用 SYSV 共享内存
-XX:+MaxFDLimit	product	true	最大文件描述符数量
-XX:+PerfAllowAtExitRegistration	product	false	允许向系统注册 atexit 函数
-XX:+PrintMiscellaneous		false	输出未分类的调试信息(需要开启 Verbose)

> **练习 7**
> 阅读源代码并调试跟踪,了解信号初始化过程,并思考 HotSpot 中初始化的信号对系统的意义。
> (提示:见 SR_initialize())

> **练习 8**
> 阅读源代码并调试跟踪,了解线程优先级策略的初始化过程。
> (提示:见 prio_init())。

2.3.2　配置系统属性

配置虚拟机运行时的系统属性。首先介绍的是关于 Launcher 的属性,包括:"-Dsun.java.launcher" 和 "-Dsun.java.launcher.pid"。

接下来,要介绍的是一些与操作系统相关的系统属性,如表 2-3 所示。

表 2-3　　　　　　　　　初始化系统属性

属性	值示例	读写属性
java.vm.specification.name	"Java Virtual Machine Specification"	只读
java.vm.version	"21.0-b17-internal-jvmg"	只读
java.vm.name	"OpenJDK Client VM"	只读
java.vm.info	"mixed mode, sharing"	读写
java.ext.dirs	NULL	读写

续表

属　性	值　示　例	读写属性
java.endorsed.dirs	NULL	读写
sun.boot.library.path	NULL	读写
java.library.path	NULL	读写
java.home	NULL	读写
sun.boot.class.path	NULL	读写
java.class.path	""	读写
java.vm.specification.vendor	"Sun Microsystems Inc." "Oracle Corporation"（JDK 版本在 1.7x 之后）	只读
java.vm.specification.version	"1.0"	只读
java.vm. vendor	"Sun Microsystems Inc."	只读

2.3.3　加载系统库

在对虚拟机配置选项进行解析的阶段，Arguments 模块根据虚拟机选项-agentlib 或 -agentpath，将需要加载的本地代理库逐一加入到代理库列表（AgentLibraryList）中。在加载代理库阶段，虚拟机将按照代理库列表中的库名，根据操作系统的库搜索规则，利用 OS 模块查找库并加载到虚拟机进程地址空间中。例如，若按照命令"java -agentlib:hprof"来启动应用程序的话，将加载 JDK 中代理库 hprof，它的库文件名为 libhprof.so 或 hprof.dll。

加载库操作需要在 Java 线程创建前完成，这样才能保证在 Java 线程需要调用时能够正确地找到本地库函数。

通过 JVMTI 接口，允许程序员开发自定义代理库，并通过选项-agentlib 或–agentpath 加载到虚拟机中。必须注意的是，由于 agent 代码将在虚拟机进程空间中运行，因此你的 agent 代码需要保证以下几点：多线程安全、可重入性、避免内存泄露或空指针、符合 JVMTI 和 JNI 规则等。如果你不小心触犯了这些准则，那么很有可能导致"out of memory"错误或虚拟机崩溃（JVM Crash，见第 4 章），这就是为什么我们在做 JVM Crash 分析时，需要考虑系统库或自定义库 bug 因素的原因。

除了 JDK 中代理库和自定义代理库，虚拟机还将加载本地库，如 libc 或 ld 库。为应用程序定位本地库可以通过两种方式：将库复制到应用程序的共享库路径下；或按照特定操作系统平台指定规则加载，如 Solaris/Linux 平台上根据环境变量 LD_LIBRARY_PATH，而在 Windows 平台上根据环境变量 PATH 来定位本地库。

在系统初始化过程中，当代理库被加载进虚拟机进程后，虚拟机将在库中查找函数符号 JVM_OnLoad 或 Agent_Onload 并调用该函数，实现代理库与虚拟机的连接。

2.3.4 启动线程

1. 线程状态和类型

在 JDK 中定义了 6 种线程状态。

- NEW：新创建但尚未启动的线程处于这种状态。通过 new 关键字创建了 java.lang.Thread 类（或其子类）的对象。
- BLOCKED：线程受阻塞并等待某个监视器对象锁。当线程执行 synchronized 方法或代码块，但未获得相应对象锁时处于这种状态。
- RUNNABLE：正在 Java 虚拟机中执行的线程处于这种状态。有三种情形，一种情形是 Thread 类的对象调用了 start() 函数，这时的线程就等待时间片轮转到自己，以便获得 CPU；另一种情形是线程在处于 RUNNABLE 状态时并没有运行完自己的 run() 函数，时间片用完之后回到 RUNNABLE 状态；还有一种情形就是处于 BLOCKED 状态的线程结束了当前的 BLOCKED 状态之后重新回到 RUNNABLE 状态。
- TERMINATED：已退出的线程处于这种状态。
- TIMED_WAITING：等待另一个线程来执行取决于指定等待时间的操作。
- WAITING：无限期地等待另一个线程来执行某一特定操作。

在 JVM 层面，HotSpot 内部定义了线程的 5 种基本状态。

- _thread_new，表示刚启动，正处在初始化过程中。
- _thread_in_native，表示运行本地代码。
- _thread_in_vm，表示在 VM 中运行。
- _thread_in_Java，表示运行 Java 代码。
- _thread_blocked，表示阻塞。

为了支持内部状态转换，还补充定义了其他几种过渡状态：_<thread_state_type>_trans，其中 thread_state_type 分别表示上述 5 种基本状态类型。

在 HotSpot 中，定义了如清单 2-28 所示的几种线程类型，其类图如 2-15 所示。

清单 2-28
来源：hotspot/src/share/vm/runtime/os.hpp
描述：线程类型

```
1    enum ThreadType {
2      vm_thread,          // VM 线程
3      cgc_thread,         // 并发 GC 线程
4      pgc_thread,         // 并行 GC 线程
5      java_thread,        // Java 线程
6      compiler_thread,    // 编译器线程
7      watcher_thread,     // watcher 线程
```

```
8    os_thread              // OS 线程
9  };
```

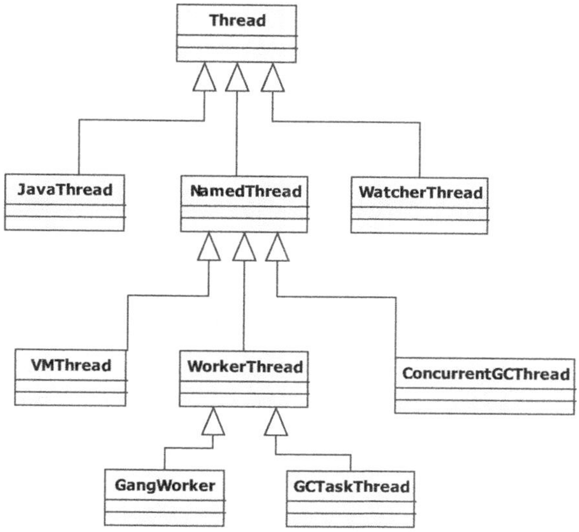

图 2-15 线程类型

2. 创建主线程

主线程（main thread）是执行应用程序的 "public static void main (String[] args)" 方法的线程。对应 OS 线程 ID 为 1 的即为名为 "main" 为主线程，如图 2-16 所示。

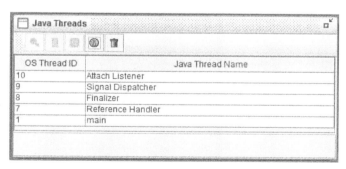

图 2-16 主线程和守护线程

系统初始化时，虚拟机首先创建的线程就是主线程。具体的创建过程如清单 2-29 所示。

清单 2-29
来源：hotspot/src/share/vm/runtime/thread.cpp - Threads::creat_vm()
描述：创建 main thread
```
1   JavaThread* main_thread = new JavaThread();
2   main_thread->set_thread_state(_thread_in_vm);
3   main_thread->record_stack_base_and_size();
```

```
 4    main_thread->initialize_thread_local_storage();
 5    main_thread->set_active_handles(JNIHandleBlock::allocate_block());
 6    if (!main_thread->set_as_starting_thread()) {
 7      vm_shutdown_during_initialization("Failed necessary internal allocation. Out of swap space");
 8      delete main_thread;
 9      *canTryAgain = false; // don't let caller call JNI_CreateJavaVM again
10      return JNI_ENOMEM;
11    }
12    main_thread->create_stack_guard_pages();
```

首先，第 1 行代码中，JVM 创建一个 JavaThread 类型的线程变量（刚创建时状态为 _thread_new）。紧接着，第 2 行将线程状态设置为 _thread_in_vm，表明该线程正处于在 JVM 中执行的状态。接下来，第 3 行记录线程栈的基址和大小；第 4 行，初始化线程本地存储区（TLS）；第 5 行为线程设置 JNI 句柄；在第 6～11 行中，将通过 OS 模块创建原始线程，即 OS 主线程，并设置为可运行状态。接下来，在第 12 行中初始化主线程栈。

现在，main_thread 实际上是一个 JVM 内部线程，其状态为 JVM 内部定义的线程状态 _thread_in_vm。接下来需要创建 java.lang.Thread 线程：

```
13    initialize_class(vmSymbols::java_lang_System(), CHECK_0);
14    initialize_class(vmSymbols::java_lang_ThreadGroup(), CHECK_0);
15    Handle thread_group = create_initial_thread_group(CHECK_0);
16    Universe::set_main_thread_group(thread_group());
17    initialize_class(vmSymbols::java_lang_Thread(), CHECK_0);
18    oop thread_object = create_initial_thread(thread_group, main_thread, CHECK_0);
19    main_thread->set_threadObj(thread_object);
20    java_lang_Thread::set_thread_status(thread_object, java_lang_Thread::RUNNABLE);
```

当 Java 层 main 线程创建完成后，就将其状态设置为 RUNNABLE，开始运行，这样，一个 Java 主线程就开始运行了。

3. 创建 VMThread

VMThread 是在 JVM 内部执行 VMOperation 的线程。VMOperation 实现了 JVM 内部的核心操作，为其他运行时模块以及外部程序接口服务，在 HotSpot 中占有重要地位。

清单 2-30 描述了 VMThread 线程的创建过程。当 VMThread 线程创建成功后，在整个运行期间不断等待、接受并执行指定的 VMOperation。

清单 2-30
来源：hotspot/src/share/vm/runtime/thread.cpp - Threads::creat_vm()
描述：创建 VMThread

```
1    // Create the VMThread
2    { TraceTime timer("Start VMThread", TraceStartupTime);
3      VMThread::create();
4      Thread* vmthread = VMThread::vm_thread();

5      if (!os::create_thread(vmthread, os::vm_thread))
6        vm_exit_during_initialization("Cannot create VM thread. Out of system resources.");

7      // Wait for the VM thread to become ready, and VMThread::run to initialize
8      // Monitors can have spurious returns, must always check another state flag
```

```
9    {
10       MutexLocker ml(Notify_lock);
11       os::start_thread(vmthread);
12       while (vmthread->active_handles() == NULL) {
13         Notify_lock->wait();
14       }
15    }
16  }
```

4. 创建守护线程

守护线程包括"Signal Dispatcher"(该线程需要在"VMInit"事件发生前启动,详见 os::signal_init()函数)、"Attach Listener"、"Watcher Thread"等。

2.3.5 vm_init_globals 函数:初始化全局数据结构

在清单 2-31 中,vm_init_globals()函数实现了对全局性数据结构的初始化。

清单 2-31
来源:hotspot/src/share/vm/runtime/initr.cpp
描述:初始化全局数据结构

```
1  void vm_init_globals() {
2    check_ThreadShadow();
3    basic_types_init();
4    eventlog_init();
5    mutex_init();
6    chunkpool_init();
7    perfMemory_init();
8  }
```

初始化的过程包括以下几个环节。

- 初始化 Java 基本类型系统。
- 分配全局事件缓存区,初始化事件队列。
- 初始化全局锁,如 iCMS_lock、FullGCCount_lock、CMark_lock、SystemDictionary_lock、SymbolTable_lock 等,表 2-1 列举了在一些主要模块中会涉及的锁,其中有部分所可以由 VM 选项 UseConcMarkSweepGC 和 UseG1GC 控制是否开启。
- 初始化 ChunkPool,ChunkPool 包括 3 个静态 pool 链表:_large_pool、_medium_pool 和 _small_pool。其实,这是 HotSpot 实现的内存池:系统全局中不会执行 malloc/free 操作,这样就能够有效避免 malloc/free 的抖动影响。内存池是系统设计的常用手段。
- 初始化 JVM 性能统计数据(Perf Data)区,可由 VM 选项 UsePerfData 控制是否开启。若开启 VM 选项 PerfTraceMemOps,可在初始化时打印该空间的分配信息。

2.3.6 init_globals 函数:初始化全局模块

如清单 2-32 所示,init_globals()函数实现了对全局模块的初始化。

清单 2-32
来源：hotspot/src/share/vm/runtime/init.cpp
描述：初始化全局数据结构

```cpp
1   jint init_globals() {
2     HandleMark hm;
3     management_init();
4     bytecodes_init();
5     classLoader_init();
6     codeCache_init();
7     VM_Version_init();
8     stubRoutines_init1();
9     jint status = universe_init();  // dependent on codeCache_init and stubRoutines_init
10    if (status != JNI_OK)
11      return status;

12    interpreter_init();  // before any methods loaded
13    invocationCounter_init();  // before any methods loaded
14    marksweep_init();
15    accessFlags_init();
16    templateTable_init();
17    InterfaceSupport_init();
18    SharedRuntime::generate_stubs();
19    universe2_init();  // dependent on codeCache_init and stubRoutines_init
20    referenceProcessor_init();
21    jni_handles_init();
22    vtableStubs_init();
23    InlineCacheBuffer_init();
24    compilerOracle_init();
25    compilationPolicy_init();
26    VMRegImpl::set_regName();

27    if (!universe_post_init()) {
28      return JNI_ERR;
29    }
30    javaClasses_init();  // must happen after vtable initialization
31    stubRoutines_init2();  // note: StubRoutines need 2-phase init

32    if (VerifyBeforeGC && !UseTLAB &&
33       Universe::heap()->total_collections() >= VerifyGCStartAt) {
34     Universe::heap()->prepare_for_verify();
35     Universe::verify();  // make sure we're starting with a clean slate
36    }

37    if (PrintFlagsFinal) {
38      CommandLineFlags::printFlags();
39    }

40    return JNI_OK;
41  }
```

这些模块构成了 HotSpot 整体功能的基础，也是本书后续章节所要探讨的核心内容。接下来，我们将对其中几个较为关键的内核模块做一个概念性的了解。

1. JMX：Management 模块

在 HotSpot 工程结构中，我们了解到 Services 模块为 JVM 提供 JMX 等功能，JMX 功能又可划分为如下 4 个主要模块，如图 2-17 所示。

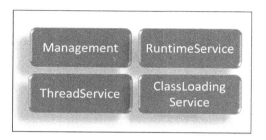

图 2-17　Services 模块主要组成

- Management 模块：启动名为"Service Thread"的守护线程（如清单 2-33 所示），注意在较早的版本中该守护线程名为"Low Memory Detector"。若系统开启了选项 -XX:ManagementServer，则加载并创建 sun.management.Agent 类，执行其 startAgent() 方法启动 JMX Server。
- RuntimeService 模块：提供运行时模块的性能监控和管理服务，如 applicationTime、jvmCapabilities 等。
- ThreadService 模块：提供线程和内部同步系统的性能监控和管理服务，包括维护线程列表、线程相关的性能统计、线程快照、线程堆栈跟踪和线程转储等功能。
- ClassLoadingService：提供类加载模块的性能监控和管理服务。

清单 2-33

```
"Service      Thread"    daemon    prio=6    tid=0x000000000b062000    nid=0x7274    runnable
[0x0000000000000000]
        java.lang.Thread.State: RUNNABLE
```

在 JVM 初始化时，会相继对这 4 个模块进行初始化，如清单 2-34 所示。

清单 2-34
来源：hotspot/src/share/vm/runtime/init.cpp
描述：初始化 Management 模块

```
1   void management_init() {
2     Management::init();
3     ThreadService::init();
4     RuntimeService::init();
5     ClassLoadingService::init();
6   }
```

2. Code Cache

Code Cache 是指代码高速缓存，主要用来生成和存储本地代码。这些代码片段包括已编译好的 Java 方法和 RuntimeStubs 等。

通过 VM 选项 CodeCacheExpansionSize、InitialCodeCacheSize 和 ReservedCodeCacheSize 可以配置该空间大小。

此外，若在 Windows 64 位平台上开启 SHE 机制[3]（即通过 VM 选项 UseVectoredExceptions 关闭 Vectored Exceptions 机制[4]，默认关闭），则需要向 OS 模块注册 SHE。

3. StubRoutines

StubRoutines 位于运行时模块。该模块的初始化分为两个阶段，第一阶段初始化（stubRoutines_init1），将创建一个名为"StubRoutines (1)"的 BufferBlob，并未其分配 CodeBuffer 存储空间，并初始化 StubRoutines。在第二阶段（stubRoutines_init2）中，创建名为"StubRoutines (2)"的 BufferBlob，并为其分配 CodeBuffer 存储空间。并生成所有 stubs 并初始化 entry points。

4. Universe

Universe 模块将按照两个阶段进行初始化。第一阶段，根据 VM 选项配置的 GC 策略及算法，选择垃圾收集器和堆的种类，初始化堆。根据 VM 选项 UseCompressedOops 进行相关配置。若 VM 选项 UseTLAB 开启 TLAB，则初始化 TLAB 缓存区。第二阶段，将对共享空间进行配置以及初始化 vmSymbols 和 SystemDictionary 等全局数据结构。

5. 解释器

位于解释器模块。初始化解释器（interpreter），并注册 StubQueue。可开启 VM 选项 TraceBytecodes 跟踪。

6. 模板表

同样位于解释器模块。初始化模板表模块，将创建模版解释器使用的模板表，更多解释器内容请参考本书第 7 章。

7. stubs

位于运行时模块。在系统启动时，创建供各个运行时组件共享的 stubs 模块，诸如"wrong_method_stub"、"ic_miss_stub"、"resolve_opt_virtual_call"、"resolve_virtual_call"、"resolve_static_call"等。

除了上述模块，init_globals 还将对下面这些模块进行初始化：字节码模块 Bytecodes、类加载器模块 ClassLoader、虚拟机版本模块，以及 ReferenceProcessor、JNIHandles、VtableStubs、InlineCacheBuffer、VMRegImpl、JavaClasses 等模块。这些模块的作用和实现，在本书后续章节将会陆续看到。

---

[3] 更多内容，可以参考 *http://msdn.microsoft.com/en-us/library/windows/desktop/ms680657(v=vs.85).aspx*。
[4] 关于 Structured Exception Handlers，详见 *http://msdn.microsoft.com/en-us/library/ms681420(VS.85).aspx*。

练习 9
阅读源代码并调试跟踪 HotSpot 的"初始化全局模块",建议整理一份分析报告。

2.4 小结

本章首先介绍了 HotSpot 内核的结构,并引导读者掌握一些阅读源代码的技巧。在内核模块中,介绍了 Prims、Service 和 Runtime 模块,它们为 HotSpot 提供外部接口,并为内核其他模块提供部分公共功能。

启动过程是了解 HoSpot 内部实现的入口。HotSpot 提供了两种启动器,一个是产品级的,另一个则是调试级的。后者对于我们调试和学习 HotSpot 起到重要的作用。在整个启动过程中,create_vm()函数是其精华部分,它完成了 JVM 系统绝大多数模块的初始化工作。

为了帮助读者打好独立阅读、分析源代码的基础,我们还需要讲解更多的知识。在下一章中,我们将接触到 HotSpot 内部的面向对象表示系统,它是贯穿于整个 HotSpot 内核的脉络。可以说,这部分的知识已渗透到 HotSpot 中方方面面的业务逻辑中。因此,对于我们来说,掌握好这部分知识是十分必要的。

第 3 章　类与对象

"蚓无爪牙之利，筋骨之强，上食埃土，下饮黄泉，用心一也。蟹六跪而二螯，非蛇鳝之穴无可寄托者，用心躁也。"

—— 《劝学》

本章内容
- OOP-Klass 二分模型
- 对象的创建
- 对象的内存布局
- 对象的访问定位
- 类的加载
- 系统字典

Java 是一门面向对象的编程语言。基于面向对象编程的思想，Java 程序员日常工作也是围绕类与对象来设计问题解决方案的。应用程序的开发，往往体现在编写类、创建类实例和组织对象之间的调用关系这些工作上。从某种角度来说，类像是一套生产线上的模板，机器一旦开动，生产线就开始加载形形色色的模板，按照模板创造出相应的类实例对象，然后，机器将按照预定义的指令，向不同的对象发送消息，完成程序的运行。

本章围绕对象这一话题展开讲解。

3.1 对象表示机制

JVM 对运行细节的隐藏，难免会使 Java 程序员产生一些困惑：一个 Java 对象如何在基于 C++实现的系统中运行？对象在 JVM 内部是如何表示的？它在内存中是如何存储的……如果在你脑海中曾经闪过这些问题，那么阅读本章内容会对你有所帮助。

为了解答这些问题，我们需要先从 JVM 内部的对象表示系统谈起。

3.1.1 OOP-Klass 二分模型

设计一个面向对象系统，应当支持面向对象的几个主要特征：封装、继承和多态。在 JVM 中必须能够支持这些特征。我们不禁会问：HotSpot 基于 C++实现，而 C++就是一门面向对象语言，它本身就具有上述面向对象基本特征，那么只需要在 HotSpot 内部为每个 Java 类生成一个 C++类，不就行了吗？换句话说，虚拟机每加载一个 Java 类，就在内部创建一个域和方法与之相同的 C++类对等体。当 Java 程序需要创建实例对象时，反映到虚拟机中，就在内部创建相应的 C++对象。

事实上，HotSpot 的设计者并没有按照上述思路设计对象表示系统，而是专门设计了一套 OOP-Klass 二分模型：

- OOP：ordinary object pointer，或 OOPS。即普通对象指针，用来描述对象实例信息。
- Klass：Java 类的 C++对等体，用来描述 Java 类。

对于 OOPS 对象来说，主要职能在于表示对象的实例数据，没必要持有任何虚函数；而在描述 Java 类的 Klass 对象中含有 VTBL（继承自 Klass 父类 Klass_vtbl），那么，Klass 就能够根据 Java 对象的实际类型进行 C++的**分发**（dispatch），这样一来，OOPS 对象只需要通过相应的 Klass 便可以找到所有的虚函数。这就避免了在每个对象中都分配一个 C++ VTBL 指针。

Klass 向 JVM 提供两个功能：

- 实现语言层面的 Java 类；
- 实现 Java 对象的分发功能。

上述两个功能在一个 C++类中皆能实现。前者在基类 Klass 中已经实现，而后者是由 Klass 子类（见图 3-5）提供虚函数实现。

3.1.2 Oops 模块

Oops 模块可以分成两个相对独立的部分：OOP 框架和 Klass 框架。

图 3-1 是整个 Oops 模块的组成结构。其中，各个子模块的用途如表 3-1 所示。

第 3 章 类与对象

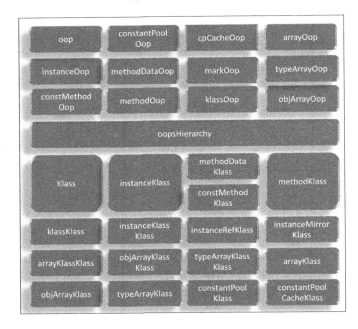

图 3-1 Oops 模块组成

表 3-1 Oops 模块组成说明

模 块	模块说明
oop	定义了 OOPS 共同基类
constantPoolOop	表示在 Class 文件中描述的常量池
cpCacheOop	即 constantPoolCacheOop，是与 constantPoolOop 相伴生的数据结构。缓存了字段和方法的访问信息，为运行时环境快速访问字段和方法提供重要作用
arrayOop	定义了数组 OOPS 的抽象基类
instanceOop	表示一个 Java 类型实例
markOop	表示对象头
typeArrayOop	表示容纳基本类型的数组
constMethodOop	表示一个 Java 方法中的不变信息
methodDataOop	记录性能信息的数据结构
methodOop	表示一个 Java 方法
objArrayOop	表示一个持有 OOPS 的数组。
klassOop	描述一个与 Java 类对等的 C++类
oopsHierarchy	描述了对象表示层次；描述了 klass 表示层次；并为 OOPS 指针 oopDesc*定义了别名
Klass	klassOop 的一部分。用来描述语言层的类型
instanceKlass	在虚拟机层面描述一个 Java 类

3.1 对象表示机制

续表

模 块	模 块 说 明
methodDataKlass	表示 methodDataOop 的 Klass
methodKlass	表示 methodOop 的 Klass
constMethodKlass	表示 constMethodOop 的 Klass
klassKlass	作为 klass 链的端点，klassKlass 的 Klass 就是它自身
instanceKlassKlass	表示 instanceKlass 的 Klass
instanceRefKlass	专有 instanceKlass，表示 java.lang.ref.Reference 的子类的 Klass
instanceMirrorKlass	专有 instanceKlass，表示 java.lang.Class 实例的 Klass
arrayKlassKlass	表示 arrayKlass 的抽象基类
objArrayKlassKlass	表示 objArrayKlass 的 Klass
typeArrayKlassKlass	表示 typeArrayKlass 的 Klass
arrayKlass	表示所有 array 类型的抽象基类
objArrayKlass	表示 objArraysOop 的 Klass
typeArrayKlass	表示 typeArrayOop 的 Klass
constantPoolKlass	表示 constantPoolOop 的 Klass
constantPoolCacheKlass	表示 constantPoolCacheOop 的 Klass

3.1.3 OOP 框架与对象访问机制

在 Java 应用程序运行过程中，每创建一个 Java 对象，在 JVM 内部也会相应地创建一个 OOP 对象来表示 Java 对象。OOPS 类的共同基类型为 oopDesc，如清单 3-1 所示。

清单 3-1
来源：hotspot/src/share/vm/oops/oop.hpp
描述：OOPS 类层次共同基类 oopDesc 的定义

```
1   class oopDesc {
2    private:
3     volatile markOop  _mark;
4     union _metadata {
5       wideKlassOop    _klass;
6       narrowOop       _compressed_klass;
7     } _metadata;
```

在 HotSpot 中，根据 JVM 内部使用的对象业务类型，具有多种 oopDesc 子类，每种类型的 OOP 都代表一个在 JVM 内部使用的特定对象类型。

图 3-2 描述了 OOP 框架的类层次结构。

这些 OOPS 在 JVM 内部有着不同的用途，例如，instanceOopDesc 表示类实例，arrayOopDesc 表示数组。表 3-2 列出了一些常用 OOPS 的用途。oopDesc 是 OOP 框架中的其他 OopDesc 的共同基类。

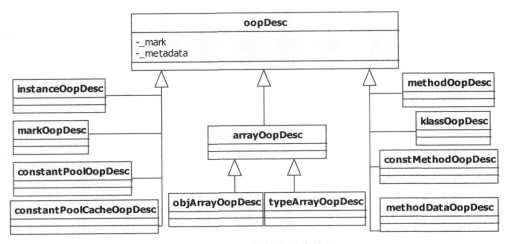

图 3-2 OOP 框架类层次结构

表 3-2　　　　　　　　　　　　　　OOPS 类用途

类	用途
oopDesc	OOPS 抽象基类
instanceOopDesc	描述 Java 类的实例
methodOopDesc	描述 Java 方法
constMethodOopDesc	描述 Java 方法的只读信息
methodDataOopDesc	描述 Java 方法的信息
arrayOopDesc	描述数组的抽象基类
objArrayOopDesc	描述容纳对象（OOPS）元素的数组
typeArrayOopDesc	描述容纳基本类型（非 OOPS）的数组
constantPoolOopDesc	描述容纳类文件中常量池项的数组
constantPoolCacheOopDesc	描述常量池高速缓存，这是与 constantPoolOopDesc 伴生的运行时数据结构，Cache 中每个缓存项保存了字段或方法的访问信息。Cache 在一个类可用前（已初始化）创建和初始化；Cache 中的缓存项用 ConstantPoolCacheEntry 表示，在类解析时被填充数据（更多信息可以参考 4.4.2 小节）
klassOopDesc	描述一个 Java 类
markOopDesc	描述对象头

在虚拟机内部，通过 instanceOopDesc 来表示一个 Java 对象。对象在内存中的布局可以分为连续的两部分：instanceOopDesc 和实例数据。

其中，instanceOopDesc 或 arrayOopDesc 又被称为**对象头**，instanceOopDesc 对象头包括以下两部分信息。

- Mark Word：instanceOopDesc 中的 _mark 成员，存储对象运行时记录信息，如哈希码（HashCode）GC 分代年龄（Age）锁状态标志、线程持有的锁、偏向线程 ID、偏向时

3.1 对象表示机制

间戳等，_mark 成员的数据类型为 markOop，占用内存大小与虚拟机位长一致，如在 32 位虚拟机上则为 32 位，在 64 位虚拟机上长度也相应为 64 位（允许压缩）。

- 元数据指针：指向描述类型的 Klass 对象的指针，Klass 对象包含了实例对象所属类型的元数据（meta data），因此该字段称为元数据指针。虚拟机在运行时将频繁使用这个指针定位到位于方法区内的类型信息。

instanceOopDesc 与 arrayOopDesc 都拥有继承自共同基类 oopDesc 的 mark word 和元数据指针。但二者在对象头上的唯一区别在于，arrayOop 增加了一个描述数组长度的字段，如图 3-3 所示。

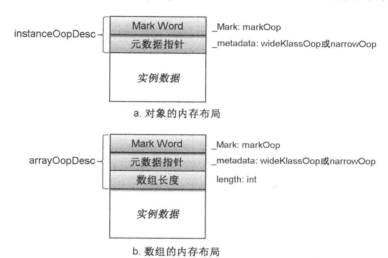

图 3-3 对象和数组的内存布局

显然，OOPS 对象在 HotSpot 内部会被大量地创建和频繁地使用。因此 HotSpot 的设计者在对 OOPS 设计时尽可能地进行性能和内存优化，其中一项性能优化措施就是**内联**（inline）。在 oopDesc 类中的绝大多数方法成员，都被定义成内联方法，且都采用短小精炼的代码实现，这样做是为了最大程度地降低调用时的开销，如清单 3-2 所示。

清单 3-2
来源：hotspot/src/share/vm/oops/oop.inline.hpp
描述：oopDesc 类中部分内联方法

```
1   //初始化mark word
2     inline  void  oopDesc::init_mark()  {  set_mark(markOopDesc::prototype_for_object(this)); }
3   //是否是类实例
4   inline bool oopDesc::is_instance() const { return blueprint()->oop_is_instance(); }
5   //是否是数组
6   inline bool oopDesc::is_array() const { return blueprint()->oop_is_array(); }
7   //原子操作设置mark word
8   inline markOop oopDesc::cas_set_mark(markOop new_mark, markOop old_mark) {
9     return (markOop) Atomic::cmpxchg_ptr(new_mark, &_mark, old_mark);
10  }
```

```
11  //获取对象对应的类型 klass
12  inline klassOop oopDesc::klass() const {
13    if (UseCompressedOops) {
14      return (klassOop)decode_heap_oop_not_null(_metadata._compressed_klass);
15    } else {
16      return _metadata._klass;
17    }
18  }
```

在 Java 应用程序运行过程中,每创建一个 Java 对象,在 JVM 内部也相应地创建一个对象头。因此对象头的内存布局设计关乎着对象内存空间的利用率:实例数据占用空间/(instanceOop+实例数据空间)。可是在对象的整个生命周期内,JVM 需要为它记录很多信息,如对象 hash、GC 分代年龄、锁记录指针、线程 ID 等。如何在有限的空间内存储足够丰富的信息就成为一个设计难题,这要求 JVM 的设计者必须在设计 OOPS 的内存布局时做足文章。

OOP 框架中采用的一项内存优化措施是对类元数据指针进行压缩存储。

清单 3-2 中的第 13 行出现了一个标志(flag)——UseCompressedOops,它来自 VM 配置选项-XX:UseCompressedOops,其作用是在 64 位 JVM 上,对类元数据指针(_metadata 成员)使用 32 位指针存储。我们知道,在 64 位系统上,指针类型是 64 位,这样,我们在由 32 位 JVM 迁移到 64 位 JVM 上时,可能会发现 JVM 的内存利用率有所下降,这是由于 JVM 为 OOP 类元数据指针的内存分配由 32 位增长到了 64 位的缘故。因此,HotSpot 提供了这个指针压缩的配置选项,允许我们对此指针使用 32 位指针。为支持这项功能,在清单 3-1 中,oopDesc 使用联合体定义_metadata 成员,当未使用压缩 OOPS 时(-XX:-UseCompressedOops),使用 wideKlassOop 类型作为指向类元数据的指针;当开启压缩 OOPS 时(-XX:+UseCompressedOops),使用 narrowOop 类型作为指向类元数据的指针。由清单 3-3 可见,wideKlassOop 类型等价于 klassOopDesc 指针;而 narrowOop 类型等价于 32 位无符号整型变量。显然,开启压缩时,能够在一定程度上降低开销。

清单 3-3
来源:hotspot/src/share/vm/oops/oopsHierarchy.hpp
描述:UseCompressedOops 开启/关闭时的类元数据指针的定义方式
```
1  typedef juint narrowOop;
2  typedef class klassOopDesc* wideKlassOop;
```

表 3-3 列出了与 OOP 相关的 VM 选项。

表 3-3   OOP 相关 VM 选项

选项	Build	默认	作用
-XX:UseCompressedOops	lp64_product	false	在 64 位 VM 中使开启压缩 OOPS,用 32 位指针指向类元数据(仅限 64 位 VM)
-XX:CheckCompressedOops	notproduct	true	对压缩 OOPS 开启校验
-XX:CompactFields	product	true	字段压实
-XX:PrintCompactFieldsSavings	notproduct	false	输出开启 CompactFields 后节省了多少字长空间
-XX:FieldsAllocationStyle	product	1	域分配策略

3.1 对象表示机制

此外，HotSpot 的设计者在 mark word 的空间利用上，也是精心设计了一番。对 mark word 的设计方式，非常像网络协议报文头：将 mark word 划分为多个比特位区间，并在不同对象状态下赋予比特位不同的含义。表 3-4 描述了 32 位虚拟机上，在对象不同状态时 Mark Word 各个比特位区间的含义。

表 3-4　　　　　　　　　　　　　　　Mark Word 位定义

位 定 义			标 记	对 象 状 态
Hashcode	Age	0	01	Unlocked
锁记录指针			00	Light-weight locked
Monitor 指针			10	Heavy-weight locked
Forwarding 指针等			11	Marked for GC
线程 ID	Age	1	01	Biased/biasable

关于对象状态，HotSpot 中定义了 5 种枚举状态。

- 0: locked_value。
- 1: unlocked_value。
- 2: monitor_value。
- 3: marked_value。
- 4: biased_lock_pattern。

区分对象状态的标记位在不同状态下使用的位数是不一样的，实际位数由上图有灰色底纹的单元格表示。其中，"状态 0"、"状态 2" 和 "状态 3" 在 Mark Word 中用 2 位的标记位来表示，分别对应 00、10 和 11。而 "状态 1" 和 "状态 5" 标记位均是 01，尚需借用前 1 位来区分，即前 1 位为 0 表示 "状态 1"，而前 1 位为 1，则表示 "状态 5"。

对象头中的元数据指针，用来指向对象所属类型的元数据，虚拟机在运行时将频繁使用这个指针定位位于方法区内的类型信息。

由于 HotSpot 内部将频繁使用 OOP 指针，为了简化 OOP 类型指针的使用，在 HotSpot 内部定义了 OOP 指针的别名，

说明　源代码阅读指导——在 HotSpot 源码中，为简化对这些 OOP 类型的引用，常使用别名来表示指向该 OOP 类型的指针。例如，methodOop 类型实际表示的是一个指向 methodOopDesc 类型的指针；同理，instanceOop 类型实际表示的是一个指向 instanceOopDesc 类型的指针，其他情况类似。本书为叙述方便，也沿用了这种使用方式，请读者留意，下文不再赘述。

OOP 指针别名定义如清单 3-4 所示。

清单 3-4
来源：hotspot/src/share/vm/oops/oopsHierarchy.hpp
描述：OOPS 类层次
```
1  typedef class oopDesc*                    oop;
2  typedef class instanceOopDesc*            instanceOop;
```

```
3    typedef class    methodOopDesc*                    methodOop;
4    typedef class    constMethodOopDesc*               constMethodOop;
5    typedef class    methodDataOopDesc*                methodDataOop;
6    typedef class    arrayOopDesc*                     arrayOop;
7    typedef class     objArrayOopDesc*                 objArrayOop;
8    typedef class    typeArrayOopDesc*                 typeArrayOop;
9    typedef class    constantPoolOopDesc*              constantPoolOop;
10   typedef class    constantPoolCacheOopDesc*         constantPoolCacheOop;
11   typedef class    klassOopDesc*                     klassOop;
12   typedef class    markOopDesc*                      markOop;
13   typedef class    compiledICHolderOopDesc*          compiledICHolderOop;
```

图 3-4 概括了 HotSpot 对象访问机制的要点：在对象引用中存放的是指向对象（instanceOop）的指针，对象本身则持有指向类（instanceKlass）的指针。

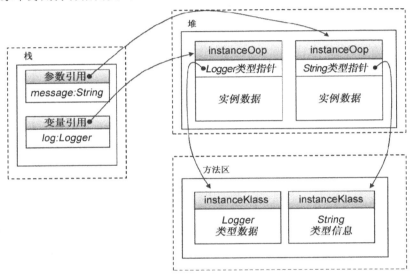

图 3-4 基于 OOP-Klass 的对象访问定位

当 Java 程序在 JVM 中运行时，由 new 创建的 Java 对象，将会在堆中分配对象实例。对象实例除了实例数据本身外，JVM 还会在实例数据前面自动加上一个对象头。Java 程序中通过该对象实例的引用，可以访问到 JVM 内部表示的该对象，即 instanceOop。当需要访问该类时，如程序需要调用对象方法或访问类变量，则可以通过 instanceOop 持有的类元数据指针定位到位于方法区中的 instanceKlass 对象来完成[1]。

> **练习 1**
>
> 在 64 位 JVM 上，编写程序，调整 VM 选项 UseCompressedOops，试分析压缩对内存和执行效率的影响。

---

[1] JVM 的对象访问机制，除了本文提到的在 HotSpot 中应用的指针方式，还有另外一种通过句柄访问的方式。感兴趣的读者可参考《深入 Java 虚拟机》，[美]文纳斯著，曹晓钢，蒋靖译，机械工业出版社（2003）。该书虽然历史久远，但书中提到的一些基本原理仍然具有一定的参考价值。

3.1.4 Klass 与 instanceKlass

在本小节中，将首先介绍 Klass 的基本结构。然后会研究 Klass 层次结构中与本章主题密切相关的一种数据结构，即 instanceKlass。最后，将会看到在 JVM 中是如何规定实例数据的存储顺序的。

Klass 作为 Klass 类层次结构的共同基类，定义了所有 Klass 都具有的数据结构，如图 3-5 所示。接下来，我们将从 Klass 的基本结构出发来了解 JVM 中的类层次结构。

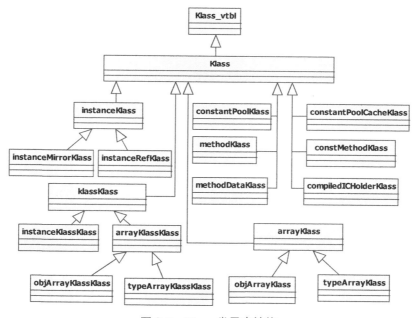

图 3-5 Klass 类层次结构

1. 核心数据结构：Klass

Klass 数据结构定义了所有 Klass 类型共享的结构和行为：描述类型自身的布局，以及刻画出与其他类间的关系（父类、子类、兄弟类等）。图 3-6 描述了一个运行时 Klass 对象的内存布局。

在 Klass 对象的成员变量中，第一个字段叫做 _layout_helper，它是反映该对象整体布局的综合描述符。以 32 位 x86 系统为例，_layout_helper 被压缩成 32 个比特位存储。由于频繁被访问，它被安排在紧随 Klass_vtbl 的第一个字段。若 Klass 既不是 instance 也不是 array，该字段值为 0。

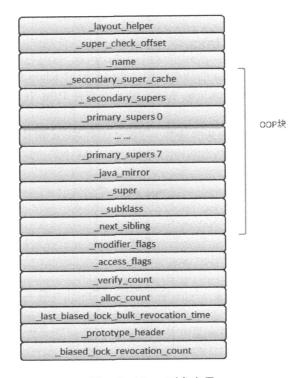

图 3-6　Klass 对象布局

对于 instance 而言，_layout_helper 值为正数，值表示 instance 大小。

而对于数组 Klass，_layout_helper 值为负，图 3-7 描述了数组 Klass 的_layout_helper 位图，其中各个字节含义如下所示。

- tag：1 个字节。若值为 0x80，表示数组元素类型是 OOP；值为 0xC0，则表示数组元素类型是 Java 基本类型。
- hsz：数组头部大小，以字节为单位。换句话说，它表示第一个元素的偏移。
- ebt：基本类型的元素。
- esz：元素大小，以字节为单位。

对于_name 字段，顾名思义，它表示类名，如"java/lang/String"表示的是 instance 类型；或者"[Ljava/lang/String"表示的是数组类型。

在 OOP 块中，_java_mirror 表示该 Klass 的 Java 层镜像类（在 Java 7 中由镜像类持有类型的静态成员），是 java.lang.Class 类型实例；此外，_super 表示父类；_subklass 指向第一个子类（若无则为 NULL），JVM 通过_subklass->next_sibling()可以找到下一个子类；与_subklass 结构相似，但_next_sibling 指向的则是下一个兄弟节点（若无则为 NULL），兄弟是指拥有共同父类的 Klass。在本章稍后部分，我们将通过一个实战案例，通过这几个字段，能够理清父类、子类、兄弟类之间的"族谱"关系。

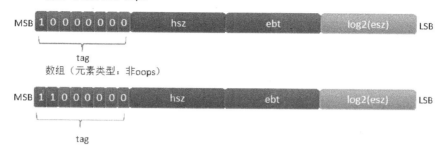

图 3-7 _layout_helper 位图

> **练习 2**
> 想一想，对于数组类型的 Klass，为什么说_layout_helper 值为负？

> **练习 3**
> 想一想，"若 Klass 既不是 instance 也不是 array"，那指的是哪些类型？

2. 核心数据结构：instanceKlass

JVM 在运行时，需要一种用来标识 Java 内部类型的机制。在 HotSpot 中的解决方案是：为每一个已加载的 Java 类创建一个 instanceKlass 对象，用来在 JVM 层表示 Java 类。如图 3-8 所示，它的所有成员可以包含虚拟机内部运行一个 Java 类所需的所有信息。这些成员变量在类解析阶段完成赋值。

在 OOP 块中，_methods 描述类拥有的方法列表；_method_ordering 描述方法顺序；_local_interfaces 和 _transitive_interfaces 分别表示实现的接口以及继承而来的接口；_fields 表示域；_constants 表示常量；_class_loader 表示类加载器；_protection_domain 表示 protected 域。

在 instanceKlass 的末尾部分，是几块长度可变的区域，分别是 Java vtables、Java itables、静态变量和非静态 oop-map 块等。

内嵌 Java vtable 大小则由 vtable_len 决定，以字长（words）为单位。内嵌实例 oop 域（nonstatic oop-map blocks）大小由 nonstatic_oop_map_size 决定，以字长（words）为单位。oop-map 使用值对"<偏移量，长度>"描述各个非静态 OOP 在该 klass 的实例中的位置。虚拟机解析类时，parseClassFile()函数将根据类信息构建这个 OOP-Map，它刻画了一个对象实例空间的样板，以便在创建对象实例时，就按照这个样板分配域数据空间，对域的索引也可以通过 OOP-Map 中记录的偏移值和长度得到指定域数据。

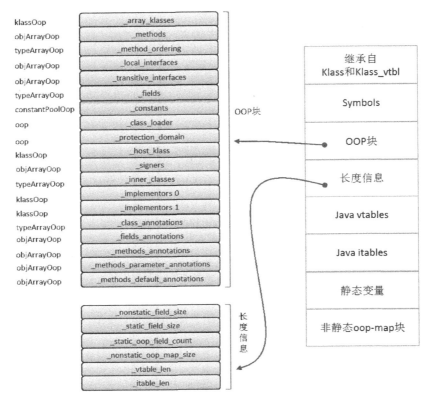

图 3-8 instanceKlass 内存布局

3. 实例数据的存储顺序

实例对象中字段的存储顺序，除了与字段在 Java 类中定义的顺序有关，还受到虚拟机分配策略的影响。该策略可由 VM 选项-XX:FieldsAllocationStyle 配置。

HotSpot 默认的分配策略为：按照 longs/doubles、ints、shorts/chars、bytes/booleans、OOPS 的顺序进行分配。相同宽度的字段总是被分配到一起。在满足这个前提条件的情况下，可能会出现一种情况：在父类中定义的变量可能会出现在子类之前。在默认情况下，VM 选项 CompactFields 值为 true，表示子类之中较窄的变量可能会插入到父类变量的空隙之中。

> **练习 4**
> 应用下述 VM 选项：CompactFields、FieldsAllocationStyle 和 PrintCompactFieldsSavings。

3.1.5 实战：用 HSDB 调试 HotSpot

HSDB，即 Hotspot Debugger，是一款内置于 SA 中的 GUI 调试工具，集成了各种 JVM 监控工具，适用于深入分析 JVM 内部状态。HSDB 对于我们研究和学习 HotSpot 具有重要作用。希望读者能够通过本次实战掌握这个工具，这将对我们理解底层原理和掌握独立深入研究虚拟机的方法起到事半功倍的作用。

命令行输入：

```
java -cp .;%JAVA_HOME%/lib/sa-jdi.jar sun.jvm.hotspot.HSDB
```

打开 HSDB 的主界面，如图 3-9 所示。

图 3-9　HSDB 主界面图

图 3-10　attach 进程

HSDB 的主菜单项共有 3 个：文件（File）工具（Tools）窗口（Windows），其中工具选项在连接到 Java 进程或 core 文件后才能变为可用。接下来我们演示连接 Java 进程。首先，从文件下拉菜单选择中选择"Attach to HotSpot process"，在弹出的对话框中输入欲连接的 Java 进程 ID，如图 3-10 所示。

输入进程 ID 后，成功连接到目标进程，默认打开 Java Threads 界面，如图 3-11 所示。

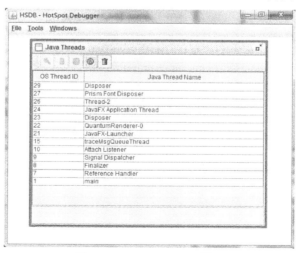

图 3-11　Java Threads 界面

选中线程并双击，将默认打开 Inspector 工具。Inspector 是用来查看 OOP 对象信息的探测器，通过它可以探测线程的 OOP 对象和 Klass 对象信息。在 HSDB 工具集中，Inspector 是最为常用的工具之一。如图 3-12 所示，Inspector 界面中可以看到表示 java.lang.Thread 类型的 OOP 对象信息。

同时，我们观察到，主菜单栏的工具选项变为可用，工具菜单中为我们提供了较为丰富的基于 GUI 的探测工具，如图 3-13 所示。

图 3-12　Inspector 界面

图 3-13　工具菜单

选中其中某个工具，都可以打开一个子窗口，以图形化的方式向我们呈现相关数据。接下来，我们简单介绍一下这些 GUI 工具的作用，如表 3-5 所示。

表 3-5　　　　　　　　　　　　　　　HSDB 工具

工　　具	用　　途
Class Browser	类浏览器
Code Viewer	代码查看
Compute Reverse Ptrs	反向指针计算
Deadlock Detection	死锁探测
Find Object By Query	利用对象查询语言查询对象
Find Pointer	查找指针
Find Value In Heap	在堆中查询
Find Value In Code Cache	在 Code Cache 中查值
Heap Parameters	查看堆信息
Inspector	探测器
Memory Viewer	查看内存信息

3.1 对象表示机制

续表

工　具	用　途
Monitor Cache Dump	监控 Cache 信息
Object Histogram	查看对象直方图
Show System Properties	查看系统属性
Show VM Version	查看 VM 版本
Show –XX flags	查看 VM 选项

我们注意到在"Java Threads"窗口中，有一个工具栏，这 5 个工具分别用来查看选中线程的专门信息，从左到右功能依次是 **Inspector**、**Stack Memory**、**Show Java Stack Traces**、**Show Thread Infomation**、**Find Crashes**。

如图 3-14 所示。Stack Memory 窗口中，为我们描述了一幅线程栈地址空间的"画面"：左边一栏十六进制数据表示内存地址空间，中间一栏十六进制数据表示内存值（显然，这里的 Java 程序是运行在 64 位模式下）。地址为 0x0000000002a1f360 的内存值为 0x00000000004fd1d8。最右侧的线条和注释描述的是数据的含义。

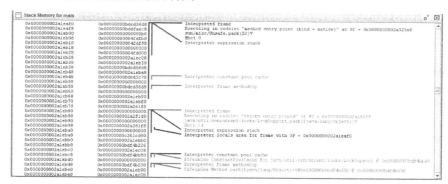

图 3-14　Stack Memory 窗口

对于习惯命令行的读者来说，可能觉得通过敲入命令查看信息这种方式更有感觉。我们在窗口（Windows）下拉列表中选择 Console，即可打开 CLHSDB 命令行窗口，窗口界面如图 3-15 所示。

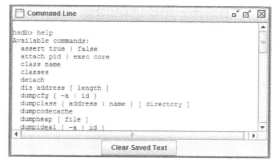

图 3-15　CLHSDB 命令行窗口

CLHSDB 为程序员提供了更加丰富的命令，如表 3-6 所示。

表 3-6　CLHSDB 命令

命　　令	参　　数	用　　途
assert	true | false	开启或关闭断言
attach	pid | exec core	连接 Java 进程程或 core 文件
class	name	查看类信息
classes		查看进程加载的类
detach		断开 Java 进程的连接
inspect	expression	用做查看 OOP 对象信息
jstack	[-v]	查看线程栈信息
mem	address [length]	查看内存
print	expression	输出表达式值
revptrs	address	反向指针
scanoops	start end [type]	扫描指定地址空间中所有 type 类型及子类的实例
thread	{ -a | id }	查看指定线程信息
threads		查看线程信息
universe		查看 universe 空间信息
whatis	address	查看指定地址存放数据的信息，如类型、值、布局解析等

上面只是列出了一些常用命令，实际上还有更多的命令，请读者自行实践。事实上，HSDB 只不过是内嵌了 CLHSDB 罢了，CLHSDB 本身就是一个独立于 HSDB 的命令行工具，我们甚至可以直接在 DOS 窗口中启动 CLHSDB，如图 3-16 所示。

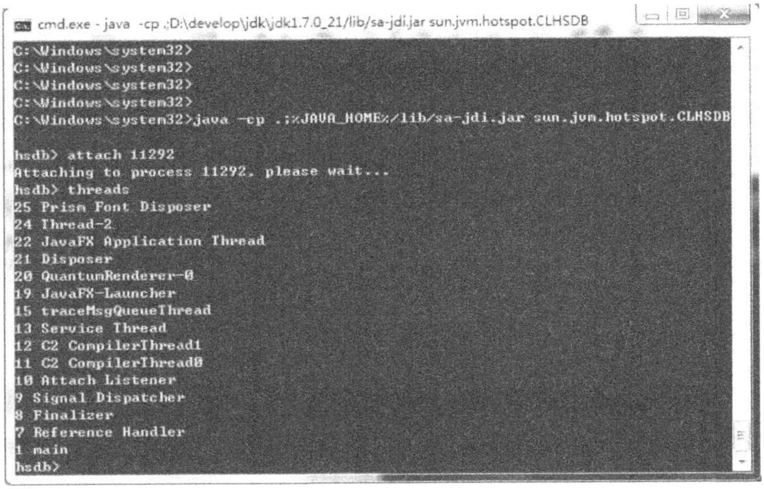

图 3-16　从 DOS 窗口进入 CLHSDB

通过 HSDB，我们可以自由地查看 JVM 内部信息，这将是一件多么美妙的事情啊！也许有些读者对这些内部数据感到无从下手，这是很正常的，主要是因为这些数据其实只是 HotSpot 内部运作行为的一个快照。当我们抓住了事务的本质并了解了 HotSpot 是如何工作的，那么自然而然能够解读这些信息了。另外，阅读和调试 JVM 内部数据也能促进我们对 HotSpot 工作原理的理解。我们先不要心急，本书将会循序渐进地讲解 HotSpot 的工作原理，并在适当的时机通过对相关概念和原理进行实战演示，并附上练习以促进读者对知识进行巩固和扩展。

> **练习 5**
> 运行 HSDB，连接 Java 进程，了解工具菜单中各个工具的功能。

> **练习 6**
> 运行 HSDB，连接 Java 进程，打开 CLHSDB，了解各个命令的功能。

> **练习 7**
> 在命令行界面直接启动 CLHSDB。

3.2 类的状态转换

Java 源文件经编译后，将成为一种不依赖于任何硬件和操作系统的二进制字节流表示形式。一般由文件作为载体，即我们所熟知的 Class 文件。Class 文件中明确规定了类或接口的格式。在经过加载、链接和初始化等过程后，一个可被运行时识别的类型或接口就在虚拟机内部创建好并等待被使用。

接下来，我们将从 Class 文件的格式出发，逐步深入到虚拟机内部，向读者展示类型的加载和链接等过程的细节。

3.2.1 入口：Class 文件

在讲解类的加载、链接和初始化过程之前，有必要对 Class 文件的格式做一个基本了解。本节意在帮助读者快速梳理 Class 文件的宏观结构，因此对于一些细节没有详细展开，如果读者有进一步了解的需要，可以参考虚拟机规范。

在虚拟机规范中，对 Class 文件格式做了详细的规定（如图 3-17 所示），包括各个组件的长度和含义都有明确的定义，如清单 3-5 所示。

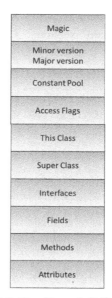

图 3-17　Class 文件格式

清单 3-5
来源：http://docs.oracle.com/javase/specs/jvms/se7/jvms7.pdf
描述：虚拟机规范对 Class 文件格式的定义

```
1   ClassFile {
2     u4 magic;
3     u2 minor_version;
4     u2 major_version;
5     u2 constant_pool_count;
6     cp_info constant_pool[constant_pool_count-1];
7     u2 access_flags;
8     u2 this_class;
9     u2 super_class;
10    u2 interfaces_count;
11    u2 interfaces[interfaces_count];
12    u2 fields_count;
13    field_info fields[fields_count];
14    u2 methods_count;
15    method_info methods[methods_count];
16    u2 attributes_count;
17    attribute_info attributes[attributes_count];
18  }
```

在上述格式定义中，u<n>表示 n 个字节无符号数，cp_info 指描述常量池的数据结构。field_info 指描述字段的数据结构；method_info 指描述方法的数据结构；attribute_info 指描述属性的数据结构。Class 文件使用 u<n>描述长度固定的信息。此外，对于长度可变的结构信息，Class 文件使用表来描述，例如常量池、接口表、字段表、方法表和属性表。现在，我们看一下构成 Class 文件的各个组件的含义。

- magic：魔数。固定值为 0xCAFEBABE。
- minor_version：次版本号。
- major_version：主版本号。
- 常量池项数量和常量池。其中，constant_pool_count 表示常量池项个数；constant_pool[]表示常量池表，用数组表示，长度为 constant_pool_count-1。
- access_flags：访问标识。
- this_class：当前类。
- super_class：超类。
- 接口数量和接口表。其中，interfaces_count 表示接口数量。interfaces[]表示接口表，用数组表示，长度为 interfaces_count。
- 字段数量和字段表。其中，fields_count 表示字段数量。field_info fields[]表示字段表，用数组表示，长度为 fields_count。
- 方法数量和方法表。其中，methods_count 表示方法数量。methods[]表示方法表，用数组表示，长度为 methods_count。
- 属性数量和属性表。其中，attributes_count 表示属性数量。attributes[]表示属性表，用数组表示，长度为 attributes_count。

3.2 类的状态转换

1. 常量池

常量池中持有 Class 文件中引用的所有字符串常量、类名、接口名、字段名、方法名和其他字符信息。当我们仔细观察虚拟机指令时，会发现指令是围绕符号引用设计的，而不是直接引用。换句话说，指令的执行没有依赖与类、接口、实例或数组的运行时信息，而仅仅是引用了常量池表中的符号信息。不久后我们将看到关于符号引用和直接引用这一话题的内容。

每个常量池项的格式都是一样的，如清单 3-6 所示。

清单 3-6
来源：http://docs.oracle.com/javase/specs/jvms/se7/jvms7.pdf
描述：描虚拟机规范对常量池项格式的定义

```
1  cp_info {
2    u1 tag;
3    u1 info[];
4  }
```

常量池能够容纳多种类型的字符信息，为了保证 JVM 能正确识别和解析常量池项信息，虚拟机规范规定使用 tag 区分各种类型。tag 用 1 个字节的无符号整数表示，有效取值如表 3-7 所示。

表 3-7　　　　　　　　　　　　JVM 规范规定的常量池项目类型

名　称	值	描　述
CONSTANT_Utf8	1	UTF-8 编码字符串
CONSTANT_Integer	3	整形常量（4 字节）
CONSTANT_Float	4	浮点常量（4 字节）
CONSTANT_Long	5	长整形常量（8 字节）
CONSTANT_Double	6	双精度浮点常量（8 字节）
CONSTANT_Class	7	类常量
CONSTANT_String	8	字符串常量
CONSTANT_Fieldref	9	字段的符号引用
CONSTANT_Methodref	10	类方法的符号引用
CONSTANT_InterfaceMethodref	11	接口方法的符号引用
CONSTANT_NameAndType	12	字段或方法的部分符号引用
CONSTANT_MethodHandle	15	Java 7 新引入，JSR292
CONSTANT_MethodType	16	Java 7 新引入，JSR292
CONSTANT_InvokeDynamic	18	Java 7 新引入，JSR292

tag 的取值决定了紧跟着的 info[] 的长度和结构。限于篇幅，这里不再对具体的常量池项 info[] 结构展开叙述，感兴趣的读者可以参考虚拟机规范。

2. 字段表

在 Class 文件中，字段表（field_info_fields[]）用来描述接口或类中的字段。字段包括类字段（static field，即类变量）或实例字段（non-static field，即非静态变量）。字段表需要描述字段的如下信息：

- 作用域（public、private、protected）；
- static；
- final；
- volatile；
- transient；
- 类型，基本类型、对象或数组；
- 名称。

为了描述上述信息，字段表格式如清单 3-7 所示。

清单 3-7
来源：http://docs.oracle.com/javase/specs/jvms/se7/jvms7.pdf
描述：描虚拟机规范对字段表项格式的定义

```
1  field_info {
2      u2 access_flags;
3      u2 name_index;
4      u2 descriptor_index;
5      u2 attributes_count;
6      attribute_info attributes[attributes_count];
7  }
```

- access_flags: 2 字节。表示字段的访问权限和基础属性的掩码标识。合法取值可参考虚拟机规范。
- name_index: 2 字节。值为常量池的索引，指向的常量池项描述了该字段的全限定名。
- descriptor_index: 2 字节。值为常量池的索引，指向的常量池项描述了该字段的描述符。
- attributes_count: 2 字节。值为该字段的附加属性数量。
- attributes[]: 大小由 attributes_count 表示。表示该字段的附加属性。

3. 方法表

在 Class 文件中，包括实例初始化方法和类初始化方法在内的所有方法，都是由数据结构 method_info 描述的。它的格式如清单 3-8 所示。

清单 3-8
来源：http://docs.oracle.com/javase/specs/jvms/se7/jvms7.pdf
描述：描虚拟机规范对方法表项格式的定义

```
1  method_info {
2      u2 access_flags;
3      u2 name_index;
```

```
4       u2 descriptor_index;
5       u2 attributes_count;
6       attribute_info attributes[attributes_count];
7   }
```

method_info 各个字段的含义与 field_info 相似，只是 access_flags 有各自的取值和含义，见虚拟机规范。

4. 属性表

属性不仅在 ClassFile 结构中使用，在 field_info、method_info 中也能见到 attribute_info[]。虚拟机将属性表设计成一个具有良好可扩展性的逻辑结构，它可以为 Java SE 版本升级提供良好的支持。当 Java 需要实现新的特性时，可以补充相应的属性，通过编译器传递给虚拟机。

它的基本格式如清单 3-9 所示。

清单 3-9
来源：http://docs.oracle.com/javase/specs/jvms/se7/jvms7.pdf
描述：描虚拟机规范对属性表项格式的定义

```
1   attribute_info {
2       u2 attribute_name_index;
3       u4 attribute_length;
4       u1 info[attribute_length];
5   }
```

- attribute_name_index：2 字节。值为常量池的索引，表示该属性的名称。
- attribute_length：4 字节。值为属性的长度。
- info[]：属性，用可变长度数组描述，数组长度为 attribute_length。

随着 Java SE 版本的升级，在 Java 7 的虚拟机规范中已经定义了约 20 种属性。这些属性名在 javap 编译后的 Class 文件中，都是很眼熟的名称，如下所示。

- ConstantValue：常量字段。
- Code：保存方法、实例类初始化方法或类初始化方法的虚拟机指令信息。
- StackMapTable：在类型验证阶段使用，类型检查器（type checker）将验证局部变量期待的类型与操作数栈的实际类型是否一致。见 Clssfile 模块中的 StackMapTable 子模块。
- Exceptions：表示一个方法可以抛出的异常。
- InnerClasses：表示内部类。
- EnclosingMethod：可选属性。表示局部类或匿名类所在的外部方法。
- Synthetic：表示源代码中未出现的，由编译器生成的类成员。
- Signature：可选属性。表示类的范型签名信息。
- SourceFile：可选属性，源文件名。
- SourceDebugExtension：可选属性，表示调试信息。
- LineNumberTable：可选属性，表示源代码的行号与字节码指令对应关系的表。
- LocalVariableTable：可选属性，描述局部变量。

- LocalVariableTypeTable：可选属性，用于调试器在一个方法的执行期间确定一个给定的局部变量的值。
- Deprecated：可选属性，表示一个类、接口、方法或字段被废弃了。
- RuntimeVisibleAnnotations：用于描述在运行时，类、字段或方法中的哪些注解是可见的。
- RuntimeInvisibleAnnotations：用于描述在运行时，类、字段或方法中的哪些注解是不可见的。
- RuntimeVisibleParameterAnnotations：用于描述在运行时，方法中的哪些参数注解是可见的。
- RuntimeInvisibleParameterAnnotations：用于描述在运行时，方法中的哪些参数注解是不可见的。
- AnnotationDefault：表示 method_info 结构中注解类型元素的默认值。
- BootstrapMethods：表示 invokedynamic 指令引用的引导方法的限定符（bootstrap method specifiers）。

3.2.2 类的状态

1. JVM 内部定义的类状态

要了解类的初始化过程，首先要知道类在 JVM 内部的状态，HotSpot 为 instanceKlass 定义了 7 种状态。

- unparsable_by_gc：初始值，未解析。
- allocated：已分配，但尚未链接。
- loaded：已加载，并插入到 JVM 内部类层次体系（class hierarchy）中，但尚未链接。
- linked：已链接，但尚未初始化。
- being_initialized：初始化中。
- fully_initialized：完成初始化。
- initialization_error：初始化过程中出错。

虚拟机规范规定，一个 Java 类，首先需要从 Class 文件中以字节流读取出来，然后依次经过加载、链接和初始化这些逻辑阶段，才会成为 JVM 能够识别的格式并成为可用状态。但虚拟机规范并未规定具体实现必须按照这一顺序进行，HotSpot 就是将一些链接过程细节前移至加载阶段中实现了。例如，对 Class 文件的魔数和版本号信息在加载过程中读取到这部分数据时就"顺便"进行验证了，而不是暂存下来传递给下一阶段（链接）中验证。

类的加载、链接和初始化过程如图 3-18 所示，具体步骤如下。

3.2 类的状态转换

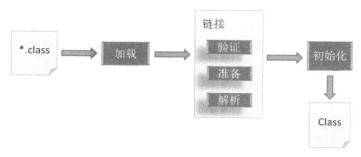

图 3-18 类加载、连接和初始化过程

（1）加载过程将从*.class 文件中读取字节流，并按虚拟机对*.class 文件格式规范解析出类或接口类型的二进制描述格式，并创建相应的类或接口。

（2）链接是让虚拟机运行时识别有效地类或接口类型的过程。该过程又被划分为 3 个逻辑环节：**验证**、**准备**和**解析**。验证环节用来确保类或接口在二进制表示结构的正确性；准备环节是为类或接口的静态字段分配空间，并用默认值初始化这些字段；解析环节是将符号引用转换成直接引用的过程。验证、准备和解析只是虚拟机规定中的逻辑阶段，并未明确强制先后的顺序，在 HotSpot 的实现中，并未严格拘泥于这一顺序。

（3）初始化是执行类或接口的初始化方法的过程。

注意 在 HotSpot 具体实现中，验证、准备和解析各个阶段并不是严格分隔开的，各个过程之间有可能是交叉进行的，即使加载和连接之间，也有交叉。为便于归纳和描述，以及便于读者理解，本文提到的加载、验证、准备、解析和初始化，读者可以视作逻辑上的划分。具体各个环节的实现细节，读者可参考源代码。

当依次完成加载、链接和初始化后，这个 Java 类型就可以在 JVM 中正常被使用了，如创建这个类的实例对象、访问该类的静态域或者调用该类的静态方法。

2. 跟踪内部过程

JVM 提供了一组选项，可以用来跟踪类加载过程细节，如表 3-8 所示。

表 3-8　　　　　　　　　　　VM 选项：类加载相关

选项	Build	默认	用途
-XX:TraceClassLoading	product rw	false	跟踪所有类加载过程
-XX:TraceClassLoadingPreorder	product	false	跟踪所有类在载入前的过程
-XX:TraceClassInitialization		false	跟踪类初始化过程
-XX:TraceClassResolution	product	false	跟踪常量池解析过程
-XX:TraceClassUnloading	product rw	false	跟踪类卸载过程
-XX:TraceLoaderConstraints	product rw	false	跟踪加载器约束

续表

选项	Build	默认	用途
-XX:PrintSystemDictionaryAtExit	notproduct	false	输出系统字典信息
-XX:PrintClassStatistics	notproduct	false	输出类统计信息
-XX:MustCallLoadClassInternal	product	false	loadClassInternal()替代 loadClass()
-XX:LoadLineNumberTables		true	类文件解析器是否加载代码行号表
-XX:LoadLocalVariableTables		true	类文件解析器是否加载局部变量表
-XX:LoadLocalVariableTypeTables		true	类文件解析器是否加载局部变量类型表
-XX:LinkWellKnownClasses	diagnostic	false	解析熟知类
-XX:LazyBootClassLoader	product	true	是否延迟打开启动类路径
-XX:CompileTheWorldPreloadClasses		true	加载一个类时，是否预加载其用到的所有类
-XX:ClassUnloading	product	true	类卸载
-XX:AlwaysLockClassLoader	product	false	要求VM在调用loadClass()前先获得类加载器锁
-XX:UnsyncloadClass	diagnostic	false	非同步方式调用loadClass()

3．性能统计

我们也可以通过运行时性能监控数据（UsePerfData）获得类加载过程信息。我们也可以通过查看运行时性能计数器获得类加载过程信息。计数器的命名与Java类的命名十分相似，采用以"."分隔的字符串作为前缀。这些前缀也称为**命名空间**，常用的计数器的命名空间包括：

- java.cls；
- com.sun.cls；
- sun.cls。

接下来，通过可视化工具查看运行时的计数器，并了解一些计数器的含义。

（1）统计加载/卸载类的数量的计数器。

如图3-19所示，在Visual VM 插件 Tracer 中，跟踪一个正在运行的Java程序中类加载和卸载数量的动态变化图。在 Probes 一栏中，列出的是计数器名称，在每个计数器的右侧是根据定时采样的计数器值绘制而成的曲线，表征了一段时期内该计数器的动态变化。

- 计数器 java.cls.loadedClasses：加载类数量。
- 计数器 java.cls.sharedLoadedClasses：加载共享类数量。
- 计数器 java.cls.sharedUnloadedClasses：卸载共享类数量。
- 计数器 java.cls.unloadedClasses：卸载类数量。

（2）统计类加载过程中耗用时间的计数器。

如图3-20所示，在Visual VM 插件 Tracer 中，跟踪一个正在运行的Java程序中类加载过长中耗用时间的动态变化图。

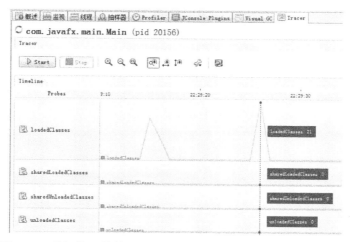

图 3-19 类加载/链接等环节实时监控 1（Visual VM 插件 Tracer）

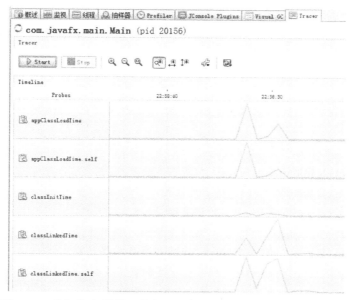

图 3-20 类加载/链接等环节实时监控 2（Visual VM 插件 Tracer）

- 计数器 sun.cls.classInitTime、sun.cls.classInitTime.self：类初始化环节耗费时间。
- 计数器 sun.cls.classVerifyTime、sun.cls.classVerifyTime.self：类验证耗费时间。
- 计数器 sun.cls.classLinkedTime、sun.cls.classLinkedTime.self：类连接环节耗费时间。
- 计数器 sun.cls.parseClassTime、sun.cls.parseClassTime.self：类解析环节耗费时间。

- 计数器 sun.cls.lookupSysClassTime、sun.cls.sysClassLoadTime：系统类加载时间。
- 计数器 sun.cls.sharedClassLoadTime：加载共享类环节耗费时间。
- 计数器 sun.cls.defineAppClassTime、sun.cls.defineAppClassTime.self：定义应用程序类时间。
- 计数器 sun.cls.appClassLoadTime：应用程序类加载时间。

（3）关于统计各种状态类的数量（或字节数）的计数器。

如图 3-21 所示，在 Visual VM 插件 Tracer 中，跟踪一个正在运行的 Java 程序中处于各种状态类的数量动态变化图。

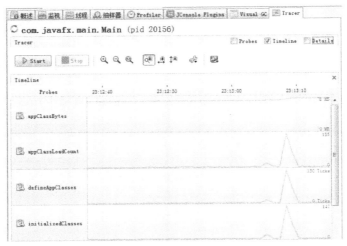

图 3-21　类加载/链接等环节实时监控 3（Visual VM 插件 Tracer）

- 计数器 sun.cls.initializedClasses：初始化类数量。
- 计数器 sun.cls.linkedClasses：链接类数量。
- 计数器 sun.cls.verifiedClasses：验证类数量。
- 计数器 sun.cls.defineAppClasses：定义应用程序类数量。
- 计数器 sun.cls.appClassLoadCount：应用程序类加载数量。
- 计数器 sun.cls.appClassBytes：应用程序类加载字节数。
- 计数器 sun.cls.sysClassBytes：系统类加载字节数。

3.2.3　加载

1. 初始化类加载器

类加载器（ClassLoader）在初始化时，首先将初始化与类加载相关的一些 Perf Data 计数器。

3.2 类的状态转换

接下来搜索 lib 库，先确保加载本地库 libverify（verify.dll 或 libverify.so）和 libjava（java.dll 或 libjava.so），紧接着加载 libzip 库（zip.dll 或 libzip.dll），通过 libzip 库获取下述函数符号：

- ZIP_Open；
- Zip_Close；
- Zip_FindEntry；
- Zip_ReadEntry；
- Zip_ReadMappedEntry；
- Zip_GetNextEntry。

如果找不到这些函数符号，JVM 将退出。

说明 libzip 库用于创建、读取和修改 ZIP 压缩包。

加载 libzip 库完毕，接下来在 sun.boot.class.path 表示的路径下初始化启动类加载路径，见下面日志中 "Bootstrap loader class path" 部分。

最后，如果开启了 VM 选项 LazyBootClassLoader，这里还将设置 meta index，见下面日志中 "Meta index for" 部分。

通过 VM 选项，我们可以跟踪类加载过程。在调试版或者 fastdebug 版 VM 上，开启 VM 选项如 TraceClassLoading、TraceClassLoadingPreorder 和 Verbose，运行 Java 程序，可以见到如清单 3-10 所示的信息。

清单 3-10
```
[Bootstrap loader class path=
D:\develop\jdk\jdk1.7.0_21\jre\lib\resources.jar;D:\develop\jdk\jdk1.7.0_21\jre\lib\rt
.jar;D:\develop\jdk\jdk1.7.0_21\jre\lib\sunrsasign.jar;D:\develop\jdk\jdk1.7.0_21\jre\lib\
jsse.jar;D:\develop\jdk\jdk1.7.0_21\jre\lib\jce.jar;D:\develop\jdk\jdk1.7.0_21\jre\lib\cha
rsets.jar;D:\develop\jdk\jdk1.7.0_21\jre\lib\modules\jdk.boot.jar;D:\develop\jdk\fastdebug
_jdk_6u25\jdk1.6.0_25\fastdebug\jre\classes]
    VM option '+TraceClassLoading'
    VM option '+TraceClassLoadingPreorder'
    VM option '+Verbose'
[Meta index for D:\develop\jdk\jdk1.7.0_21\jre\lib\charsets.jar=
META-INF/services/java.nio.charset.spi.CharsetProvider sun/nio sun/io]
[Meta index for D:\develop\jdk\jdk1.7.0_21\jre\lib\jce.jar=
javax/crypto sun/security META-INF/JCE_RSA.RSA META-INF/JCE_RSA.SF]
[Meta index for D:\develop\jdk\jdk1.7.0_21\jre\lib\jsse.jar=
com/sun/security/ sun/net javax/security javax/net com/sun/net/]
[Meta index for D:\develop\jdk\jdk1.7.0_21\jre\lib\rt.jar=
com/sun/java/util/jar/pack/ com/sun/beans/ org/ietf/ com/sun/java/browser/ sun/jkernel
sun/font sun/awt com/sun/rmi/ org/w3c/ com/sun/activation/ sun/rmi sun/beans com/sun/script/
sun/management sun/applet com/sun/rowset/ sun/io sun/audio sun/text sunw/util/ sun/reflect
sunw/io/ com/sun/java/swing/ com/sun/xml/ com/sun/accessibility/ sun/instrument java/
com/sun/corba/ sun/media/ sun/swing sun/print sun/dc com/sun/management/ com/sun/awt/
sun/security sun/jdbc sun/net com/sun/jmx/ sun/nio com/sun/demo/ com/sun/imageio/
com/sun/servicetag/ sun/corba com/sun/net/ com/sun/swing sun/org com/sun/istack/ org/jcp/
com/sun/naming/ org/omg/ org/xml/ sun/tools com/sun/security/ com/sun/image/ sun/util
com/sun/jndi/ com/sun/java_cup/ com/oracle/ sun/misc com/sun/org/ javax/ sun/java2d]
    [Opened D:\develop\jdk\jdk1.7.0_21\jre\lib\rt.jar]
```

```
[Loading java.lang.Object from D:\develop\jdk\jdk1.7.0_21\jre\lib\rt.jar]
[Loaded java.lang.Object from D:\develop\jdk\jdk1.7.0_21\jre\lib\rt.jar]
[Loading HelloWorld from file:/D:/develop/jdk/jdk1.7.0_21/bin/]
[Loaded HelloWorld from file:/D:/develop/jdk/jdk1.7.0_21/bin/]
```

> **练习 8**
> 在你安装的 JRE 下面寻找 libzip，验证该库包含了本节提到的函数符号。查阅资料，了解这些函数的作用，想一想，libzip 库可能会在 VM 的哪些工作中用到？（提示：在 Windows 上，可以使用 DLL export Viewer 等 dll 查看工具列出 dll 包含的符号；在 UNIX 上，可以通过 nm 等工具查看。）

> **练习 9**
> 进一步地，在你安装的 JRE 下面寻找 libverify 和 libjava，查看库中分别包含了哪些函数符号。查阅资料，了解这些函数的作用，想一想，这些库可能会在 VM 的哪些工作中用到？另外，libjava 中的函数是否有些眼熟？通过已学过的知识，试着在 OpenJDK 源代码中独立找到这些函数的定义。

2．加载

加载的含义是从 Class 文件字节流中提取类型信息。HotSpot 的 Classfile 模块为虚拟机提供加载功能。

图 3-22 描述了 HotSpot 项目顶层模块 Classfile 的主要模块组成。

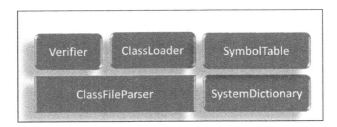

图 3-22　Classfile 主要模块

- ClassFileParser：类解析器，用来解析*.class 文件。它利用 ClassFileStream 读取*.class 文件的输入流，作为 ClassFileParser 的输入。
- Verifier：验证器，用来验证*.class 文件中字节码。它将为每个类创建一个 ClassVerifier 实例来验证。
- ClassLoader：类加载器。
- SystemDictionary：系统字典，用来记录已加载的所有类。
- SymboleTable：字符表。用做快速查找字符串，例如将与 JDK 基本类的名字相映射的字符串、表示函数签名类型的字符串以及 VM 内部各种用途的字符串等。

加载实现是基于虚拟机内部提供的一个类解析工具，叫做**类解析器**（ClassFileParser），类解析器利用 ClassFileStream 读取 Class 文件字节流。

现在，我们开始了解类加载的详细过程。

首先，在开始载入类之前，会看到这样的日志信息：

```
[Loading HelloWorld from file:/D:/develop/jdk/jdk1.7.0_21/bin/]
```

接下来，类解析器将按虚拟机规范定义的 Class 文件格式逐字节得读取数据，并对数据进行检查和加工。如图 3-23 所示，描述了这一过程的流程。

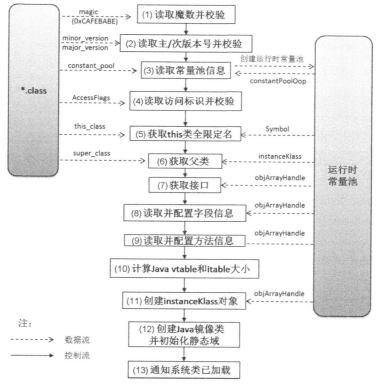

图 3-23 类加载流程图

（1）字节流的读取是从获取魔数开始的。

```
u4 magic = cfs->get_u4_fast();   // 注: cfs 是一个 ClassFileStream;
                                 // get_u<n>_fase() 表示从流当前位置继续读取<n>字节数据，下同。
```

按照 Java 虚拟机规范，4 字节魔数值应当为 0xCAFEBABE，若验证魔数值非法，则虚拟机将终止并报错："Incompatible magic value <magic value> in class file <class file>"。

（2）读取 Class 文件主、次版本号及验证。

```
u2 minor_version = cfs->get_u2_fast();
```

```
u2 major_version = cfs->get_u2_fast();
```

若主版本号或次版本号不支持,则抛异常 java.lang.UnsupportedClassVersionError。

(3) 读取常量池。

```
constantPoolHandle cp = parse_constant_pool(CHECK_(nullHandle));
```

由 Class 文件的静态常量池定义创建运行时常量池。调用 parse_constant_pool(),返回一个运行时常量池句柄。接下来对 this 类和 super 类的解析还需要使用到运行时常量池信息。

(4) 读取访问标识(Access flags)。

(5) 读取当前类索引,并按索引在常量池项中找到当前类的全限定名。

```
instanceKlassHandle super_klass;
u2 this_class_index = cfs->get_u2_fast();
Symbol* class_name = cp->unresolved_klass_at(this_class_index);
```

(6) 读取父类索引,并按索引在常量池中找到父类的全限定名和父类句柄。

```
instanceKlassHandle super_klass;
u2 super_class_index = cfs->get_u2_fast();
super_klass = instanceKlassHandle(THREAD, cp->resolved_klass_at(super_class_index));
```

(7) 调用 parse_interfaces() 函数读取接口信息,接口类型包括本地接口(local interfaces)和父类传递接口(transitive interfaces)。

(8) 调用 parse_fields() 函数读取字段信息,并计算出域大小和偏移量(oop-map)信息,并根据域分配策略(-XX:FieldsAllocationStyle)对字段存储顺序进行分配。这些信息都将在后续步骤填入 instanceKlass 对象中成为类信息的一部分。

(9) 调用 parse_methods() 函数读取方法信息。根据从 Class 中解析出的 method 信息创建了 methodOop 对象。

(10) 通过 klassVtable、klassItable 模块提供的算法,根据已解析的父类、方法、接口等信息计算得到 Java vtable 和 itable 大小。

(11) 创建当前类 instanceKlass 并按照上述步骤已解析好的信息为该对象赋值:

```
klassOop ik = oopFactory::new_instanceKlass(name, vtable_size, itable_size,
                static_field_size, total_oop_map_count, rt, CHECK_(nullHandle));
instanceKlassHandle this_klass (THREAD, ik);
```

填充 instanceKlass,将完成解析的各个字段。

(12) 创建 Java 镜像类并初始化静态域:

```
java_lang_Class::create_mirror(this_klass, CHECK_(nullHandle));
```

(13) 通知类已加载更新 Perf Data 计数器:

```
ClassLoadingService::notify_class_loaded(instanceKlass::cast(this_klass()),false);
```

至此,在解析器在"吸取"Class 文件内所有"精华"后,完成了类的加载。此时,若开启 VM 跟踪选项的话,应该可以看到类似这样的加载日志:

[Loaded HelloWorld from file:/D:/develop/jdk/jdk1.7.0_21/bin/]

加载阶段完成后，虚拟机就在方法区为该类建立了类元数据。当需要时，就可以根据类元数据创建该类实例、访问类变量或调用类方法了。

由于这里略去了一些细节，实际的 class 文件解析和类加载过程要比上面介绍的复杂一些，感兴趣的读者可以阅读源代码：ClassFileParser 类 ParseClassFile()函数。

> **练习 10**
> 打开 VM 选项 TraceClassLoading、TraceClassLoadingPreorder 和 Verbose（调试或 fastdebug 版），跟踪类加载过程。

> **练习 11**
> 试分析下述这些 VM 选项对 Java 程序的运行和调试有何作用：LoadLineNumberTables、LoadLocalVariableTables 以及 LoadLocalVariableTypeTables。

3.2.4 链接

如果仅从文件的视角考察 Java 程序，那我们所看到的编译结果便是一堆 Class 文件。显然，将这些孤立文件串联在一起，形成一个整体，才能称之为一个程序。联系 Class 文件的秘诀在于符号引用。事实上，Class 文件之间正是通过符号引用建立了密切的关系。在程序运行初期，类加载器将用到的各个类或接口加载进来，然后通过动态链接将它们联接在一起。这样，当程序运行时，便可以实现类型的相互引用和方法调用。

符号引用是以字符串的形式存在的。在每个 Class 文件中，都有一个常量池，用来存放该类中用到的符号引用。当完成加载以后，来自于 Class 文件的常量池则会在 JVM 内部关联上一个位于运行时内存中的常量池数据结构，即运行时常量池。运行时常量池有别于 Class 文件中的静态常量池。

如果仅仅是符号，那么引用将失去实际意义。只有当符号引用被转换成直接引用，才能帮助运行时准确定位内存实体。符号引用转换成直接引用的过程，称为**解析**。因为符号引用来自于常量池，所以这个过程也被称为**常量池解析**。解析是链接的核心环节。

JVM 规范并没有强制规定解析过程发生的时间点。根据不同的实现，可能会在主方法执行前一次性完成对所有类型的解析（早解析），也可能会在符号引用首次被访问时才去解析（晚解析）。HotSpot 采用的是后者。

虽然是晚解析，但 HotSpot 对延迟也有一个最低容忍限度。至少类型在初始化前，应确保已链接。若此时尚未链接，则需要进行如下链接过程。流程图如图 3-24 所示。

在 instanceKlass 类中定义了链接过程 link_class_impl()，主要步骤如下所示。

（1）若该 class 处于出错状态，则抛出 NoClassDefFoundError 异常。

（2）若该 class 已链接，则退出此流程并返回链接成功。

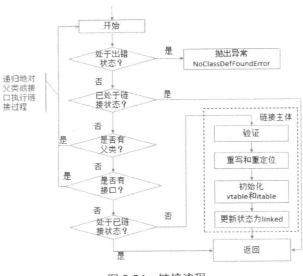

图 3-24　链接流程

（3）若该 class 已链接，则退出此流程并返回链接成功。
（4）在开始对该 class 对象链接前，对超类递归地执行这一过程，进行链接。
（5）对该 class 对象实现的所有接口递归地执行这一过程，进行链接。
（6）如果在链接超类的过程中，该 class 对象已链接，则退出此流程并返回连接成功。
（7）验证（verification），即字节码验证。
（8）重写、重定位和方法连接。**重写**（rewriting）是为支持更好的解释器运行性能，向常量池添加缓存（cache），并调整相应字节码的常量池索引重新指向常量池 Cache 索引；**重定位**（relocate）是 relocate_and_link_methods()，其中包括**方法链接**（link method），是为 Java 方法配置编译器或解释器入口（entry point）。
（9）由于方法被重写后会产生新的 methodOops，在这里需要初始化虚函数表 vtable 和接口表 itable。
（10）设置该类状态为已链接并返回。

更多细节，可以参考函数 instanceKlass::link_class_impl() 的实现。

1. 验证

在验证阶段，确保类或接口的二进制信息是有效的，method 是验证的主要目标。对 Java 方法的验证范围包括以下几种：

- 方法的访问控制；
- 参数和静态类型检查；

3.2 类的状态转换

- 堆栈是否被滥用；
- 变量是否初始化；
- 变量是否赋予正确类型；
- 异常表项必须引用了合法的指令；
- 验证局部变量表；
- 逐一验证每个字节码的合法性。

Verifier 模块实现了验证功能。如果读者需要了解具体的验证过程，通过开启 VM 选项 -XX:TraceClassInitialization，可以跟踪到类的验证过程，跟踪日志如清单 3-11 所示。

清单 3-11
```
[Loaded HelloWorld from file: /D:/develop/jdk/jdk1.7.0_21/bin/]
Start class verification for: HelloWorld
End class verification for: HelloWorld
269 Initializing 'HelloWorld' (0x202683e8)
```

其他相关 VM 选项如表 3-9 所示。

表 3-9　　　　　　　　　　验证相关的 VM 选项

选项	Build	默认值	用途
-XX:TraceClassInitialization		false	跟踪类的初始化
-XX:BytecodeVerificationLocal	product	false	开启对本地类的字节码验证
-XX:BytecodeVerificationRemote	product	true	开启对远程类的字节码验证
-XX:UseSplitVerifier	product	true	对 StackMapTable 属性应用 split verifier
-XX: FailOverToOldVerifier	product	true	当对 StackMapTable 属性应用 split verifier 校验失败时，回到旧的 verifier

2. 准备

在类的准备阶段中，将为类静态变量分配内存空间并准备好初始化类中的静态变量，但不会执行任何字节码（包括对类变量显式的初始化赋值语句）。

Char 类型默认为 '\u0000'，byte 默认为 (byte)0，boolean 默认为 0，float 默认为 0.0f，double 默认为 0.0d，long 默认为 0L。

3. 解析

解析目标主要是将常量池中的以下 4 类符号引用（用常量池项表示的字符串）转换为直接引用，即运行时实际内存地址：

- 类；
- 接口；
- 字段；

- 类方法和接口方法。

这里主要关注的是对方法的解析。为优化解释器性能，虚拟机向运行时常量池添加了额外的缓存项（即 constantPoolCache），因此，原本字节码中表示常量池项索引位置的字节也需要相应地跟着调整。如清单 3-12 所示，这个调整过程需要对 Class 定义的所有方法的字节码进行重写。

清单 3-12
来源：hotspot/src/share/vm/interpreter/rewriter.cpp::rewrite_class()
描述：方法重写

```
1   int len = _methods->length();
2   for (int i = len-1; i >= 0; i--) {
3     methodOop method = (methodOop)_methods->obj_at(i);
4     scan_method(method);
5   }
6   make_constant_pool_cache(THREAD); // 注：分配常量池 cache
```

具体来说，就是将原先指向常量池项的索引调整为指向相应的常量池缓存项。如清单 3-13 所示，重写字节码是将按 Class 文件中顺序出现的常量池索引号变成运行时常量池缓存索引。

清单 3-13
来源：hotspot/src/share/vm/interpreter/rewriter.cpp::scan_method()
描述：扫描单个方法，重写常量池索引

```
1   address p = bcp + offset;
2   int cp_index = Bytes::get_Java_u2(p);
3   int cache_index = cp_entry_to_cp_cache(cp_index);
4   Bytes::put_native_u2(p, cache_index); // 注：改写字节码
```

如清单 3-14 所示，除了字节码重写以外，在解析的同时还将为每个方法建立编译器或解释器的内部入口。

清单 3-14
来源：hotspot/src/share/vm/interpreter/rewriter.cpp::relocate_and_link()
描述：为 method 建立 entry point

```
1   int len = methods->length();
2   for (int i = len-1; i >= 0; i--) {
3     // 注：迭代每个 methodOop
4     methodHandle m(THREAD, (methodOop)methods->obj_at(i));
5     // 注：调用 methodOopDesc::link_method()建立 method 的编译器/解释器入口
6     m->link_method(m, CHECK);
7   }
```

在下一章中，我们还将看到更多关于常量池和常量池缓存的细节。

3.2.5 初始化

类或接口的初始化其实就是执行它的初始化方法。虚拟机规范规定，在遇到下述几种情形时，将触发类的初始化。

- JVM 遇到下述需要引用类或接口的指令时：new、getstatic、putstatic 或 invokestatic。

- 初次调用 java.lang.invoke.MethodHandle 实例时，返回结果为 REF_getStatic、REF_putStatic 或 REF_invokeStatic 的方法句柄。
- 调用类库中的反射方法时，如 Class 类或 java.lang.reflect 包。
- 初始化类的子类时。
- 类被设计用做 JVM 启动时的初始类。

在 instanceKlass 类中定义了初始化过程 initialize_impl()，在初始化过程正式开始之前，必须保证该类型已经历过连接阶段，即必须经过验证和准备环节，且有可能已经被解析过。

```
this_oop->link_class(CHECK); // 注: initialize_impl()过程正式开始之前,首先会调用 link_class()
```

其中，link_class() 的实现如清单 3-15 所示。

清单 3-15
来源：hotspot/src/share/vm/oops/instanceKlass.cpp::link_class()
描述：连接 class

```
1  void instanceKlass::link_class(TRAPS) {
2    assert(is_loaded(), "must be loaded");
3    if (!is_linked()) {
4      instanceKlassHandle this_oop(THREAD, this->as_klassOop());
5      link_class_impl(this_oop, true, CHECK);
6    }
7  }
```

此外，由于虚拟机支持多线程，所在在类初始化过程中需要实现者处理好线程同步问题：在初始化过程中，可能会有其他线程也在试图初始化相同的类或接口。

接下来，我们开始进入初始化的过程。

（1）同步该类型对象 instanceKlass，等待到当前线程可以获得该 instanceKlass 的锁，如清单 3-16（a）所示。

清单 3-16（a）
来源：hotspot/src/share/vm/oops/instanceKlass.cpp::link_class_impl()
描述：连接 class

```
1  { ObjectLocker ol(this_oop, THREAD);
2    ……
3  }
```

在第 1 行中，对 this_oop 表示的 instanceKlass 对象上锁。请注意 1、3 行中的 "{"、"}" 表示一个代码块，当该代码块执行完毕后，ObjectLocker 的实例 ol 将自动调用析构函数释放对象锁。

（2）如果此时还有别的线程正在初始化这个 instanceKlass（状态：being_initialized），则对这个 class 对象 wait，待当前线程被唤醒后再重复这一步骤，如清单 3-16（b）所示。

清单 3-16（b）

```
4    while(this_oop->is_being_initialized() && !this_oop->is_reentrant_initialization(self)) {
5      wait = true;
6      ol.waitUninterruptibly(CHECK);
7    }
```

（3）如果当前线程正在对该类型初始化，则这一定是初始化的一个递归调用，此时释放 class 对象上的锁并正常地结束，如清单 3-16（c）所示。

清单 3-16（c）
```
 8    if (this_oop->is_being_initialized() && this_oop->is_reentrant_initialization(self))
{
 9        DTRACE_CLASSINIT_PROBE_WAIT(recursive, instanceKlass::cast(this_oop()), -1,wait);
10        return;
11    }
```

（4）如果类或接口已被初始化，则不再需要进一步动作，释放 class 对象上的锁并正常地结束，如清单 3-16（d）所示。

清单 3-16（d）
```
12    if (this_oop->is_initialized()) {
13        DTRACE_CLASSINIT_PROBE_WAIT(concurrent, instanceKlass::cast(this_oop()), -1, wait);
14        return;
15    }
```

（5）如果 instanceKlass 处于错误状态（状态：initialization_error），则不可能初始化，释放 class 对象上的锁并抛出 NoClassDefFoundError。

（6）否则，设置 instanceKlass 状态为 being_initialized，并释放该 instanceKlass 对象上的锁，如清单 3-16（e）所示。

清单 3-16（e）
```
16    this_oop->set_init_state(being_initialized);
17    this_oop->set_init_thread(self);
18    }
```

注意第 18 行中的"}"，即前面提到的代码块结束标志，此时将释放该 instanceKlass 对象上的锁。

（7）接着，如果该 instanceKlass 对象表示的是一个类（而非接口），并且该类的超类尚未被初始化，则对超类递归地执行这一过程，如清单 3-16（f）所示。

清单 3-16（f）
```
19    Klass::cast(super_klass)->initialize(THREAD);
20    this_oop->set_initialization_state_and_notify(initialization_error, THREAD);
21     DTRACE_CLASSINIT_PROBE_WAIT(super__failed, instanceKlass::cast(this_oop()), -1, wait);
22    THROW_OOP(e());
```

如果需要，首先检验并准备这个超类，如果因一个抛出的异常 e 使超类初始化结束，则锁定该 instanceKlass 对象并将状态置为 initialization_error，通知所有正在等待的线程。最后继续抛出相同的异常 e。

（8）接着，除了 final static 变量和接口的其值为编译期常数的域首先初始化外，按文本顺序执行类变量的初始化器和类的静态初始化函数，或者接口的域初始化器。具体实现在 call_class_initializer_impl()，如清单 3-17 所示。

清单 3-17
来源: hotspot/src/share/vm/oops/instanceKlass.cpp::call_class_initializer_impl()
描述: 调用<clinit>
```
1   methodHandle h_method(THREAD, this_oop->class_initializer());
2   if (h_method() != NULL) {
3     JavaCallArguments args; // No arguments
4     JavaValue result(T_VOID);
5     JavaCalls::call(&result, h_method, &args, CHECK); // Static call (no args)
6   }
```

上述代码第 1 行获取了该类的类初始化方法<clinit>，该方法是由 Javac 编译器自动生成和命名的，<clinit>是一个不含参数的静态方法，该方法不能通过程序直接编码方式实现，只能由编译器根据类变量的赋值语句或静态语句块自动插入到 Class 文件中。此外，<clinit>方法没有任何虚拟机字节码指令可以调用，它只能在类型初始化阶段被虚拟机隐式调用。最终，在代码 5 行，通过 JavaCalls 模块[2]执行该类的<clinit>方法。

（9）如果初始化函数的执行正常地结束，则锁定这个 instanceKlass 对象，并将其状态位置为 fully_initialized，通知所有正在等待的线程，释放锁并正常地结束该过程，如清单 3-16(g)所示。

清单 3-16（g）
```
23      this_oop->set_initialization_state_and_notify(fully_initialized, CHECK);
```

（10）否则，初始化函数一定是通过抛出某个异常 e 结束的。如果 e 类型不是 Error 或其子类之一，则用 e 作为参数创建异常类 ExceptionInInitializerError 的一个新实例。接下来，锁定这个 instanceKlass 对象，把它标为 initialization_error，通知所有正在等待的线程，最后抛出异常 e。

3.2.6 实战：类的"族谱"

通过本节的实战，您将了解到 HotSpot 是如何利用_super、_subKlass 和_next_sibling 记录类之间"族谱"关系的。

根据本章 Klass 的结构我们知道，Klass 类通过这些成员_super、_subKlass 和_next_sibling，构成了一个链表数据结构，用以记录父类与子类、兄弟子类之间的关系。这样，任何一个子类 Klass，都可以通过简单的链表操作找到自己的父类；任何一个父类 Klass 也可以轻松遍历自己的所有子类。

在本小节的实战中，我们选举的 Demo 程序来源于开源 JavaFX 项目[3] ensemble。ensemble.jar 作为演示程序，有着富于表现力的界面，而且里面包含了大量的类，可以让我们轻松找到各种类型的源代码（如 has-a、is-a 等关系）。在这里，为了演示继承关系，我们选举了 Samle 和它的子类，如图 3-25 所示。

---

[2] JavaCalls 用来从 JVM 调用 Java 方法。在 JVM 内部，所有对 Java 方法的调用都只能过 JavaCalls 来进行，详见第 6 章。
[3] Java 富客户端平台技术，更多内容可以参考官网 http://www.oracle.com/technetwork/java/javafx/overview/index.html。

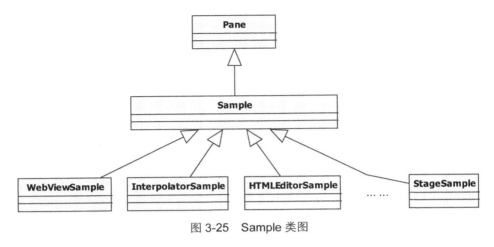

图 3-25　Sample 类图

我们知道，在 Java 中，各个子类之间的面向对象关系是比较弱的。但是在 JVM 内部，子类之间却有着较强的联系。下面我们利用 HSDB 观察 HotSpot 是如何实现 Sample 家族的"族谱"的。

首先，双击 ensemble.jar 运行示例程序，运行 HSDB 并连接上 ensemble 进程，打开类浏览器（Class Browser），查找到"ensemble.Sample"，这样我们就得到了该类在 HotSpot 中的内存地址了——0x00000000be6792b8，如图 3-26 所示。在类层次结构中我们还可以发现，其实 ensemble.Sample 拥有大量的直接子类（Direct Subclasses）。

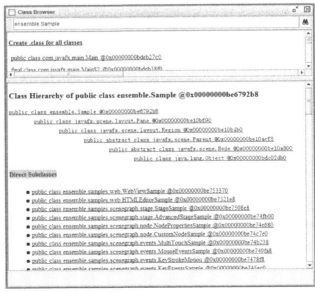

图 3-26　类 ensemble.Sample 的内存地址和直接子类

3.2 类的状态转换

打开Inspector，输入instanceKlass地址0x00000000be6792b8查询，得到了"ensemble.Sample"类在HotSpot内部instanceKlass类型的全貌（如图3-27所示）。这里，我们可以至少得到如下信息：

- 类Sample的类加载器是java.net.URLClassLoader（@0x00000000ec972838）；
- 父类是javafx.scene.layout.Pane（@0x00000000be10bf90）；
- 第一个子类为ensemble.samples.web.WebViewSample（@0x00000000be753370）。

继续在Inspector中查找第一子类WebViewSample，根据_next_sibling可以发现第二个兄弟节点（ensemble.samples.web.HTMLEditorSample @0x00000000be7521e8）。继续在链表中查找，同样地，根据节点HTMLEditorSample的_next_sibling中可以发现第三个兄弟节点（ensemble.samples.scenegraph.stage.StageSample @0x00000000be7508e8）……如此循环往复，最终找到了该链表的端节点（ensemble.samples.animation.timelines.InterpolatorSample @0x00000000be679d10），端节点InterpolatorSample的_next_sibling值为NULL，表示链表已经遍历到了尽头，没有更多的兄弟节点了，如图3-28所示。

图 3-27　类 ensemble.Sample 在 HotSpot 中的 instanceKlass 表示

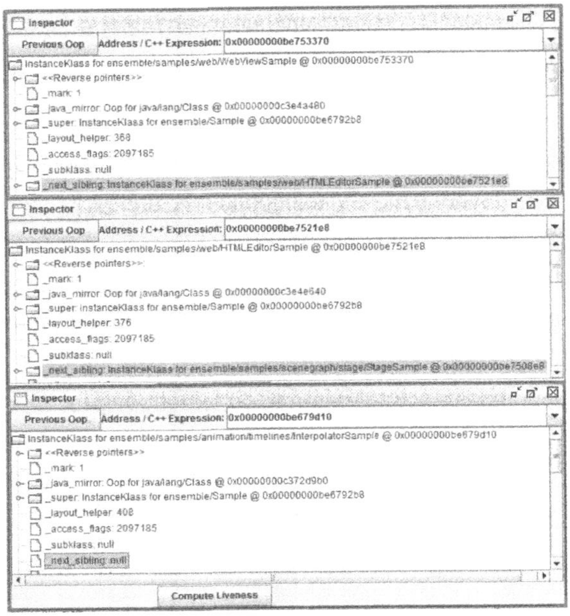

图 3-28　类 Sample 的子类在 HotSpot 中的 instanceKlass 表示

图 3-29 描述了链表的结构。

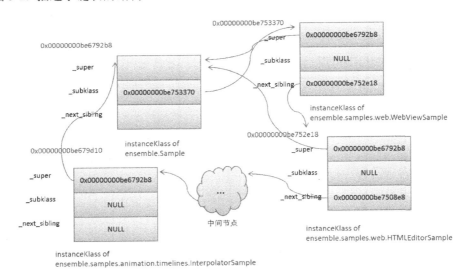

图 3-29　instanceKlass 继承关系链表

练习 12

运行 ensemble 或自己编写的应用程序，使用 HSDB 连接该进程，根据本节学到的知识和方法，分析 instanceKlass 各个字段的含义，深化对 instanceKlass 和 Klass 的理解。

3.2.7 实战：系统字典

系统字典（System Dictionary）记录了系统加载的所有的类，正如清单 3-18 所示，系统字典持有了系统已加载类、类加载器、公共类 klass 等重要信息，正如一个字典一样。它在系统中是一个重要的全局结构，为许多模块提供检索类型信息服务。在 HotSpot 内部，用 C++类 SystemDictionary 实现了系统字典功能。

清单 3-18
来源：hotspot/src/share/vm/classfile/systemDictionary.hpp
描述：C++类系统字典的静态成员定义

```
1    // Static variables
2    // 持有已加载类的 Hashtable
3    static Dictionary*            _dictionary;
4    // 持有将被加载类的占位符的 Hashtable
5    static PlaceholderTable*      _placeholders;
6    // 持有来自于共享库的类的 Hashtable
7    static Dictionary*            _shared_dictionary;
8    // 单调递增计数器，随着_number_of_classes和断点设置等信息增长或删除
9    static int                    _number_of_modifications;
10   // 系统类加载器锁对象
11   static oop                    _system_loader_lock_obj;
12   // 类加载器约束
13   static LoaderConstraintTable* _loader_constraints;
14   // 解析错误
15   static ResolutionErrorTable*  _resolution_errors;
16   // 调用方法表（JSR 292）
17   static SymbolPropertyTable*   _invoke_method_table;
18   // 持有公用的 klasses（预加载）
19   static klassOop _well_known_klasses[];
20   // 延迟加载类
21   static volatile klassOop _abstract_ownable_synchronizer_klass;
22   // 持有基本类型的装箱 klass 的表（如 int_klass、double_klass 等）
23   static klassOop _box_klasses[T_VOID+1];
24   static oop      _java_system_loader;
25   static bool     _has_loadClassInternal;
26   static bool     _has_checkPackageAccess;
```

同 SA 的其他类一样，在 Java 层，也提供了与 SystemDictionary 类同名的镜像类，为程序员查看系统类加载情况提供了入口。

通过系统字典可以：

- 列举所有已加载的类；
- 查看类的层次结构，继承和接口实现情况；
- 查找指定的类；
- 查看类的基本信息和运行时信息，如字段、方法、运行时常量池等信息。

现在，我们设想编写一个程序，让它列举出系统中已加载的所有类，并将类信息以日志形式输出到文件中。为实现目的，这里需要借助 JVM 工具 SA。SA 是 HotSpot 为外部程序提供的代理库，通过调用 SA 提供的函数，允许外部程序查看虚拟机内部数据。在 Oracle 官方发布的 JDK 中，就自带了一些利用 SA 实现的虚拟机监控工具。

SA 知道如何读取运行中 Java 进程或 Java 进程的核心文件的二进制数据，从原始二进制信息中提取所有 HotSpot 数据结构（vmStructs 包含了 SA 读取 hotspot 数据结构所需的所有数据），进而再从这些 HotSpot 数据结构中提取出 Java 对象。值得注意的是，SA 在目标进程外独立运行，并不在目标进程中执行任何代码。然而，在 SA 进行观察时，目标进程需要暂停运行。SA 主要由 Java 类构成，但也包含了少量的本地代码用做从进程或进程核心文件中读取原始比特位信息。在 Solaries 上，SA 使用 libproc 库读取进程或进程核心文件中二进制数据。在 Linux 上，SA 混合使用/proc 和 ptrace（主要是后者）读取进程二进制数据，对于进程核心文件，SA 直接解析 ELF 文件。在 Windwos 上，SA 使用 dgbeng.dll 库从进程或进程核心文件中读取二进制数据。另一种实现是使用 Windows 进程调试原语，但是这仅适用于**活跃过程**（live process）。注意，在 JDK 6 发行版中，SA 和依赖 SA 的工具并未在 Windows 版中发布。

在示例程序中，我们只需编写一个继承自抽象类 sun.jvm.hotspot.tools 的 Java 类并覆盖其 run 方法就可以了。清单 3-19 是上述功能实现的主体方法，运行方法传入 tty 并调用即可将日志输出至 tty。

清单 3-19
来源：com.hotspotinaction.demo.chap3.UseSystemDictionary
描述：获得系统字典

```java
 1    public static synchronized void listInstanceKlasses(PrintStream tty) {
 2      // 获得系统字典并得到所有已加载类
 3      final Vector tmp = new Vector();
 4      SystemDictionary sysDict = VM.getVM().getSystemDictionary();
 5      sysDict.classesDo(new SystemDictionary.ClassVisitor() {
 6        public void visit(Klass k) {
 7          if (k instanceof InstanceKlass) {
 8            InstanceKlass ik = (InstanceKlass) k;
 9            tmp.add(ik);
10          }
11        }
12      });
13      // 对所有类按名排序
14      Object[] tmpArray = tmp.toArray();
15      klasses = new InstanceKlass[tmpArray.length];
16      System.arraycopy(tmpArray, 0, klasses, 0, tmpArray.length);
17      Arrays.sort(klasses, new Comparator() {
18        public int compare(Object o1, Object o2) {
19          InstanceKlass k1 = (InstanceKlass) o1;
20          InstanceKlass k2 = (InstanceKlass) o2;
21          Symbol s1 = k1.getName();
22          Symbol s2 = k2.getName();
23          return s1.asString().compareTo(s2.asString());
24        }
25      });
```

```
26    // 输出至 tty
27    Symbol s = null;
28    Symbol s2 = null;
29    for (InstanceKlass ik : klasses) {
30      s = ik.getName();
31      s.printValueOn(tty);
32      tty.println();
33    }
34  }
```

输出的日志如清单 3-20 所示（节选）。

清单 3-20

```
#com/javafx/main/Main
#com/javafx/main/Main$2
#com/sun/deploy/Environment
#com/sun/deploy/Environment$2
```

现在，我们想输出更加丰富的类状态信息。利用 instanceKlass 所提供的状态查询接口，我们只需要加入一行代码即可实现：

```
tty.print("    [" + ik.getInitState() + "]");
```

如清单 3-21 所示，日志中增加了类的状态信息。

清单 3-21

```
#com/javafx/main/Main          [fullyInitialized]
#com/javafx/main/Main$2        [loaded]
#com/sun/deploy/Environment    [fullyInitialized]
#com/sun/deploy/Environment$2  [fullyInitialized]
```

> **练习 13**
> 编写程序，在代码清单 3-1 的基础上，进一步优化：统计每种状态类的数量。

> **练习 14**
> 编写程序，在代码清单 3-1 的基础上，进一步优化：输出每个类的类加载器，以及统计每个加载器加载的类数量。并思考为什么不同的类使用的类加载器各不相同？

> **练习 15**
> 编写程序，在代码清单 3-1 的基础上，进一步优化：统计每种状态类的数量。

> **练习 16**
> 打开 VM 调试选项 PrintSystemDictionaryAtExit，分析 VM 输出的 SystemDictionary 日志。

3.3 创建对象

字节码 new 表示创建对象，虚拟机遇到该指令时，从栈顶取得目标对象的在常量池中的索引，接着定位到目标对象的类型。接下来，虚拟机将根据该类的状态，采取相应的内存分配技术，在内存中分配实例空间，并完成实例数据和对象头的初始化。这样，一个对象就在 JVM

中创建好了。

3.3.1 实例对象的创建流程

实例的创建过程，首先根据从类常量池中获取对象类型信息并验证类是否已被解析过，若确保该类已被加载和正确解析，使用**快速分配**（fast allocation）技术为该类分配对象空间；若该类尚未解析过，则只能通过**慢速分配**（slow allocation）方式分配实例对象。实例的创建流程如图 3-30 所示。

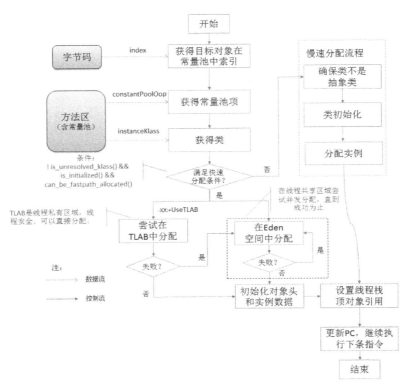

图 3-30 实例的创建流程

对象的创建基本流程如下所示。
（1）验证类已被解析。
（2）获取 instanceKlass，确保 klass 已完全初始化。
（3）若满足快速分配条件，则进入快速分配流程。
（4）若不满足快速分配条件，或者快速分配失败，则进入慢速分配流程。
接下来，我们来看一下快速分配与慢速分配的区别和使用场景。

1. 快速分配

如果在实例分配之前已经完成了类型的解析，那么分配操作仅仅是在内存空间中划分可用内存，因此能以较高效效率实现内存分配，故称为**快速分配**。

根据分配空间是来自于线程私有区域还是共享的堆空间，快速分配又可以分为两种空间选择策略。

HotSpot 通过**线程局部分配缓存技术**（即 Thread-Local Allocation Buffers，简称 TLABs）可以在线程私有区域实现空间的分配。

注意 可以通过 VM 选项 UseTLAB 来开启或关闭 TLAB 功能。

根据是否使用 TLAB，快速分配方式有两种选择策略。

- 选择 TLAB：首先尝试在 TLAB 中分配，因为 TLAB 是线程私有区域，故不需要加锁便能够保证线程安全。在分配一个新的对象空间时，将首先尝试在 TLAB 空间中分配对象空间，若分配空间的请求失败，则再尝试使用加锁机制在 Eden 区分配对象。
- 选择 Eden 空间：若失败，则尝试在共享的 Eden 区进行分配，Eden 区是所有线程共享区域，需要保证线程安全，故采用原子操作进行分配。若分配失败，则再次尝试该操作，直到分配成功为止。

实例空间分配成功以后，将对实例进行初始化。首先，根据 VM 选项 ZeroTLAB 的配置，若为 false，虚拟机接下来会对实例数据空间进行填零操作，如清单 3-22 所示。

清单 3-22
来源：hotspot/src/share/vm/interpreter/bytecodeInterpreter.cpp
描述：初始化对象
```
1  HeapWord* to_zero = (HeapWord*) result + sizeof(oopDesc) / oopSize;
2  obj_size -= sizeof(oopDesc) / oopSize;
3  if (obj_size > 0 ) {
4    memset(to_zero, 0, obj_size * HeapWordSize);
5  }
```

这步操作保证了对象的实例字段在 Java 代码中可以不赋初始值就直接使用，程序能访问到这些字段的数据类型所对应的零值。

接下来，虚拟机初始化对象头，包括两个步骤。

（1）设置 Mark Word。

（2）设置类型元数据指针：根据 VM 选项 UseCompressedOops 的配置，设置类型指针元信息 _metadata._compressed_klass 或 _metadata._klass。

待完成对象的空间分配和初始化后，就可以设置栈顶对象引用。

当然，对象的空间分配和初始化操作都是基于从类常量池中获取对象类型并确保该类已被加载和正确解析的前提下接下进行的，如果类未被解析，则需要进行慢速分配。

2. 慢速分配

之所以称为慢速分配，正是因为在分配实例前需要对类进行解析，确保类及依赖类已得到正确的解析和初始化。慢速分配是调用 InterpreterRuntime 模块 _new() 进行的，实现代码如清单 3-23 所示。

清单 3-23
来源：hotspot/src/share/vm/interpreter/interpreterRuntime.cpp
描述：慢速分配

```
1   klass->check_valid_for_instantiation(true, CHECK);
2   klass->initialize(CHECK);
3   oop obj = klass->allocate_instance(CHECK);
4   thread->set_vm_result(obj);
```

- 第 1 行：确保要初始化的类不是抽象类型。
- 第 2 行：确保类已初始化。
- 第 3 行：分配实例。
- 第 4 行：在线程栈中设置对象引用。

在下一小节中，我们将通过实战探测在运行期的 JVM 内部对象，加深对知对象在 JVM 内部的表示和创建的相关原理的理解。

3.3.2　实战：探测 JVM 内部对象

首先，查询一下堆的地址空间，下面输入命令：

```
hsdb> universe
```

得到输出日志：

```
Heap Parameters:
ParallelScavengeHeap
[ PSYoungGen
    [ eden =  [0x00000000eba00000,0x00000000ec610cc0,0x00000000ed8a0000] ,
      from =  [0x00000000ed8a0000,0x00000000edb19bb0,0x00000000edb20000] ,
      to =    [0x00000000f0500000,0x00000000f0500000,0x00000000f12c0000]
    ]
  PSOldGen  [ [0x00000000c2e00000,0x00000000c45cc2e0,0x00000000c56c0000]  ]
  PSPermGen [ [0x00000000bdc00000,0x00000000bef007d0,0x00000000bf0c0000]  ]
]
```

scanoops 命令可以让我们知道 VM 内部创建了多少个 Thread 类型实例。scanoops 共有 3 个参数 start、end 和 type，其中必填参数 start、end 表示要扫描的内存地址空间范围，type 是可选的，表示扫描对象实例的类型，若不填则扫描所有类型。若输入的 type 格式有误或无法识别，则丢弃该参数扫描所有类型。扫描完毕后将列出 type 类型及其派生类的实例。以扫描 Thread 类型（类型可填 java.lang.Thread 或 java/lang/Thread）为例，利用上面的数据，输入下面命令：

```
scanoops 0x00000000c2e00000 0x00000000c56c0000 java/lang/Thread
```

3.3 创建对象

即在 PSOldGen 中扫描 java/lang/Thread 类型,得到输出结果:

```
0x00000000c2ebd260 java/lang/Thread
0x00000000c2ec69a8 java/lang/Thread
0x00000000c2ec6a70 java/lang/Thread
0x00000000c2ec6b40 java/lang/ref/Finalizer$FinalizerThread
0x00000000c2ec6c90 java/lang/ref/Reference$ReferenceHandler
0x00000000c2ec6de0 java/lang/Thread
0x00000000c2ec6e78 java/lang/Thread
0x00000000c2ec6fb0 java/lang/Thread
0x00000000c2ec7170 java/lang/Thread
0x00000000c2ec7380 java/lang/Thread
0x00000000c369f148 java/lang/Thread
0x00000000c36cee10 java/lang/Thread
0x00000000c36cf5e0 java/lang/Thread
0x00000000c36cf708 java/lang/Thread
0x00000000c440fbc8 java/lang/Thread
0x00000000c45ba500 java/util/logging/LogManager$Cleaner
```

为验证输出的正确性,可以在 Inspector 界面输入上面的地址,例如,输入 0x00000000c440fbc8,解析 OOP 类型正好为 java/lang/ref/Finalizer$FinalizerThread,如图 3-31 所示。

图 3-31 Inspector 查询 java/lang/ref/Finalizer$FinalizerThread

或者,直接在命令行中使用 inspect 命令,得到输出的数据与 Inspector 图形界面是一致的:

```
hsdb> inspect 0x00000000c2ec6b40
instance of Oop for java/lang/ref/Finalizer$FinalizerThread @ 0x00000000c2ec6b40 @ 0x00000000c2ec6b40 (size = 112)
_mark: 9
name: [C @ 0x00000000c2ec6bb0 Oop for [C @ 0x00000000c2ec6bb0
```

```
    priority: 8
    threadQ: null null
    eetop: 41388032
    single_step: false
    daemon: true
    stillborn: false
    target: null null
    group: Oop for java/lang/ThreadGroup @ 0x00000000ed9afbd8 Oop for java/lang/ThreadGroup
@ 0x00000000ed9afbd8
    contextClassLoader: null null
    inheritedAccessControlContext:    Oop    for    java/security/AccessControlContext    @
0x00000000c2ec6bd8 Oop for java/security/AccessControlContext @ 0x00000000c2ec6bd8
    threadLocals: Oop for java/lang/ThreadLocal$ThreadLocalMap @ 0x00000000c2ec6bf8 Oop for
java/lang/ThreadLocal$ThreadLocalMap @ 0x00000000c2ec6bf8
    inheritableThreadLocals: null null
    stackSize: 0
    nativeParkEventPointer: 0
    tid: 3
    threadStatus: 401
    parkBlocker: null null
    blocker: null null
    blockerLock: Oop for java/lang/Object @ 0x00000000c2ec6c80 Oop for java/lang/Object @
0x00000000c2ec6c80
    uncaughtExceptionHandler: null null
    running: true
```

因为 OOP 占用 112（=14×8）字节的值，所以可以通过 mem 命令可以查看这个 OOP：

```
hsdb> mem 0x00000000c2ec6b40 14
0x00000000c2ec6b40: 0x0000000000000009
0x00000000c2ec6b48: 0x00000008bdccb670
0x00000000c2ec6b50: 0x0000000002778800
0x00000000c2ec6b58: 0x0000000000000000
0x00000000c2ec6b60: 0x0000000000000000
0x00000000c2ec6b68: 0x0000000000000003
0x00000000c2ec6b70: 0x0000010000000191
0x00000000c2ec6b78: 0x00000000c2ec6bb0
0x00000000c2ec6b80: 0xed9afbd800000000
0x00000000c2ec6b88: 0xc2ec6bd800000000
0x00000000c2ec6b90: 0x00000000c2ec6bf8
0x00000000c2ec6b98: 0x0000000000000000
0x00000000c2ec6ba0: 0x00000000c2ec6c80
……
```

练习 17

运行 ensemble，使用 HSDB 连接该进程，回答以下几个问题。

❶ 如何在只知道类名的情况下，找到 ensemble.Sample 类及其子类的 OOP？

❷ 如何在知道 OOP 的情况下，找到相应的 instanceKlass？

❸ 如何在已知父类 instanceKlass 的情况下，找到子类的 instanceKlass？

❹ 找到 Java 类 HTMLEditorSample 类的一个实例 OOP，分析其包含的字段和值。想一想，为何在 Java 类 HTMLEditorSample 中只定义了 htmlEditor 和 INITIAL_TEXT 两个字段，但是查看 oop 可以却发现更多的字段？

❺ 想一想，为何在 d 中找到的 OOP 中找不到 Sample 的如下成员：ICON_48、BRIDGE？

❻ 想一想，Java 类的 static 成员应当存在何处？试着找出 e 中提到的成员。

3.4 小结

本章介绍了 HotSpot 的对象表示系统 OOP-Klass 二分模型。基于二分模型，虚拟机将对象与类型分开表示：用 OOP 描述对象，而用 Klass 描述类型。对象在内存中的布局可以分为连续的两部分：对象头和实例数据。虚拟机设计了高度压缩的对象头数据结构，用来记录对象生命周期内的状态信息；对象头中还含有指向对应类型 Klass 的指针，虚拟机通过对象头即可访问到类型信息。

接下来，介绍了类的加载、连接和初始化过程，详细介绍了类是如何由静态定义的 Class 文件转变成虚拟机运行时可识别的 Klass 的完整过程。在类型信息建立后，虚拟机在遇到创建对象请求时，便可以按照类型定义创建对象实例了，通过 TLAB 等优化技术实现对象的快速分配。

本章还介绍了 HotSpot 调试工具 HSDB 的使用，通过 HSDB，我们可以访问 VM 内部数据结构和状态，这对深入理解 JVM 内部机制具有重要意义。

第 4 章　运行时数据区

"君子之道，辟如行远必自迩，辟如登高必自卑。"

——《中庸》

本章内容
- 内存职能区域划分
- 自动内存管理和分代
- 线程私有区域：PC 寄存器和栈
- 方法区和运行时常量池
- 性能监控数据区域：PerfData
- 如何分析 Dump 文件
- 如何分析 JVM Crash

程序运行所需的内存空间，有些是不能在编译期就能确定的，得要在运行期根据实际运行状况动态地在系统中创建。与很多语言系统一样，JVM 需要管理一个供对象分配的内存空间。为支持程序的执行，JVM 还需要另外提供一份内存空间作为函数调用栈。在本章中，将把话题集中在这些运行时数据区域上。

JVM 启动时，会在内存中开辟空间，并按职能划分为不同的区域。如图 4-1 所示，这些内存区域主要包括以下几项。

- 堆：用来分配 Java 对象和数组的空间。
- 方法区：存储类元数据。

- 栈：线程栈。
- PC 寄存器：存储执行指令的内存地址。

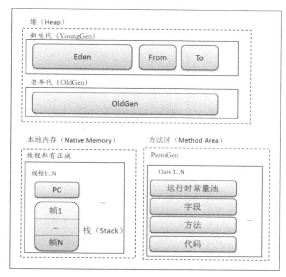

图 4-1　运行时数据区的职能划分

堆与方法区是所有线程共享的公共区域。堆与方法区所占的内存空间，是由 JVM 负责管理的。在该区域内的内存分配是由 HotSpot 的内存管理模块维护的，而内存的释放工作则由垃圾收集器自动完成。

栈和 PC 是线程的私有区域，是线程执行程序的工作场所。每个线程都关联着唯一的栈和 PC 寄存器，并仅能使用属于自己的一份栈空间和 PC 寄存器来执行程序。在 HotSpot 虚拟机实现中，Java 栈与本地栈合二为一，是在本地内存空间中分配的。

此外，为支持对 JVM 的监测，系统还要准备一些额外的空间来记录虚拟机自身状态，并允许外界程序读取这些信息。这部分运行时空间并不属于 JVM 的主要逻辑区域，但对后续章节的理解会有所帮助，因此在本章中会对该区域的管理有少量篇幅的描述。

4.1　堆

在 Java 中，内存是由虚拟机自动管理的。虚拟机在内存中划出一片区域，作为满足程序的内存分配请求的空间。那些从内存池划出的内存空间，称为**堆**（heap）。

4.1.1　Java 的自动内存管理

与 C/C++这类语言不同，Java 不允许程序员直接操纵内存，内存管理任务统一交由虚拟机处理。这种管理方式称为**自动内存管理**。

无用的内存空间（垃圾）不需要程序员显式释放，也是交给虚拟机来回收再利用。因此在使用了自动内存管理方式的语言系统中，垃圾收集是其必然产物。执行垃圾收集任务的 JVM 组件称为**垃圾收集器**。垃圾收集器是虚拟机最重要的组成部分之一，我们会在第 5 章中展开详细的讲解。

4.1.2 堆的管理

虚拟机中内存空间按照内存的用途，可以划分为以下几个区域。

- 堆：用于对象的分配空间。按照对象的年龄，又进一步划分为新生代和老年代区域。
- 非堆：包括方法区和 Code Cache。在 JConsole 工具中，将内存空间分为堆与非堆，非堆再划分为 PermGen 和 Code Cache；在 Visual VM 工具中，将内存空间分为堆与 PermGen。比较图 4-2 和图 4-3，请读者注意在不同环境下语义上的微妙差异。

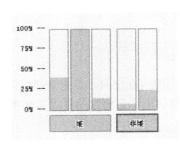

图 4-2　JConsole 截图：堆与非堆

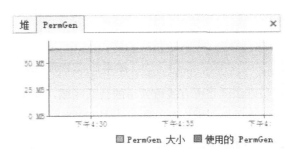

图 4-3　Visual VM 截图：堆与 PermGen

说明　方法区 = 永久代？从本质上来说，"分代"是属于垃圾收集范畴的概念，我们不应将其与这里的内存划分范畴概念相混淆。在 HotSpot 中，设计者选择在永久代中实现方法区，所以有时就不加区分的将方法区称为为 PermGen。而对于其他 JVM 产品，可能就不一定存在"永久代"这个概念。而且在 OpenJdk 8 及后续的虚拟机版本中，官方已经计划移除永久代，将原本存储在方法区内的数据改为在本地内存中存储，相关信息可以参考"JEP 122: Remove the Permanent Generation"。

1. 分代

随着系统的运行，不同对象的生命周期会有很大差别。实践表明，JVM 中存在着大量的生命周期短暂的对象，它们快速生成，快速死亡；还有另外一些对象，生命周期很长，甚至能够伴随着应用程序或 JVM 的整个运行期。

因此，对不同类型的对象，应采取不同的收集策略。**分代收集**（generational collection）是指在不同的内存空间分配不同的区域，分别存储不同年龄的对象，各自区域可根据自身的特点灵活采取收集策略。

这些区域根据存储对象年龄的不同，可以分为以下 3 种**分代**（generation）：

- 新生代（Young Generation，常称为 YoungGen），位于堆空间；
- 老年代（Old Generation，常称为 OldGen），位于堆空间；
- 永久代（Permanent Generation，常称为 PermGen），位于非堆空间。

其中，新生代中又被划分为 1 个 Eden 区和 2 个**幸存区**（Survivor），其中一个称为 from 区，另一个则称为 to 区。

HotSpot 提供了一些 VM 选项，允许对这些区域空间大小进行控制。

在下一章中将系统性地介绍垃圾收集器，届时我们将看到在 HotSpot 中提供了几种不同类型的堆，以匹配相应的垃圾收集器。

2. Universe 模块

Universe 是 Memory 模块的一个子模块，图 4-4 描述了 Memory 模块的主要组成情况。在 JVM 中，Universe 作为一个命名空间，持有 JVM 内部的熟知类型及对象，如清单 4-1 所示。

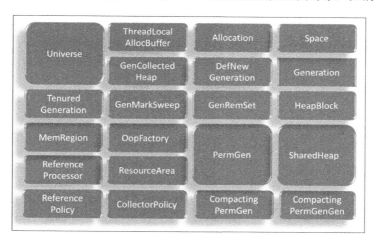

图 4-4　Memory 模块主要组成

清单 4-1
来源：hotspot/src/share/vm/memory/universe.hpp
描述：Universe 定义的成员变量

```
1   // Known classes in the VM
2   static klassOop _boolArrayKlassObj;
3   static klassOop _byteArrayKlassObj;
4   static klassOop _charArrayKlassObj;
5   static klassOop _intArrayKlassObj;
6   static klassOop _shortArrayKlassObj;
```

```cpp
7    static klassOop _longArrayKlassObj;
8    static klassOop _singleArrayKlassObj;
9    static klassOop _doubleArrayKlassObj;
10   static klassOop _typeArrayKlassObjs[T_VOID+1];

11   static klassOop _objectArrayKlassObj;

12   static klassOop _methodKlassObj;
13   static klassOop _constMethodKlassObj;
14   static klassOop _methodDataKlassObj;
15   static klassOop _klassKlassObj;
16   static klassOop _arrayKlassKlassObj;
17   static klassOop _objArrayKlassKlassObj;
18   static klassOop _typeArrayKlassKlassObj;
19   static klassOop _instanceKlassKlassObj;
20   static klassOop _constantPoolKlassObj;
21   static klassOop _constantPoolCacheKlassObj;
22   static klassOop _compiledICHolderKlassObj;
23   static klassOop _systemObjArrayKlassObj;

24   // Known objects in the VM
25   // Primitive objects
26   static oop _int_mirror;
27   static oop _float_mirror;
28   static oop _double_mirror;
29   static oop _byte_mirror;
30   static oop _bool_mirror;
31   static oop _char_mirror;
32   static oop _long_mirror;
33   static oop _short_mirror;
34   static oop _void_mirror;

35   static oop             _main_thread_group;       // Reference to the main thread group object
36   static oop             _system_thread_group;     // Reference to the system thread group object

37   static typeArrayOop _the_empty_byte_array;       // byte array
38   static typeArrayOop _the_empty_short_array;      // short array
39   static typeArrayOop _the_empty_int_array;        // int array
40   static objArrayOop  _the_empty_system_obj_array; // system obj array
41   static objArrayOop  _the_empty_class_klass_array; // obj array of type java.lang.Class
42   static objArrayOop  _the_array_interfaces_array; // 2-array of cloneable & serializable klasses
43   static oop             _the_null_string;         // A cache of "null" as a Java string
44   static oop             _the_min_jint_string;     // A cache of "-2147483648" as a Java string
45   static LatestMethodOopCache* _finalizer_register_cache; // registering finalizable objects
46   static LatestMethodOopCache* _loader_addClass_cache;// registering loaded classes in class loader vector
47   static ActiveMethodOopsCache* _reflect_invoke_cache;   // method for security checks

48   static oop             _out_of_memory_error_java_heap; // preallocated error object (no backtrace)
49   static oop             _out_of_memory_error_perm_gen;  // preallocated error object (no backtrace)
50   static oop             _out_of_memory_error_array_size;// preallocated error object (no backtrace)
```

```
51   static oop           _out_of_memory_error_gc_overhead_limit; // preallocated error object (no backtrace)
52   // array of preallocated error objects with backtrace
53   static objArrayOop   _preallocated_out_of_memory_error_array;
54   // number of preallocated error objects available for use
55   static volatile jint _preallocated_out_of_memory_error_avail_count;
56   static oop           _null_ptr_exception_instance;     // preallocated exception object
57   static oop           _arithmetic_exception_instance;   // preallocated exception object
58   static oop           _virtual_machine_error_instance;  // preallocated exception object
59   // The object used as an exception dummy when exceptions are thrown for the vm thread.
60   static oop           _vm_exception;

61   // The particular choice of collected heap.
62   static CollectedHeap* _collectedHeap;

63   // For UseCompressedOops.
64   static struct NarrowOopStruct _narrow_oop;

65   // Compiler/dispatch support
66   static int  _base_vtable_size;      // Java vtbl size of klass Object (in words)

67   // Initialization
68   static bool _bootstrapping;         // true during genesis
69   static bool _fully_initialized;     // true after universe_init and initialize_vtables called

70   // Historic gc information
71   static size_t _heap_capacity_at_last_gc;
72   static size_t _heap_used_at_last_gc;

73   // table of same
74   static oop _mirrors[T_VOID+1];
```

4.2 线程私有区域

除了像堆这样的共享空间以外，系统还为每个线程准备了独享空间：PC 寄存器和栈。这部分内存空间是为线程的函数调用栈服务的。在 JVM 运行期间，每个线程的 PC 和栈都只能由所属线程独自支配。栈反映了程序运行位置的变化，而 PC 寄存器反映的是所执行指令的变化情况。

4.2.1 PC

线程启动时，JVM 会为每个线程分配一个 PC 寄存器（Program Counter，即程序计数器）。

显然，为了模拟一个栈结构，虚拟机的设计者们必须提供一套能够保存指令的地址的机制。在真实机器中，往往提供一个 PC 寄存器专门用来保存程序运行的指令在内存中的地址。在 HotSpot 实现中，为每个线程分配一个字长的存储空间，以实现类似硬件级的 PC 寄存器，并沿用了硬件中的术语，也称为 PC 寄存器。

JVM 可以支持多条线程同时执行，每一个 JVM 线程都有自己的 PC 寄存器。在任意时刻，一个线程只能执行一个方法的代码，这个正在被线程执行的方法称为该线程的**当前方法**

（Current Method）。PC 寄存器的大小应能保存一个 returnAddress 类型的数据或者一个与平台相关的本地指针的值。如果当前执行方法不是**本地方法**（native method），那么 PC 寄存器就保存 JVM 正在执行的字节码指令的地址，如果当前方法是本地方法，那 PC 寄存器中的值是未定义的，这是因为本地方法的执行依赖硬件 PC 寄存器，其值是由操作系统来维护的，虚拟机实现的 PC 寄存器的对本地方法不会产生任何作用。

4.2.2 JVM 栈

每一个 Java 线程都有自己私有的 Java **虚拟机栈**（Java Virtual Machine Stack，或称 JVM 栈）。这个栈与线程同时创建，用于存储栈帧。Java 虚拟机栈的作用与传统语言（例如 C 语言）中的栈非常类似，用于存储方法执行中的局部变量、中间演算结果以及方法返回结果。当进入一个方法时，在栈顶分配一个数据区域；在退出时，撤销该数据区。由于栈的结构特点，对该区域的操作主要是出栈和入栈，并没有受到其他系统组件的影响，所以 JVM 规范允许栈帧在堆中分配，对栈内存空间的连续性也没有做具体的要求。

JVM 规范允许 Java 虚拟机栈被实现成固定大小的，或者是根据运行状况动态地扩展和收缩。如果采用固定大小的 Java 虚拟机栈，那每一条线程的栈容量在线程创建时就应明确。JVM 实现应当提供配置栈初始容量的方法。对于可以动态扩展和收缩 Java 虚拟机栈来说，还应当提供调节其最大、最小容量的手段。

Java 虚拟机栈可能发生以下两种异常情况：

- 如果线程请求分配的栈容量超过 Java 虚拟机栈允许的最大容量时，JVM 将会抛出一个 StackOverflowError 异常；
- 如果 JVM 栈可以动态扩展，在扩展后的栈空间中仍然无法满足内存分配请求，或者在建立新的线程时没有足够的内存去创建 JVM 栈，那么 JVM 将会抛出一个 OutOfMemoryError 异常。

本书将在第 6 章中对 HotSpot 栈展开详细的叙述。

4.3 方法区

方法区由虚拟机的所有线程共享。方法区类似于传统语言编译后的代码存储区域，或者 UNIX 进程的"正文段"。它存储每个类的结构信息，例如：

- 常量池；
- 域；
- 方法数据；
- 方法和构造函数的字节码；

- 类、实例、接口初始化时用到的特殊方法。

方法区在虚拟机启动时创建。虚拟机规范对方法区实现的位置并没有明确要求，在 HotSpot 虚拟机实现中，方法区仅是逻辑上的独立区域，在物理上并没有独立于堆而存在，而是位于永久代中。此外，虚拟机规范对这个区域是否实现垃圾回收，以及编译代码采用何种管理方式也没有特别规定，这些都可以由 JVM 自由实现。在 HotSpot 实现中，垃圾收集器会收集此区域，回收过程主要关注对常量池的收集以及对类的卸载。

Java 虚拟机规范允许方法区的容量是固定的或是动态扩展的，方法区在实际内存空间中是可以不连续的。但是要求 JVM 实现应当提供调节方法区初始容量的手段，对于可以动态扩展和收缩方法区来说，则应当提供调节其最大、最小容量的手段。

方法区可能发生如下异常情况：如果方法区的内存空间不能满足内存分配请求，那么 JVM 将抛出一个 OutOfMemoryError 异常。

4.3.1 纽带作用

通过前面的介绍，我们已经有了这样的印象：堆提供存储 Java 程序所创建对象的场所；栈提供执行线程在方法调用中使用到的方法参数、局部变量和中间结果等信息。那么，当我们用整体的眼光来审视 Java 程序的执行时，不可避免地会思考一个问题：以字节码格式描述的 Java 程序是如何在 JVM 中存储和定位的，JVM 执行引擎如何执行 Java 程序？

为回答上面的问题，首先需要解决的是如何在 JVM 中描述 Java 类型：JVM 不仅要以特定格式准确无误地描述一个类型，还要以某种合理的方式组织存储，以支持运行时的快速高效访问。HotSpot 在**永久代**内存空间中存储这些信息，这块职能区域也被称为**方法区**（method area）。如图 4-5 所示，方法区承载了 Java 类的字段和字节码，通过引用堆中对象以及围绕栈进行操作的 JVM 指令，将各个内存逻辑区域有机地联系起来，成为联系各区域进行协作的纽带。

对于给定的类型（类或接口），在方法区中需要存储的信息至少应包含两大类数据：类型基本描述信息和域（字段域和方法域）信息。

首先是类型描述，主要包括：

- 类型的全限定名；
- 类型的直接超类的全限定名。接口或 java.lang.Object 类除外，因为它们都没有超类；
- 是一个类类型还是接口类型；
- 类型修饰，如 public、abstract、final 等 Java 关键字；
- 一个已排序的接口列表。

其次，是类型的主体信息，主要包括：

- 常量池；

- 字段信息；
- 方法信息；
- 除常量外的所有 static 类型变量，又称为类变量；
- 指向该类的类加载器的引用；
- 指向该类的引用。

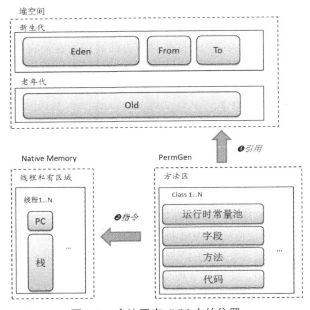

图 4-5　方法区在 JVM 中的位置

为了在方法区中更好地存储和管理 Java 类中的字段，就必须存储字段的如下信息：

- 字段名称；
- 字段类型；
- 字段描述，由 Java 关键字 public、private、protected、static、final、volatile、transient 等描述，如表 4-1 所示。

类似的，为了在方法区中更好地存储和管理 Java 类中的方法，就必须存储方法的如下信息：

- 方法名；
- 返回类型；
- 方法参数的个数和类型；
- 方法的描述，由 Java 关键字 public、private、protected、static、final、synchronized、native、abstract 等描述，如表 4-1 所示。

表 4-1　　　　　　　　　　　字段或方法修饰关键字

名　　称	字　段	方　法
public	✓	✓
private	✓	✓
protected	✓	✓
static	✓	✓
final	✓	✓
volatile	✓	—
transient	✓	—
synchronized	—	✓
native	—	✓
abstract	—	✓

除抽象或本地方法以外类型的方法，还应包含：

- 方法的字节码；
- 操作数栈的大小和本地变量；
- 异常表。

在清单 4-2 中，JVM 为 encodeBase64() 方法分配了 4 个对象，类型分别是 BASE64Util、BASE64Encoder、String 和 Logger。如图 4-6 所示，JVM 运行时按照 encodeBase64() 方法的指令在堆中分配这些对象空间。

清单 4-2
来源：com.hotspotinaction.demo.chap4.BASE64Util
描述：演示方法区、堆、栈之间的联系

```
1   import java.util.logging.Logger;
2   import sun.misc.BASE64Encoder;
3   public class BASE64Util {
4     private static Logger log = Logger.getLogger(BASE64Util.class.getName());
5     public String encodeBase64(String message) {
6       BASE64Encoder encoder = new BASE64Encoder();
7       String result = encoder.encodeBuffer(message.getBytes());
8       log.info(message);
9       log.info(result);
10      return result;
11    }
12  }
```

对于方法指令来说，它知道如何引用这些对象。在对象分配工作完成的同时，运行时将对象的引用按照指令的要求设置成线程栈帧中明确的位置。换句话说，栈帧按照方法的要求存放对象引用。栈帧是为方法服务的，方法在执行时需要使用哪个对象，就直接访问栈帧指定位置即可。

接下来，我们将揭示一个问题的奥秘：系统如何根据符号引用定位到实际存储对象的内存空间。在此之前,我们需要先解决符号引用的获取问题,而这得要从常量池开始说起。

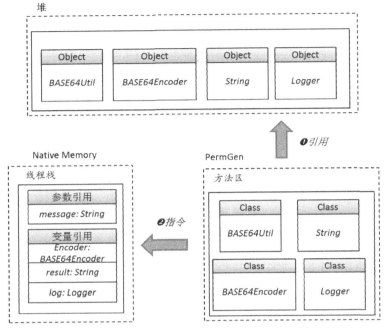

图 4-6 示例 BASE64Util

4.3.2 常量池

在清单 4-2 中第 7 行,当 Java 程序调用 BASE64Encoder 类的 encodeBuffer()方法时,实际上在字节码层只运用了 1 条指令:

```
invokevirtual #5
```

invokevirtual 是调用 Java 方法的指令,该指令后只跟了 1 个操作数#5。我们不禁要问,JVM 如何仅通过几个字节的指令就能够定位到目标方法 BASE64Encoder.encodeBuffer()呢?

事实上,在每个 Java 类文件中,都定义了一组数据结构用来表示类中出现的符号信息,这种数据结构就是**常量池**。常量池中每一项都能表示一个符号,每个符号都拥有一个在 Class 文件中唯一的索引号。字节码指令就是通过常量池索引来定位方法或字段的权限定名的。常量池项间允许相互引用。在示例程序中,Class 文件中定义的常量池,索引为#5 的项为:

```
#5 = Methodref          #2.#32
```

#5 是 MethodType 类型的常量池项,它表示一个 Java 方法,方法的全限定名由一个 Class 类型的常量池项#2 和一个表示 NameAndType 类型常量池项#32 联合表示的。

4.3 方法区

其中，#2 是由 Utf8 类型常量池项表示的字符串。

```
#2  = Class              #29
#29 = Utf8               sun/misc/BASE64Encoder
```

因此#2 实际表示的类就是 sun/misc/BASE64Encoder，而#32 是由#46 和#47 两个字符串联合描述的：

```
#32 = NameAndType        #46:#47
#46 = Utf8               encodeBuffer
#47 = Utf8               ([B)Ljava/lang/String;
```

因此，#32 实际表示的方法就是"encodeBuffer:([B)Ljava/lang/String;"，这样，#5 实际描述的是：

```
sun/misc/BASE64Encoder.encodeBuffer:([B)Ljava/lang/String;
```

那么，当 VM 执行这条指令时，就将 invokevirtual 指令看作是：

```
invokevirtual sun/misc/BASE64Encoder.encodeBuffer:([B)Ljava/lang/String;
```

JVM 规范规定，虚拟机在创建一个类或接口时，将按照类或接口在 Class 文件中的定义创建相应的常量池。在 Class 文件中定义 constant_pool 表，用作类的常量池。Class 文件中的 constant_pool 表是常量池的静态描述，虚拟机在对类进行解析和连接之后，将在内存中为该类生成一套运行时常量池。运行时常量池是类文件中 constant_pool 表的运行时动态描述。JVM 规范规定，常量池在运行期间在方法区中进行分配。

常量池的作用类似于 C 语言中的符号表，Java 利用常量池实现类加载和连接阶段对符号引用的定位。但与 C 中符号表不同的是，常量池并没有对程序员完全开放控制权。

我们可以使用 JDK 命令"javap –v"查看 Class 文件中的常量池。在 Java 7 中，常量池中的项目类型如表 4-2 所示。

表 4-2　　　　　　　　　　　常量池项目类型

名　称	值	VM 内部表示	描　述
Utf-8	1	JVM_CONSTANT_Utf8	UTF-8 编码字符串
Integer	3	JVM_CONSTANT_Integer	整形常量（4 字节）
Float	4	JVM_CONSTANT_Float	浮点常量（4 字节）
Long	5	JVM_CONSTANT_Long	长整形常量（8 字节）
Double	6	JVM_CONSTANT_Double	双精度浮点常量（8 字节）
Class	7	JVM_CONSTANT_Class	类常量
String	8	JVM_CONSTANT_String	字符串常量
Fieldref	9	JVM_CONSTANT_Fieldref	字段的符号引用
Methodref	10	JVM_CONSTANT_Methodref	类方法的符号引用
InterfaceMethodref	11	JVM_CONSTANT_InterfaceMethodref	接口方法的符号引用
NameAndType	12	JVM_CONSTANT_NameAndType	字段或方法的部分符号引用

续表

名称	值	VM 内部表示	描述
MethodHandle	15	JVM_CONSTANT_MethodHandle	Java 7 新引入，JSR292
MethodType	16	JVM_CONSTANT_MethodType	Java 7 新引入，JSR292
InvokeDynamic	18	JVM_CONSTANT_InvokeDynamic	Java 7 新引入，JSR292

常量池在 HotSpot 内部由 constantPoolOopDesc 类型来表示，其数据结构如图 4-7 所示。

图 4-7 常量池数据结构

可以通过 HSDB 查看运行时中的常量池，如图 4-8 所示，其包含的信息如下。

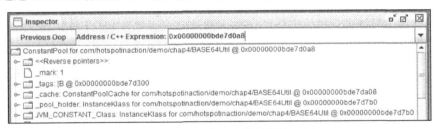

图 4-8 运行时常量池数据结构示例

- 常量池缓存：持有解释器运行时信息，如图 4-8 中所示的 _cache。稍后，我们将看到更多关于常量池缓存的内容。
- 所有者类：该常量池所在类，如图 4-8 中所示的 _pool_holder。
- 长度：常量池项的个数。
- 类型：描述所有常量池项类型的数组，类型描述如表 4-2 所示的 "VM 内部表示" 一列，如图 4-8 中所示的 _tags。
- 常量池项：是一个描述所有常量池项的数组，数组元素如图 4-8 中所示的 JVM_CONSTANT_Class。

常量池的出现，解决了 JVM 定位字段和方法的问题。它在不破坏指令集的简洁性的前提下，仅通过少量字节就能够定位到目标。但是，若每次字段或方法的访问都需要解析常量池项的话，将不可避免地会造成性能下降。

4.3.3 常量池缓存：ConstantPoolCache

为解决这一问题，在 HotSpot 虚拟机中引入了常量池缓存机制，简称常量池 Cache。常量池 Cache 为 Java 类和接口的字段与方法提供快速访问入口。

常量池缓存由一个数组组成，元素类型是常量池缓存项，每个缓存项表示类中引用的一个字段或方法。常量池缓存项有两种类型。

- 字段项：用来支持对类变量和对象的快速访问。
- 方法项：用来支持 invoke 系列的函数调用指令，为这些方法调用指令提供快速定位目标方法的能力。

实现常量池 Cache 项的数据结构为 ConstantPoolCacheEntry，它的内存布局如图 4-9 所示。

字段类型缓存项

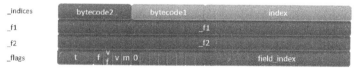

方法类型缓存项

图 4-9 常量池缓存项 ConstantPoolCacheEntry 的结构

在函数分发时，对于 invokespecial 和 invokestatic 指令，f2 字段表示目标函数的 methodOop。对于 invokevirtual 指令，若是 virtual final 函数，f2 字段也直接指向目标函数的 methodOop；当用到 vtable 时，例如，非 final 的其他 virtual 函数，f2 字段中则存放目标函数在 vtable 中的索引编号。在用到 itable 时，虚拟机结合 f1 字段和 f2 字段实现函数分发。对于 invokeinterface 指令，f1 字段指向相应的接口的 klassOop，而 f2 字段中存放的则是方法位于 itable 中的索引编号。

虚拟机在执行 invokeinterface 指令时，首先从 f1 字段中得到 klassOop，然后在 itable 的偏移表中，从类实现的接口列表中逐一匹配 klassOop，若匹配失败，说明该类并没有实现该接口，虚拟机将抛出 java.lang.IncompatibleClassChangeError 异常。若匹配成功，通过 f2 字段在 itable

的方法表中找到目标方法。更多关于函数分发机制的内容，可以参考 8.7 小节。

为了让 JVM 在判断方法或字段的类型时提高效率，ConstantPoolCacheEntry 中还设计了一些状态位字段。为节省空间，这些状态位被设计成共享一个字长的字段 flags 中。对于如何区分 ConstantPoolCacheEntry 的类型，便是依靠 flags 字段的一个标志位来确定的，即 h 位：0 表示缓存项类型为字段，1 则表示是缓存项类型为方法。如图 4-9 所示，在字段类型缓存项中，flags 的第 23 号比特位值为 0，而在方法类型缓存项中，该比特位值为 1。

flags 字段的第 28～31 号比特位表示的标识位称为 t 位，用作描述 TosState。TosState 是栈顶缓存优化技术中的一个术语，它的取值表示栈顶缓存元素的数据类型。关于 TosState 的作用，将在第 6 章中中继续探讨。TosState 的取值范围为 0～8，共计 9 种 TosState，故用 4 个比特位来表示。

第 27 号标志位称为 f 位，用来区分 final 类型成员。第 26 号标识位称为 vf 位，用于方法类型缓存项中。若 vf 位置位（置位的含义是指值为 1），表示该方法为 virtual+final 类型。第 25 号标志位称为 v 位，用于字段类型缓存项中，若 v 位置位，则表示该字段是 volatile。限于篇幅，对于其他字段含义，此处不再逐一展开，读者若想进一步了解各个字段含义，可以阅读 CpCacheOop 模块源码。

如图 4-10 所示，列举了 BASE64Util 类的部分常量池缓存项。如类变量 BASE64Util.log 和方法 Logger.getLogger()的引用，以及相关类的<init>方法的引用。

图 4-10　常量池高速缓存项：BASE64Util

4.3.4　方法的表示：methodOop

可以看到，在 HotSpot 虚拟机内部，Java 方法也是由一个内部对象表示的。对象的类型是

methodOop，它是 Java 方法在 JVM 内部的表示方式。为全面深入了解 Java 方法在系统中的运作机制，我们先回顾一下在 Class 文件中是如何定义一个 Java 方法的。

1. Class 文件的方法表

方法表 methods[]数组中的每个成员都必须是一个 method_info 结构的数据项，用于表示当前类或接口中某个方法的完整描述。如果某个 method_info 结构的 access_flags 项既没有设置 ACC_NATIVE 标志也没有设置 ACC_ABSTRACT 标志，那么它所对应的方法体就可以被 JVM 直接从当前类加载，而不需要引用其他类。method_info 结构可以表示类和接口中定义的所有方法，包括实例方法、类方法、实例初始化方法、类或接口初始化方法等。methods[]数组只描述当前类或接口中声明的方法，并不包括从父类或父接口继承的方法。

此外，methods_count 方法计数器的值表示当前 Class 文件中 methods[]数组的成员个数。methods[]数组中每一项都是一个 method_info 结构的数据项。

method_info 结构包含以下几项信息。

- access_flags：2 字节，用于表示方法的访问权限和基本属性的掩码标志。
- name_index：2 字节，用于表示初始化方法名（<init>或<clinit>，注意到这种方法命名并非合法的 Java 命名形式，它是由编译器自动生成和命名的，具有特殊用途。程序员不能通过硬编码方式实现或调用上述方法，详见 JVM 规范），或表示一个方法的非全限定名，其值是常量池索引。
- descriptor_index：2 字节，用于表示方法描述符，其值是常量池索引。
- attributes_count：2 字节，附加属性的数量。
- attributes[]：附加属性，大小由 attributes_count 表示。attributes 表的每一个成员的值必须是 attribute 结构，一个方法可以有任意个与之相关的属性。本规范所定义的 method_info 结构中，属性表可出现的成员有 Code、Exceptions 等，其他详见 JVM 规范。

Class 文件利用 Code 属性存储方法字节码。以 BASE64Util 类的<init>方法为例，其 Class 文件中的 Code 属性为如图 4-11 所示。

```
000002b0h: 00 0F 00 10 00 00 00 04 00 01 00 11 00 12 00 01 ;
000002c0h: 00 13 00 00 00 1D 00 01 00 01 00 00 00 05 2A B7 ;
000002d0h: 00 01 B1 00 00 00 01 00 14 00 00 00 06 00 01 00 ;
000002e0h: 00 00 07 00 01 00 15 00 16 00 01 00 13 00 00 00 ;
```

图 4-11 methodOopDesc 类

图 4-12 中描述的是<init>方法的字节码。

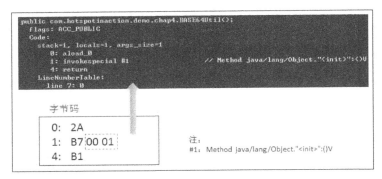

图 4-12　编译器为 BASE64Util 类插入<init>方法

2．methodOop

回过头来，我们开始深入 JVM 内部，了解 JVM 内部是如何通过 methodOop 描述一个方法的。在 OOP-Klass 模型中，methodOop 是 methodOopDesc 类型指针的别名。

图 4-13 给出了 methodOop（即 methodOopDesc）数据结构的定义。

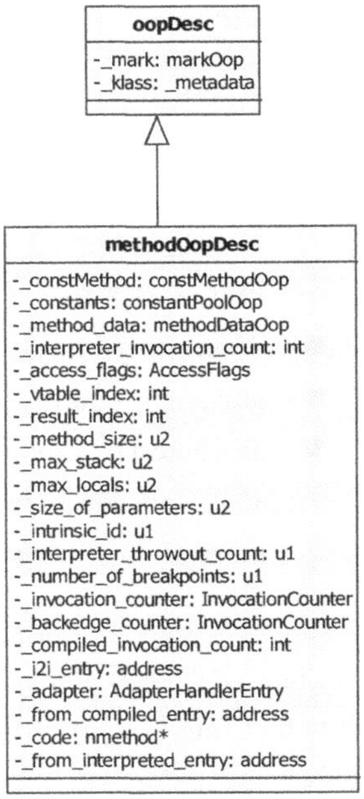

- _constMethod：方法只读数据。
- _constants：常量池。
- _interpreter_invocation_count：解释器调用次数。
- _access_flags：访问标识。
- _vtable_index：表示该 methodOop 在 vtable 表中的索引位置。vtable 表是函数分发机制中的术语，在 8.7 节中对 vtable 表有更详细的讲解。
- _method_size：占用大小。
- _max_stack：操作数栈最大元素个数。
- _max_locals：局部变量最大元素个数。
- _size_of_parameters：参数块大小。
- _interpreter_throwout_count：解释运行时以异常方式退出方法的次数。
- _invocation_counter 和 _backedge_counter：计数器：统计方法或循环体的被调用次数，用做基于触发频率的优化。
- _compiled_invocation_count：方法被调用的次数。
- _i2i_entry：解释器调用入口地址。

图 4-13　methodOopDesc 类

- _from_compiled_entry：编译代码入口。
- _code：指向本地代码。

如图 4-14 所示，是运行时 BASE64Util 的<init>方法的部分 methodOop 字段信息。由该图可见，<init>方法从 Class 文件中复制了一些信息，如下所示：

```
_max_stack = stack = 1
_max_locals = locals = 1
_size_of_parameters = args_size = 1
_access_flags = flags = ACC_PUBLIC = 1
```

其中，_max_stack、_max_locals、_size_of_parameters 和 _access_flags 是 methodOop 类型的成员变量名称，分别表示操作栈深、局部变量数、参数个数和访问属性。stack、locals、args_size 和 flags 也表示了相同的含义，但它们是来自于 Class 文件中的信息。

如图 4-14 所示，methodOop 中的 _constant 成员指向所在类的运行时常量池，其 _constant 成员指向地址为 0x00000000bde7d0a8，即指向 BASE64Util 类的 ContantPool（如图 4-8 所示）。

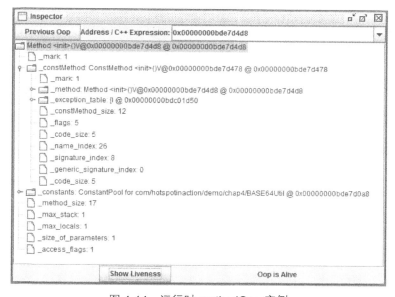

图 4-14　运行时 methodOop 实例

3. instanceKlass 中的方法表

通过上一章的学习，我们知道类在加载阶段从 Class 文件中根据 Java 方法的原始定义解析并创建了 methodOop 对象，用来在虚拟机内部定义这个 Java 方法。类在经过加载和连接过程后，将在 instanceKlass 实例中建立运行时方法表，如图 4-15 所示，在 _methods 成员中，容纳了由 methodOop 数组表示的该类的方法表，虚拟机通过方法表可以访问查找类方法并完成调用。

图 4-15 运行时 methodOop 实例

4.3.5 方法的解析：将符号引用转换成直接引用

现在回过头来，考虑之前提到的那个问题：系统如何根据符号引用定位到实际存储对象的内存空间。

1. 何时触发解析

JVM 规范规定，指令 anewarray、checkcast、getfield、getstatic、instanceof、invokedynamic、invokeinterface、invokespecial、invokestatic、invokevirtual、ldc、ldc_w、multianewarray multianewarray、new、putfield 和 putstatic 将符号引用指向运行时常量池。当执行到上述指令时，需要对它的符号引用进行解析。

当碰到已经因某个 invokedynamic 指令而解析过的符号引用时，并不意味着对于其他 invokedynamic 指令，相同的符号引用也被解析过。但是对于上述的其他指令，当碰到某个因被其他指令引用而解析的符号引用时，就表示对于其他所有非 invokedynamic 的指令来说，相同的符号引用已经被解析过了。换句话说，对于特定的某条 invokedynamic 指令，它的解析过程会返回一个特定的值，这个值是一个与此 invokedynamic 指令相关联的调用点对象。虚拟机在解析过程中也可以尝试去重新解析之前已经成功解析过的符号引用。如果有这样的尝试动作，那么它总是会像之前一样解析成功，且总是返回此与引用初次解析时的结果相同的实体。

如果在某个符号引用解析过程中有错误发生，那么就应该在使用这个符号引用（直接或间接）的代码处抛出 IncompatibleClassChangeError 或它的子类异常。如果在虚拟机解析符号用时，因为 LinkageError 或它的子类实例而导致失败，那么随后的每次试图对此引用的解析也总会抛出与第一次解析时相同的错误。

通过 invokedynamic 指令指定的调用点限定符的符号引用，在这条 invokedynamic 指令被实际执行之前不能被提早解析。如果解析某个 invokedynamic 指令的时候出错，引导方法在随后的尝试解析时就不会再被重新执行。

上述的某些指令在解析符号引用时，需要有额外的链接检查。例如，getfield 指令为了成功解析所指向的字段符号引用，不仅得完成字段解析步骤，还得检查这个字符是不是 static 的。如果这个字段是 static 的，就必须抛出链接时异常。为了让 invokedynamic 指令成功解析一个指向调用点限定符的符号引用，指定的引导方法就必须正常执行完成并返回一个合适的调用点对象。如果引导方法执行被中断或返回一个不合法的调用点对象，那也必须抛出链接时异常。

链接时异常的产生是由于 JVM 指令被检查出未按照指令定义中所描述的语义来执行，或没有通过指令的解析过程。对于这些异常，尽管有可能是因为 JVM 指令执行的问题而导致的，但这类问题依然会被当作是解析失败的问题。

2．解析类方法

在虚拟机中，通过**链接解析器**（LinkResolver）对方法进行解析和查找，链接解析器能够对不同类型的方法执行解析任务，如图 4-16 所示。

接下来，我们通过实现了方法解析算法的 resolve_method() 函数，来了解具体的方法解析过程。在讲述该过程之前，有必要对方法解析时传入的主要参数做一个说明。

LinkResolver
-lookup_method_in_klasses()
-lookup_instance_method_in_klasses()
-lookup_method_in_interfaces()
-lookup_implicit_method()
-resolve_klass()
-resolve_klass_no_update()
-resolve_pool()
-resolve_interface_method()
-resolve_method()

图 4-16　链接解析器提供的类型、方法解析功能

- resolved_method：待解析的方法，是一个 methodHandle 类型引用。若解析成功，则赋予正确的方法句柄。
- resolved_klass：待解析方法所在类，是一个 KlassHandle 类型句柄。
- method_name：方法名，是一个 Symbol 类型指针。
- method_signature：方法签名，是一个 Symbol 类型指针。
- current_klass：当前类，是一个 KlassHandle 类型句柄。
- check_access：是否执行访问属性检查的开关，是一个 bool 型变量。

在执行方法解析的时候，所在类应当是已解析的，故称为 resolved_klass。现在，我们来看一看方法解析的具体过程。

（1）首先检查 resolved_klass 类型是否正确，排除接口类型。如果 resolved_klass 是接口类型，则抛出异常 java.lang.IncompatibleClassChangeError。

（2）在已解析类 resolved_klass 以及它的超类中查找方法；若未找到，则转向步骤（3）。

类 instanceKlass 中封装了这个查找算法。我们知道，instanceKlass 中拥有一个成员 _methods 表示的方法表，HotSpot 设计了一个已排序的方法表，这样在做方法查找时，就可以应用高效的二分查找算法。找到目标方法后转换成 methodHandle 类型句柄返回：

```
result = methodHandle(THREAD, result_oop);
```

（3）在 resolved_klass 实现的所有接口中查找，若已找到，则进入步骤（5）进行一些必要的检查。如果仍然没有找到，则进入步骤（4）。

（4）抛出 java.lang.NoSuchMethodError 异常。

（5）检查方法是否是具体的，若该方法所在类是非抽象的但该方法是抽象的，则抛 java.lang.AbstractMethodError 异常。

（6）接下来是访问权限检查，包括检查调用类是否具有对该方法的访问权限，以及通过调用 SystemDictionary::check_signature_loaders，检查当前类和已解析类的加载器以及该方法的签名等信息，以检验是否违反类加载器约束，若违反约束，则抛出 java.lang.LinkageError 异常。

> **练习 1**
> 可以想象，在实际应用程序中，定位类中方法该是多么频繁的行为，一个高效的查找算法是十分必要的，那么请思考一下，在 HotSpot 虚拟机中 instanceKlass 实现了何种算法来查找方法？试着独立寻找、阅读甚至调试这部分代码，体会 instanceKlass 数据结构（见图 3-8）的设计思想。

4. 解析接口方法

LinkResolver 为 JVM 提供 resolve_interface_method() 函数，用来解析接口方法。

首先判断该方法是否是接口方法，若不是，则抛出 java.lang.IncompatibleClassChangeError 异常。接下来，通过 lookup_instance_method_in_klasse() 函数在方法表中查找实例方法。若没找到，则通过 lookup_method_in_interfaces 在所有超类接口中查找，若仍然没有找到，则抛出 java.lang.NoSuchMethodError 异常。

同解析类方法的算法一样，类 instanceKlass 同样封装了一个在自身查找接口方法的算法实现 lookup_method_in_all_interfaces() 函数。函数 lookup_method_in_all_interfaces() 首先在接口表 _transitive_interfaces 中找到所有父类接口，然后将每个父类接口转化成 instanceKlass 调用 lookup_method() 函数寻找，若找到则返回方法句柄，若没找到则返回 NULL。

与解析类方法类似，接下来是访问权限检查，包括检查调用类是否具有对该方法的访问权限，以及通过调用 SystemDictionary::check_signature_loaders，检查当前类和已解析类的加载器以及该方法的签名等信息，以检验是否违反类加载器约束。若违反约束，则抛出 java.lang.LinkageError 异常。异常信息可能是下面这样的（注意，因排版需要，格式经过简单处理），如清单 4-3 所示。

清单 4-3
```
 1  Servlet.service() for servlet jsp threw exception
 2  java.lang.LinkageError: loader constraint violation: when resolving interface method
 3   "javax.servlet.jsp.JspApplicationContext.getExpressionFactory()Ljavax/el/ Expression
Factory;" the class loader (instance of org/apache/jasper/servlet/JasperLoader) of the current
class, org/apache/jsp/index_jsp, and the class loader (instance of org/apache/ catalina/
loader/StandardClassLoader)
 4   for resolved class, javax/servlet/jsp/JspApplicationContext, have different Class
objects for the type javax/el/ExpressionFactory used in the signature
 5  at org.apache.jsp.index_jsp._jspInit(index_jsp.java:24)
 6  at org.apache.jasper.runtime.HttpJspBase.init(HttpJspBase.java:52)
 7  at org.apache.jasper.servlet.JspServletWrapper.getServlet(JspServletWrapper.java:
164)
 8  at org.apache.jasper.servlet.JspServletWrapper.service(JspServletWrapper.java:338)
 9  at org.apache.jasper.servlet.JspServlet.serviceJspFile(JspServlet.java:313)
10  at org.apache.jasper.servlet.JspServlet.service(JspServlet.java:260)
11  at javax.servlet.http.HttpServlet.service(HttpServlet.java:717)
12  ……
```

在第 2 行中可以看到，与解析类方法抛出的 java.lang.LinkageError 异常略微不同的地方在于错误信息的微妙差别："when resolving method" 变成了 "when resolving interface method"。

> **练习 2**
> 想一想，instanceKlass 数据结构（见图 3-8）设计了哪些成员，以支持接口方法的定位。

> **练习 3**
> 读者对清单 4-3 中描述的异常信息可能并不陌生。在检查是否违反类加载器约束时，我们又一次看到了 SystemDictionary 的身影。试着独立分析本小节描述的 java.lang.LinkageError 异常产生的条件，编写符合条件的程序，让它产生类似异常，并思考如何解决。

4.3.6　代码放在哪里：ConstMethodOop

细心的读者可能留意到，在 methodOop 中还有一个成员 _constMethod，实际上它的类型为 constMethodOop，是 methodOop 的重要成员之一，用来存放或定位方法中的只读数据，如字节码、方法引用、方法名、方法签名和异常表等。

清单 4-4 是从 constMethodOop 的数据结构定义中抽取的主要成员：

清单 4-4
来源：hotspot/src/share/vm/oops/constMethodOop.hpp
描述：constMethodOop
```
1    private:
2     methodOop        _method;
3     typeArrayOop     _stackmap_data;
//    注：异常表。4 元组：[start_pc, end_pc, handler_pc, catch_type index]
```

```
           //  若无异常表，该项指向 Universe::the_empty_int_array
4    typeArrayOop  _exception_table;
5    int           _constMethod_size;
6    jbyte         _interpreter_kind;
7    jbyte         _flags;
8    u2            _code_size;              // 代码长度
9    u2            _name_index;             // 方法名（常量池索引）
10   u2            _signature_index;        // 表示的方法签名（常量池索引）
11   u2            _method_idnum;           // class 内方法的唯一 ID
```

在内存布局中，紧跟着 constMethodOop 对象的就是字节码，因此还需要字段 _code_size 表示字节码长度。

利用 HSDB 可以直接查看 constMethodOop（地址为 0x00000000bde7d478）持有的<init>方法字节码，如图 4-17 所示。

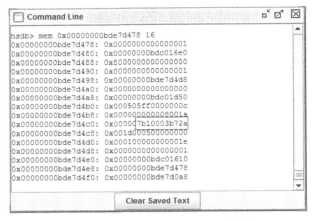

图 4-17 运行时 methodOop 实例

字节码为 2A B7 00 03 B1。这与图 4-11 和 4-12 描述的 Class 文件中字节码在格式上是一致的，但是在字节码取值上有些微妙的差异。细心的读者，可以仔细比较，看一看图 4-17 中的字节码序列与图 4-11、4-12 究竟有什么区别。

这里必须说明两点：首先，由于运行示例程序的 x86 架构是小端法，所以我们看到的字节序与实际字节码顺序刚好是相反的；其次，在运行时 methodOop 中找到的字节码中，invokespecial 指令的指向的常量池索引操作数（这里是 00 03）并不总是与 Class 文件中的字节码一致。这是因为在类解析阶段，重写字节码会将 Class 文件中定义的常量池索引重写为运行时常量池 Cache 索引。在我们的示例中，常量池索引为#1，即 00 01，可是经过重写字节码，这个值会变为 00 03。读者可自行尝试，以加深对常量池 Cache 的理解。

4.3.7 实战：探测运行时常量池

在本次实战任务中，我们将探测程序实际运行时的常量池信息。首先，设置一个简单的探

4.3 方法区

测目标,源文件如清单 4-5 所示。

清单 4-5
来源:com.hotspotinaction.demo.chap4.ConstantPoolTestCase
描述:探测运行时常量池

```
1   package com.hotspotinaction.demo.chap4;
2   public class ConstantPoolTestCase {
3     static final int a1a1a1 = 2;
4     static final boolean b2b1b1 = true;
5     static final String c1c1c1 = "This is a ConstantPool Test Case.";
6     public static void main(String[] args) {
7       ConstantPoolTestCase cptc = new ConstantPoolTestCase();
8       System.out.println(cptc.a1a1a1);
10      System.out.println(cptc.b2b1b1);
11      System.out.println(cptc.c1c1c1);
12    }
13  }
```

在命令行中输入:

```
javap -v ConstantPoolTestCase
```

得到 Class 文件定义的常量池,如清单 4-6 所示。

清单 4-6

```
Constant pool:
  #1  = Class              #2    // com/hotspotinaction/oop/ConstantPoolTestCase
  #2  = Utf8               com/hotspotinaction/oop/ConstantPoolTestCase
  #3  = Class              #4    // java/lang/Object
  #4  = Utf8               java/lang/Object
  #5  = Utf8               a1a1a1
  #6  = Utf8               I
  #7  = Utf8               ConstantValue
  #8  = Integer            2
  #9  = Utf8               b2b1b1
  #10 = Utf8               Z
  #11 = Integer            1
  #12 = Utf8               c1c1c1
  #13 = Utf8               Ljava/lang/String;
  #14 = String             #15   // This is a ConstantPool Test Case.
  #15 = Utf8               This is a ConstantPool Test Case.
  #16 = Utf8               <init>
  #17 = Utf8               ()V
  #18 = Utf8               Code
  #19 = Methodref          #3.#20 // java/lang/Object."<init>":()V
  #20 = NameAndType        #16:#17 // "<init>":()V
  #21 = Utf8               LineNumberTable
  #22 = Utf8               LocalVariableTable
  #23 = Utf8               this
  #24 = Utf8               Lcom/hotspotinaction/oop/ConstantPoolTestCase;
  #25 = Utf8               main
  #26 = Utf8               ([Ljava/lang/String;]V
  #27 = Methodref   #1.#20     // com/hotspotinaction/oop/ConstantPoolTestCase."<init>":()V
  #28 = Fieldref           #29.#31 // java/lang/System.out:Ljava/io/PrintStream;
  #29 = Class              #30    // java/lang/System
  #30 = Utf8               java/lang/System
  #31 = NameAndType        #32:#33 // out:Ljava/io/PrintStream;
```

```
#32 = Utf8                out
#33 = Utf8                Ljava/io/PrintStream;
#34 = Methodref           #35.#37        // java/io/PrintStream.println:(I)V
#35 = Class               #36            // java/io/PrintStream
#36 = Utf8                java/io/PrintStream
#37 = NameAndType         #38:#39        // println:(I)V
#38 = Utf8                println
#39 = Utf8                (I)V
#40 = Methodref           #35.#41        // java/io/PrintStream.println:(Z)V
#41 = NameAndType         #38:#42        // println:(Z)V
#42 = Utf8                (Z)V
#43 = Methodref           #35.#44        // java/io/PrintStream.println:(Ljava/lang/
String;)V
#44 = NameAndType         #38:#45        // println:(Ljava/lang/String;)V
#45 = Utf8                (Ljava/lang/String;)V
#46 = Utf8                args
#47 = Utf8                [Ljava/lang/String;
#48 = Utf8                cptc
#49 = Utf8                SourceFile
#50 = Utf8                ConstantPoolTestCase.java
```

在程序的字节码中，有对上述常量符号的引用，如清单 4-7 所示。

清单 4-7

```
{
  ……
  static final java.lang.String c1c1c1;
    flags: ACC_STATIC, ACC_FINAL
    ConstantValue: String This is a ConstantPool Test Case.

  public static void main(java.lang.String[]);
    flags: ACC_PUBLIC, ACC_STATIC
    Code:
      stack=2, locals=2, args_size=1
         0: new           #1  // class com/hotspotinaction/oop/ConstantPoolTestCase
         3: dup
         4: invokespecial #27 // Method "<init>":()V
         7: astore_1
         8: getstatic     #28 // Field java/lang/System.out:Ljava/io/PrintStream;
        11: iconst_2
        12: invokevirtual #34 // Method java/io/PrintStream.println:(I)V
        15: getstatic     #28 // Field java/lang/System.out:Ljava/io/PrintStream;
        18: iconst_1
        19: invokevirtual #40 // Method java/io/PrintStream.println:(Z)V
        22: getstatic     #28 // Field java/lang/System.out:Ljava/io/PrintStream;
        25: ldc           #14 // String This is a ConstantPool Test Case.
        27: invokevirtual #43 // Method java/io/PrintStream.println:(Ljava/lang/String;)V
        30: return
      LineNumberTable:
        line 13: 0
        line 14: 8
        line 15: 15
        line 16: 22
        line 17: 30
      LocalVariableTable:
        Start  Length  Slot  Name  Signature
            0      31     0  args  [Ljava/lang/String;
            8      23     1  cptc  Lcom/hotspotinaction/oop/ConstantPoolTestCase;
}
```

4.3 方法区

接下来，我们利用 SA 编写探测程序。首先，编写一个继承自 DefaultHeapVisitor 的访问者（visitor），命名为 HeapConstantPoolVisitor，探测程序的主体是实现一个 doObj 方法，限于篇幅，这里省略了大部分 switch-case 程序块内大部分的处理代码，如清单 4-8 所示。

清单 4-8
来源：com.hotspotinaction.demo.chap4.HeapConstantPoolVisitor
描述：利用 SA 探测运行时常量池

```
 1    public boolean doObj(Oop oop) {
 2      try {
 3        if (oop instanceof ConstantPool) {
 4          ConstantPool constantPool = (ConstantPool) oop;
 5          constantPool.printValueOn(tty);
 6          tty.println();
 7          tty.println();
 8          Map utf8ToIndex = new HashMap();
 9          TypeArray tags = constantPool.getTags();
10          int len = (int) constantPool.getLength();
11          int ci = 0; // constant pool index
12          // collect all modified UTF-8 Strings from Constant Pool
13          for (ci = 1; ci < len; ci++) {
14            byte cpConstType = tags.getByteAt(ci);
15            if (cpConstType == ConstantPool.JVM_CONSTANT_Utf8) {
16              Symbol sym = constantPool.getSymbolAt(ci);
17              utf8ToIndex.put(sym.asString(), new Short((short) ci));
18            } else if (cpConstType == ConstantPool.JVM_CONSTANT_Long
19                || cpConstType == ConstantPool.JVM_CONSTANT_Double) {
20              ci++;
21            }
22          }

23          for (ci = 1; ci < len; ci++) {
24            int cpConstType = (int) tags.getByteAt(ci);
             // write cp_info
             // write constant type
25            switch (cpConstType) {
26              case ConstantPool.JVM_CONSTANT_Utf8: {
27                tty.print("类型: " + cpConstType);
28                Symbol sym = constantPool.getSymbolAt(ci);
29                tty.print(" ;长度: " + (short) sym.getLength());
30                // tty.println(new String(sym.asByteArray()));
31                tty.println(" ;CP[" + ci + "] = modified UTF-8 "+ sym.asString());
32                break;
33              }
34              ……
35              default:
36              // TODO
37            } // switch
38          }

39      } catch (Exception exp) {
40        throw new RuntimeException(exp);
41      }
42      return false;
43    }
```

最后，编写 main 程序，如清单 4-9 所示。

清单 4-9
来源：com.hotspotinaction.demo.chap4.MyWatchConstantPool
描述：利用 SA 探测运行时常量池

```
1   package com.hotspotinaction.oop;
2   import java.io.FileNotFoundException;
3   import java.io.IOException;
4   import sun.jvm.hotspot.oops.ObjectHeap;
5   import sun.jvm.hotspot.runtime.VM;
6   import sun.jvm.hotspot.tools.Tool;

7   public class MyWatchConstantPool extends Tool {
8     public static void main(String[] args) throws FileNotFoundException {
9         args = new String[] { "34052" }; // 34052 - pid
10        MyWatchConstantPool test = new MyWatchConstantPool();
11        test.start(args);
12        test.stop();
13    }

14    public void run() {
15        try {
16            watchConstantPool();
17        } catch (IOException e) {
18            e.printStackTrace();
19        }
20    }

21    public void watchConstantPool() throws IOException {
22        ObjectHeap heap = VM.getVM().getObjectHeap();
23        try {
24            heap.iterate(new HeapConstantPoolVisitor());
25        } catch (RuntimeException re) {
26            System.out.println(re);
27        }
28    }
29  }
```

将 pid 换成测试机器上运行的目标 Java 进程 ID，运行程序得到日志，我们截取 ConstantPoolTestCase 相关记录，如清单 4-10 所示。

清单 4-10

```
ConstantPool for com/hotspotinaction/oop/ConstantPoolTestCase

类型: 7, 2, CP[1] = class 2
类型: 1 ;长度: 44 ;CP[2] = modified UTF-8 com/hotspotinaction/oop/ConstantPoolTestCase
类型: 7, 4, CP[3] = class 4
类型: 1 ;长度: 16 ;CP[4] = modified UTF-8 java/lang/Object
类型: 1 ;长度: 6 ;CP[5] = modified UTF-8 a1a1a1
类型: 1 ;长度: 1 ;CP[6] = modified UTF-8 I
类型: 1 ;长度: 13 ;CP[7] = modified UTF-8 ConstantValue
类型: 3 ;CP[8] = int 2
类型: 1 ;长度: 6 ;CP[9] = modified UTF-8 b2b1b1
……
```

读者可以对比 Class 文件中的 ConstantPool 数据，能够发现二者是一致的，这也验证了我们得到的运行时常量池数据的正确性。

4.4 性能监控数据区：Perf Data

为支持虚拟机性能监控，在虚拟机中开辟了一块共享内存，专门存放一些关于性能统计的计数器，称为 Perf Data 计数器。Perf Data 指的就是有关 JVM 性能的统计数据。有些 Perf Data 是一成不变的，而有些 Perf Data 的值则随系统运行不断变化着。虚拟机使用共享内存方式向外部进程提供了一种通信手段，允许外部监控进程 attach 至虚拟机进程，并从共享内存中读取这些 Perf Data。

4.4.1 描述这段空间：PerfMemory

JVM 由 PerfMemory 模块管理 Perf Data 区的创建、销毁和分配。在第 9 章中将要介绍的 jsnap 工具就是通过 PerfMemory 读取相关数据的。PerfMemory 是运行时记录 JVM 信息的载体，其成员定义如清单 4-11 所示（此处省略了一些非数据成员）。

清单 4-11
来源：hotspot/src/share/vm/runtime/perfMemory.hpp
描述：PerfMemory

```
1   class PerfMemory : AllStatic {
2       friend class VMStructs;
3     private:
4     static char* _start;
5     static char* _end;
6     static char* _top;
7     static size_t _capacity;
8     static PerfDataPrologue* _prologue;
9     static jint _initialized;
10  }
```

在虚拟机初始化时，会调用 perfMemory_init() 函数初始化 PerfMemory 模块。perfMemory_init() 函数实际调用 PerfMemory::initialize() 函数对该内存区域初始化，如清单 4-12 所示。

清单 4-12
来源：hotspot/src/share/vm/runtime/perfMemory.hpp
描述：PerfMemory 初始化

```
1   void PerfMemory::initialize() {
2     size_t capacity = align_size_up(PerfDataMemorySize,
                                      os::vm_allocation_granularity());
3     if (PerfTraceMemOps) {
4       tty->print("PerfDataMemorySize = " SIZE_FORMAT ","
           " os::vm_allocation_granularity = " SIZE_FORMAT ","
           " adjusted size = " SIZE_FORMAT "\n",
           PerfDataMemorySize,
           os::vm_allocation_granularity(),
           capacity);
5     }

6     // 分配 PerfData 内存区，这块内存用来存放 VM 性能数据
```

```
7       // 这块内存在不同 os 下允许通过不同的方式实现分配，
8       // 一般情况下，在 linux 和 windows 下是通过共享内存方式实现的
9       create_memory_region(capacity);

10      if (_start == NULL) {
11        // PerfMemory 按期望方式(共享内存)分配可能失败，则转向使用 C 堆 malloc 分配方式。
12        // 运行在此模式下，外部的监控客户端工具则不能 attach 到 JVM
13        //debug 模式下 warning 信息
14        if (PrintMiscellaneous && Verbose) {
15          warning("Could not create PerfData Memory region, reverting to malloc");
16        }
17        prologue = NEW_C_HEAP_OBJ(PerfDataPrologue);
18      }
19      else {
20        // PerfMemory 已按期望方式创建
21        if (PerfTraceMemOps) {
22          tty->print("PerfMemory created: address = " INTPTR_FORMAT ","
                  " size = " SIZE_FORMAT "\n",
                  (void*)_start,
                  _capacity);
23        }

24        _prologue = (PerfDataPrologue *)_start; // _prologue 是类 PerfMemory 的静态成员
25        _end = _start + _capacity;
26        _top = _start + sizeof(PerfDataPrologue);
27      }

28      OrderAccess::release_store(&_initialized, 1);
29    }
```

4.4.2 查看

通过 jstat 命令可以得到 Perf Data 信息，如清单 4-13 所示。

清单 4-13
```
        java.ci.totalTime=4515671
        java.cls.loadedClasses=9279
        java.cls.sharedLoadedClasses=0
        java.cls.sharedUnloadedClasses=0
        java.cls.unloadedClasses=4
        java.property.java.class.path="D:\develop\jdk\jdk1.6.0_25/jre/lib/rt.jar;D:\develop\jd
k\jdk1.6.0_25/lib/tools.jar;D:\develop\resin\resin-pro-3.1.9/lib/resinboot.jar;D:\develop\
resin\resin-pro-3.1.9/lib/resin.jar;D:\develop\resin\resin-pro-3.1.9/lib/resin-jdk15.jar;D
:\develop\resin\resin-pro-3.1.9/lib/activation.jar;D:\develop\resin\resin-pro-3.1.9/lib/ao
palliance.jar;D:\develop\resin\resin-pro-3.1.9/lib/ejb-20.jar;D:\develop\resin\resin-pro-3
.1.9/lib/ejb-30.jar;D:\develop\resin\resin-pro-3.1.9/lib/j2eedeploy.jar;D:\develop\resin\r
esin-pro-3.1.9/lib/j2eedeploy-10.jar;D:\develop\resin\resin-pro-3.1.9/lib/javamail.jar;D:\
develop\resin\resin-pro-3.1.9/lib/jaxrpc.jar;D:\develop\resin\resin-pro-3.1.9/lib/jca-15.j
ar;D:\develop\resin\resin-pro-3.1.9/lib/jms-11.jar;D:\develop\resin\resin-pro-3.1.9/lib/jm
x-12.jar;D:\develop\resin\resin-pro-3.1.9/lib/jsdk-24.jar;D:\develop\resin\resin-pro-3.1.9
/lib/jstl-11.jar;D:\develop\resin\resin-pro-3.1.9/lib/jta-101.jar;D:\develop\resin\resin-p
ro-3.1.9/lib/portlet-10.jar;D:\develop\resin\resin-pro-3.1.9/lib/quer"
        java.property.java.endorsed.dirs="D:\develop\jdk\jdk1.6.0_25\jre\lib\endorsed"
        java.property.java.ext.dirs="D:\develop\jdk\jdk1.6.0_25\jre\lib\ext;C:\Windows\Sun\Jav
a\lib\ext"
        java.property.java.home="D:\develop\jdk\jdk1.6.0_25\jre"
        java.property.java.library.path="D:\develop\jdk\jdk1.6.0_25\bin;D:\develop\resin\resin
-pro-3.1.9\bin"
```

4.4 性能监控数据区：Perf Data

```
java.property.java.version="1.6.0_25"
java.property.java.vm.info="mixed mode"
java.property.java.vm.name="Java HotSpot(TM) Client VM"
java.property.java.vm.specification.name="Java Virtual Machine Specification"
java.property.java.vm.specification.vendor="Sun Microsystems Inc."
java.property.java.vm.specification.version="1.0"
java.property.java.vm.vendor="Sun Microsystems Inc."
java.property.java.vm.version="20.0-b11"
java.rt.vmArgs="-agentlib:jdwp=transport=dt_socket,suspend=y,address=localhost:1574 
-Dresin.home=D:\develop\resin\resin-pro-3.1.9 
-Djava.library.path=D:\develop\jdk\jdk1.6.0_25\bin;D:\develop\resin\resin-pro-3.1.9\bin 
-Djava.util.logging.manager=com.caucho.log.LogManagerImpl -Xms128M -Xmx512M"
java.rt.vmFlags=""
java.threads.daemon=44
java.threads.live=46
java.threads.livePeak=46
java.threads.started=48
```

通过隐藏选项，我们可以得到额外信息。例如，在运行期的任意时刻，输入下列命令就可以获得类加载信息：

```
jstat -J-Djstat.showUnsupported=true -snap <pid> | grep cls
```

输出日志如图 4-18 所示：

图 4-18　jstat 输出类加载的 PerfData

其实，除了 cls 信息，jstat 能为我们提供的信息还远不止这些，我们不妨尝试输出完整的 PerfData 信息，所得结果在数量上还是足够丰富的，感兴趣的读者自行尝试下面的命令：

```
jstat -J-Djstat.showUnsupported=true -snap <pid>
```

4.4.3 生产

计数器的命名是有一定规则的，HotSpot 对计数器的命名空间定义如清单 4-14 所示。

清单 4-14
来源： hotspot/src/share/vm/runtime/perfData.cpp & perfData.hpp
描述： Perf Data 命名空间定义

```cpp
 1   const char* PerfDataManager::_name_spaces[] = {
 2   // top level name spaces
 3     "java",                   // stable and supported name space
 4     "com.sun",                // unstable but supported name space
 5     "sun",                    // unstable and unsupported name space
 6   // subsystem name spaces
 7     "java.gc",                // Garbage Collection name spaces
 8     "com.sun.gc",
 9     "sun.gc",
10     "java.ci",                // Compiler name spaces
11     "com.sun.ci",
12     "sun.ci",
13     "java.cls",               // Class Loader name spaces
14     "com.sun.cls",
15     "sun.cls",
16     "java.rt",                // Runtime name spaces
17     "com.sun.rt",
18     "sun.rt",
19     "java.os",                // Operating System name spaces
20     "com.sun.os",
21     "sun.os",
22     "java.threads",           // Threads System name spaces
23     "com.sun.threads",
24     "sun.threads",
25     "java.property",          // Java Property name spaces
26     "com.sun.property",
27     "sun.property",
28     "",
29   };

30   enum CounterNS {
31   // top level name spaces
32     JAVA_NS,
33     COM_NS,
34     SUN_NS,
35   // subsystem name spaces
36     JAVA_GC,                  // Garbage Collection name spaces
37     COM_GC,
38     SUN_GC,
39     JAVA_CI,                  // Compiler name spaces
40     COM_CI,
41     SUN_CI,
42     JAVA_CLS,                 // Class Loader name spaces
43     COM_CLS,
44     SUN_CLS,
```

```
45    JAVA_RT,              // Runtime name spaces
46    COM_RT,
47    SUN_RT,
48    JAVA_OS,              // Operating System name spaces
49    COM_OS,
50    SUN_OS,
51    JAVA_THREADS,         // Threads System name spaces
52    COM_THREADS,
53    SUN_THREADS,
54    JAVA_PROPERTY,        // Java Property name spaces
55    COM_PROPERTY,
56    SUN_PROPERTY,
57    NULL_NS,
58    COUNTERNS_LAST = NULL_NS
59  };
```

PerfData.hpp 中定义了类 PerfDataManager，通过调用 PerfDatMannager 中的函数，可以实现对常量、变量、计数器等 PerfData 的创建或更新。

4.5 转储

虚拟机提供转储技术，能够将运行时刻的程序快照保存下来，为调试、分析或诊断提供数据支持。转储类型包括以下 3 种：

- 核心转储（core dump）；
- 堆转储（heap dump）；
- 线程转储（thread dump）。

转储文件为我们对故障进行离线分析提供了可能。

4.5.1 用 VisualVM 进行转储分析

核心转储（core dump），也称为**崩溃转储**（crash dump），是一个正在运行的进程内存快照。它可以在一个致命或未处理的错误（如：信号或系统异常）发生时由操作系统自动创建。另外，也可以通过系统提供的命令行工具强制创建。核心转储文件可供离线分析，往往能揭示进程崩溃的原因。

一般来说，核心转储文件并不包含进程的全部内存空间数据，如 .text 节（或代码）等内存页就没有包含进去，但是至少包含堆和栈信息。

下面几种工具都可以为用来分析 core dump：

- HSDB；
- jstack 对 core dump 的支持选项（参见第 9 章）；
- Visual VM。

使用高版本的 Visual VM，如 JDK 6 或 JDK 7 中的 Visual VM，不仅能够对运行时环境为

JDK 6 或 JDK 7 的 Java 程序进行分析，还可以向后兼容低版本的应用程序。例如，使用 JD7 的 Visual VM 甚至允许对运行在 JDK1.4.2 的 Java 程序进行分析。

启动 Visual VM 后，程序界面如图 4-19 所示。

在 Visual VM 中，可以查看应用程序中所有类的实例数和内存大小及占用内存空间比例，支持排序，这对于我们分析热点内存或内存泄露很有帮助，如图 4-20 所示。

如果你想将对发生问题时和正常状态时的堆内存空间进行比较，Visual VM 也可以胜任这份工作。通过"与另一个堆转储进行比较"，Visual VM 可以自动完成对比分析，并将两个堆转储的所有类实例个数的差异按序排列好呈现在你的面前，如图 4-21 所示。

图 4-19　Visual VM 程序界面

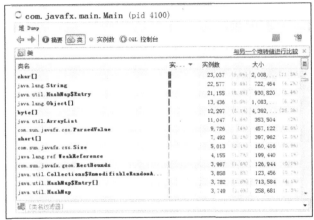

图 4-20　Visual VM 查看类实例

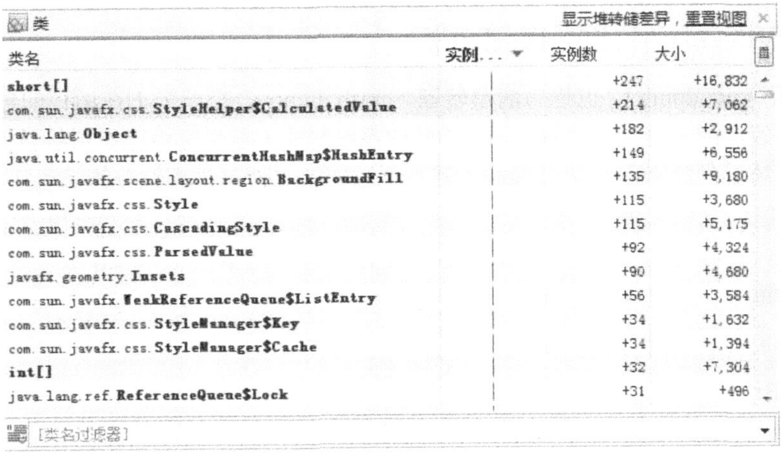

图 4-21　与另一个堆转储进行比较

Visual VM 启动后会将本机所有在运行的 Java 程序列举出来，如果你想获取程序快照，只需要知道你关注的程序 pid 就行了。Visual VM 支持对线程、堆和应用程序级的快照或 Dump，如图 4-22 所示。

如果忘记在启动应用程序时配置系统在出现内存溢出异常时自动进行堆 Dump，也可以通过 Visual VM 动态配置，如图 4-23 所示。

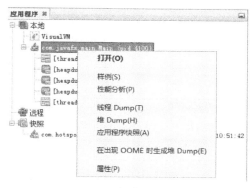 

图 4-22　保存堆转储　　　　　　　图 4-23　动态启用：出现 OOME 时生成堆 Dump

这样，在出现 OOME（OutOfMemoryError）时，虚拟机便自动创建转储文件。

4.5.2　JVM Crash

崩溃或致命错误，将导致进程终止。任何应用程序都有可能崩溃，JVM 也不例外。有很多种因素可能引起 JVM 崩溃或出现致命错误，比如：

- HotSpot 自身的 bug；
- 系统库的 bug；
- JDK 库或 API 的 bug；
- 应用程序自身的本地代理库代码的 bug；
- 操作系统引起的错误；
- VM 内存资源枯竭或操作系统资源耗尽等。

为方便调查原因，HotSpot 崩溃时，默认会在当前工作目录创建一个名为"hs_err_pid<pid>.log"的 Crash 文本文件，里面记录的重要信息，往往成为我们定位问题的重要线索。我们也可以通过 VM 选项"-XX:ErrorFile=file"指定 Crash 文件创建位置。HotSpot 甚至提供了更加周到的服务：在系统崩溃错误时，允许用户指定执行一个命令或程序，如：

```
-XX:OnError="gdb - %p"
```

当虚拟机崩溃时，将自动启动 GDB 并连接该进程进行调试。

日志文件中包含下面这些信息：

- 引起致命错误的异常或信号；
- 版本和配置信息；
- 引起致命错误的线程信息和栈跟踪信息；
- 当前运行的线程列表和状态；
- 堆使用情况；
- 加载的本地库列表；
- 命令行参数；
- 环境变量；
- 操作系统和 CPU 信息。

接下来，让我们先了解 JVM Crash 日志的基本格式和分析方法，这对解决实际问题将很有帮助。

1. 头部信息

在文件的开头，是头部信息。它报告了引起致命错误的信号和程序位置，具体格式如下：

```
# An unexpected error has been detected by HotSpot Virtual Machine:
#
#  SIGBUS (0x7) at pc=0xf7253390, pid=13630, tid=2903231344
#
# Java VM: Java HotSpot(TM) Client VM (1.4.2_17-b06 mixed mode)
# Problematic frame:
# C  [libzip.so+0xa390]
```

这里表示引起错误的信号是 SIGBUS，程序现场位于动态库 libzip.so 中。SIGBUS 一行描述了引起错误的信号类型、程序计数器（PC）进程 ID（pid）和线程 ID（tid）。

下一行描述的是 VM 版本信息。

最后，"Problematic frame" 描述了引起错误的帧信息。"C" 表示帧的类型，这里是指本地 C 帧，此外，还有其他几种类型：j 表示 Java 帧（解释）；V 表示 VM 帧；v 表示 VM 生成的 stub 帧（参考第 6 章）；J 表示其他帧，含 Java 帧（编译）。

当 VM 内部错误引起崩溃时，如断言、VM 进入不可达代码 ShouldNotReachHere()中或 guarantee()失败等，也将产生一个类似的 Crash 文件，但头部格式有些区别，例如[1]：

```
# An unexpected error has been detected by HotSpot Virtual Machine:
#
# Internal Error (4F533F4C494E55583F491418160E43505000F5), pid=10226, tid=16384
#
# Java VM: Java HotSpot(TM) Client VM (1.6.0-rc-b63 mixed mode)
```

"Internal Error" 表示来自于 HotSpot 自身的内部错误，而非外部信息号。十六进制串是一段对源代码模块和行数加密过的字符串，仅适用于 HotSpot 内部分析使用的错误码。

---

[1] 示例来源为 *http://docs.oracle.com/javase/7/docs/webnotes/tsg/TSG-Desktop/html/felog.html*。

注意 相同的错误源可能有不同的错误码；相同的错误码可能表示不同的错误源。因此，千万不要将错误码当作解决问题的唯一标准。

Oracle 官方指出：错误码随发行版本而变，对于一个给定的错误码，在不同发行版本中的含义可能不一样。同时也指出：相同的错误源可能有不同的错误码；相同的错误码可能表示不同的错误源。因此，千万不要将错误码当作解决问题的唯一标准。

2．线程信息

接下来，依次讲解线程信息。

首先是当前线程信息：

```
Current thread (0x09beb4e8):  JavaThread "resin-cron" daemon [_thread_in_native, id=13638]
```

其中，划线部分由左至右依次表示线程的指针、类型、名称、守护线程、状态和 ID。类型除了 JavaThread 外，还有可能是 VMThread、CompilerThread、GCTaskThread、WatcherThread 和 ConcurrentMarkSweepThread 等。

而线程状态，分别来自于 HotSpot 内部定义的状态，它们包括_thread_uninitialized、_thread_new、_thread_in_native、_thread_in_vm、_thread_in_Java、_thread_blocked 和 _<thread_state_type>_trans 等。

然后，是导致 JVM 崩溃的信号信息。在 Solaris 和 Linux 系统中，其格式如下：

```
siginfo:si_signo=7, si_errno=0, si_code=2, si_addr=0xaa3748a3
```

接下来，是错误发生时的寄存器组信息，例如，在 x86 系统中，其格式如下：

```
Registers:
EAX=0x000018a7, EBX=0xf7258704, ECX=0xad0bb4d0, EDX=0xaa373000
ESP=0xad0bb440, EBP=0xad0bb458, ESI=0xaa3748a3, EDI=0xaa3748b7
EIP=0xf7253390, CR2=0xaa3748a3, EFLAGS=0x00010286
```

接下来，是错误发生时的栈顶附近操作数和 PC 附近指令，具体格式如下：

```
Top of Stack: (sp=0xad0bb440)
0xad0bb440:   09d74600 00000004 aa3748b7 aa3748b8
0xad0bb450:   aa3748a7 aa373000 ad0bb6d4 f72535df
0xad0bb460:   09d74600 ad0bb4cc f7258704 09d74600
0xad0bb470:   00000004 00000008 00000014 09db2f5a
0xad0bb480:   09db2f60 09db2f50 09db2f54 ad0bb4d0
0xad0bb490:   00006731 00000000 00000000 0000000f
0xad0bb4a0:   09d74398 09db0b50 00000120 00000201
0xad0bb4b0:   ad0bb4d0 aa3c83d0 00000090 00000120

Instructions: (pc=0xf7253390)
0xf7253380:   f8 83 c7 11 89 7d f4 8b 7d f8 83 c7 10 89 7d f0
0xf7253390:   80 3e 50 75 48 8b 7d f0 0f b6 4f ed c1 e1 08 83
```

接下来日志输出的是线程栈信息。首行包括栈的基址和栈顶地址，当前栈指针 sp 值以及未使用的栈空间（示例中是 453k）。紧随其后是整个栈的帧信息，示例如下：

```
Stack: [0xad04a000,0xad0bd000), sp=0xad0bb440, free space=453k
Native frames: (J=compiled Java code, j=interpreted, Vv=VM code, C=native code)
C  [libzip.so+0xa390]
……
C  [libzip.so+0x2d90]  Java_java_util_zip_ZipFile_open+0x68
j  java.util.zip.ZipFile.open(Ljava/lang/String;IJ)J+0
j  java.util.zip.ZipFile.<init>(Ljava/io/File;I)V+97
J  com.caucho.vfs.Jar.getJarFile()Ljava/util/jar/JarFile;
……
j  com.caucho.server.http.ServletServer.handleCron(Lcom/caucho/util/Cron;)V+14
j  com.caucho.util.Cron$CronThread.evaluateCron(Ljava/util/ArrayList;)V+98
j  com.caucho.util.Cron$CronThread.run()V+10
v  ~StubRoutines::call_stub
V  [libjvm.so+0x1b1664]
……
V  [libjvm.so+0x268cc3]
C  [libpthread.so.0+0x6a49]

Java frames: (J=compiled Java code, j=interpreted, Vv=VM code)
j  java.util.zip.ZipFile.open(Ljava/lang/String;IJ)J+0
j  java.util.zip.ZipFile.<init>(Ljava/io/File;I)V+97
J  com.caucho.vfs.Jar.getJarFile()Ljava/util/jar/JarFile;
……
j  com.caucho.server.http.ServletServer.cron(J)V+86
j  com.caucho.server.http.ServletServer.handleCron(Lcom/caucho/util/Cron;)V+14
j  com.caucho.util.Cron$CronThread.evaluateCron(Ljava/util/ArrayList;)V+98
j  com.caucho.util.Cron$CronThread.run()V+10
v  ~StubRoutines::call_stub
```

帧信息中包含了 2 种类型：本地帧（Native frames）和 Java 帧（Java frames）。其中，通过本地帧信息，可以看到问题可能出在哪个库的使用上，这往往成为定位问题的关键线索。

3. 进程信息

在进程信息中的第一项是 JavaThreads。如示例中描述，JavaThreads 列出了所有的 Java 线程和 JVM 内部启动的 Java 守护线程，如 "Signal Dispatcher" 等，但不包括那些由用户应用程序创建而未连接（attach）到 VM 的原生线程。

每一行描述一个 Java 线程。从左至右依次是线程的指针、类型（都是 JavaThread）名称、守护线程、状态和 ID。

```
Java Threads: ( => current thread )
  0xae1007d8 JavaThread "tcpConnection-8181-3" daemon [_thread_blocked, id=22245]
  0x0a051190 JavaThread "tcp-accept-26907" daemon [_thread_blocked, id=13643]
……
  0x09bd8228 JavaThread "resin-alarm" daemon [_thread_blocked, id=13639]
=>0x09beb4e8 JavaThread "resin-cron" daemon [_thread_in_native, id=13638]
  0x09b72fa0 JavaThread "CompilerThread0" daemon [_thread_blocked, id=13636]
  0x09b72188 JavaThread "Signal Dispatcher" daemon [_thread_blocked, id=13635]
  0x09b6e9a8 JavaThread "Finalizer" daemon [_thread_blocked, id=13633]
  0x09b6dd08 JavaThread "Reference Handler" daemon [_thread_blocked, id=13632]
  0x09b3bff0 JavaThread "main" [_thread_in_native, id=13630]

Other Threads:
  0x09b6cbd0 VMThread [id=13631]
```

4.5 转储

```
0x09b74980 WatcherThread [id=13637]
```

其中，用 "=>" 指示的一行表示的是当前线程。

接下来，是描述 JVM 整体状态的信息，例如：

```
VM state:not at safepoint (normal execution)
```

其中，JVM 状态可能有以下几种。

- not at a safepoint：正常执行状态。
- at safepoint：所有的线程阻塞，等待 VM 完成专门的 VM 操作（VM operation）。
- synchronizing：VM 接到一个专门的 VM 操作请求，等待 VM 中所有线程阻塞。

在我们的示例中，VM 出入正常执行状态。

接下来，JVM 内部的互斥量和锁，如：

```
VM Mutex/Monitor currently owned by a thread:
([mutex/lock_event])[0x007357b0/0x0000031c] Threads_lock - owner thread: 0x00996318
[0x00735978/0x000002e0] Heap_lock - owner thread: 0x00736218
```

如果没有互斥量和锁，例如在我们的实例程序中：

```
VM Mutex/Monitor currently owned by a thread: None
```

那么堆的总体使用状态如下：

```
Heap
 def new generation    total 72576K, used 16446K [0xaf1a0000, 0xb4060000, 0xb4060000)
  eden space 64512K,   25% used [0xaf1a0000, 0xb01afac8, 0xb30a0000)
  from space 8064K,    0% used [0xb30a0000, 0xb30a0000, 0xb3880000)
  to   space 8064K,    0% used [0xb3880000, 0xb3880000, 0xb4060000)
 tenured generation    total 967936K, used 11583K [0xb4060000, 0xef1a0000, 0xef1a0000)
   the space 967936K,   1% used [0xb4060000, 0xb4baffb0, 0xb4bb0000, 0xef1a0000)
 compacting perm gen   total 8448K, used 8443K [0xef1a0000, 0xef9e0000, 0xf31a0000)
   the space 8448K,   99% used [0xef1a0000, 0xef9def70, 0xef9df000, 0xef9e0000]
```

接下来，就是进程映射的虚拟内存空间了。这些信息往往十分有用，因为它向我们透露了实际使用了哪些库、库在内存/堆/栈/页中的位置。如：

```
Dynamic libraries:
f72e1000-f76ff000 r-xp 00000000 fc:01 2180208      /home/jdk/jre/lib/libjvm.so
f76ff000-f771b000 rwxp 0041d000 fc:01 2180208      /home/jdk/jre/lib/libjvm.so
09b39000-0aa55000 rwxp 00000000 00:00 0            [heap]
ffc53000-ffc56000 ---p 00000000 00:00 0
ffe31000-ffe46000 rwxp 00000000 00:00 0            [stack]
```

下面对其中的一些信息进行说明。

- ab8a4000-ab8f1000：内存起始位置。
- r-xs：权限标识位。R 表示可读；x 表示可执行；s 表示共享。此外，还有 w 表示可写，p 表示私有。
- 00000000：文件偏移量。
- fc:01：文件所在设备的主 ID 和次 ID。

- 41136: 文件系统 inode 号。
- /home/jdk/jre/lib/libjvm.so: 文件名。

在内存映射中，每个库都映射了 2 块虚拟内存区域：代码合数据。代码段的权限标识位位 r-xp（可读、可执行、私有）；数据段的权限标志位为 rwxp（读写、可执行、私有）。堆与栈也都在内存映射中。栈通常被映射在紧邻着的 2 块内存区域：引导页，权限标志位为--p，另一块为实际栈空间，权限标志位为 rwxp。

在进程信息的最后，是 VM 参数和环境变量。

4. 系统信息

系统信息包括了 OS 发行版、内核版本、C 库（libc）版本、rlimit 等，如：

```
uname:Linux 2.4.18-3smp #1 SMP Thu Apr 18 07:27:31 EDT 2002 i686
libc:glibc 2.2.5 stable linuxthreads (floating stack)
    |<- glibc version ->|<-- pthread type     -->|
```

系统栈限值等信息：

```
rlimit: STACK 10240k, CORE 0k, NPROC 131072, NOFILE 131072, AS infinity
```

其中，STACK 表示栈大小；CORE 表示核心转储文件大小；NPROC 表示最大用户进程数；NOFILE 表示最大打开文件数量；AS infinity 表示虚拟内存。

此外，系统信息还包括 load average、CPU、内存、VM 信息等。

4.6 小结

虚拟机启动时，会在内存中开辟空间并按职能划分为不同的区域，这些内存区域主要包括：堆用来分配 Java 对象空间；方法区用来存储类元数据；线程私有的栈和 PC 等。

方法区利用常量池和常量池 Cache 实现字段和方法的快速访问。在虚拟机内部使用 methodOop 表示一个 Java 方法，已解析类中使用方法表容纳类定义的方法，字节码使用 constMethodOop 进行存储。

为支持虚拟机性能监控，在虚拟机中开辟了一块共享内存，专门存放 Perf Data 计数器，虚拟机使用共享内存方式向外部进程提供了一种通信的手段，允许外部监控进程 attach 至虚拟机进程，从共享内存中得到 Perf Data。

虚拟机运行时数据还可以以另外一种方式完整地呈现给用户：转储。转储包括对整个应用程序转储、堆转储和线程转储，转储信息为定位程序性能瓶颈或故障提供了一种离线分析的手段。可视化工具 Visual VM 在分析转储文件和实时应用程序方面十分方便（第 9 章还提供了开发自定义程序监控应用程序的方法）。在虚拟机崩溃时，对 JVM Crash 文件进行分析是定位故障原因和解决问题的重要方法，本章提供了如何分析 JVM Crash 的方法。

第 5 章 垃圾收集

"如切如磋，如琢如磨。"

——《诗经》

本章内容
- 垃圾收集与垃圾收集器
- 分代
- 快速分配技术
- GC 模块
- 两种具体的收集器：CMS 垃圾收集器与 G1 垃圾收集器
- GC 日志分析方法
- GC 监控方法
- 堆转储分析方法
- 收集器的选择原则与性能评估方法
- Crash 分析方法

在一些编译型高级语言中，内存管理是由程序员负责的。这种复杂的任务常常会使应用程序引入一些内存错误，如内存泄露、释放了仍有对象引用的内存空间等。这不仅要为系统发生难以预料的故障而付出巨大代价，而且程序员在编码、调试、定位和修复这类问题时也要耗费高昂的时间成本。

在一些面向对象语言系统中，如.NET 和 Java，出现了自动管理内存的方式。从此，内存管理不再是程序员的任务，在有效地避免一些错误的同时，也使程序员能够更加专注于应用逻辑的设计。

5.1 堆与 GC

我们知道，在 Java 中内存是由虚拟机自动管理的。虚拟机在内存中划出一片区域，作为满足程序内存分配请求的空间。内存的创建仍然是由程序员来显示指定的，但是对象的释放却对程序员是透明的。在虚拟机中，释放那些不再被使用的对象所占空间的过程称为**垃圾收集**（Garbage Collection，简写为 GC）。

5.1.1 垃圾收集

负责垃圾收集的程序模块，称为**垃圾收集器**（Garbage Collector）。

1. 垃圾收集器

实现一款垃圾收集器，首先需要明确它的主要任务：

- 确保仍被引用的对象在内存中保持存在；
- 回收无任何引用的对象所占用的内存空间。

被引用的对象我们称其仍然**存活**（live）状态；而不被引用的对象，称其已处于**死亡**（dead）状态，或称**垃圾**（garbage）。发现和释放（也称为回收、收集等）被这些对象占用的内存空间的处理过程，称为**垃圾收集**。

要在堆中找到一块指定大小的未使用的内存块，以满足一个内存分配的请求，这其实是一个较为困难的任务。难点在于，选择的动态内存分配算法需要在避免**内存碎片**（memory fragmentation）的同时还要兼顾分配与回收的效率。

对于垃圾收集器来说，要保证存活的对象必须永不被错误回收，而垃圾则至少要在经历少量的收集周期后能被回收。垃圾收集的执行过程应当做到高效，不应导致应用程序出现长时间的停顿。另外，垃圾收集器应最大限度地减少内存碎片，当垃圾占用内存被释放时，内存中将不可避免地出现一些小的内存块，这破坏了内存的连续性，导致没有足够的连续内存空间分配给较大的对象。稍后会看到一个消除内存碎片的方法——**压缩**（compaction）。

在设计垃圾收集器时，会有一些策略值得商榷：

- GC 工作线程：串行还是并行？
- GC 工作线程与应用线程的关系：并发还是暂停应用程序？
- 基本收集算法：压缩、非压缩还是拷贝？

垃圾收集器的性能指标主要包括以下几项。

- 吞吐量：应用程序运行时间/（应用程序运行时间 + 垃圾收集时间）。即没有花在垃圾收集的时间占总时间的比例。
- 垃圾收集开销：与吞吐量相对，这表示垃圾收集耗用时间占总时间的比例。
- 暂停时间：在垃圾收集操作发生时，应用程序被停止执行的时间。
- 收集频率：相对于应用程序的执行，垃圾收集操作发生的频率。
- 堆空间：堆空间所占内存大小。
- 及时性：一个对象由成为垃圾到被回收所经历的时间。

2. 收集算法

在现代虚拟机中，GC 常用的基本收集算法主要有如下 3 种类型。
（1）标记-清除（Mark-Sweep），该算法可分为两个阶段。

- 标记阶段：标记出所有可以回收的对象。
- 清除阶段：回收所有已标记的对象，释放这部分空间。

（2）复制算法（Copying）。

- 划分区域：将内存区域按比例划分为 1 个 Eden 区作为分配对象的"主战场"和 2 个幸存区（即 Suvivor 空间，划分为 2 个等比例的 from 区和 to 区）。
- 复制：收集时，打扫"战场"，将 Eden 区中仍存活的对象复制到某一块幸存区中。
- 清除：由于上一阶段已确保仍存活的对象已被妥善安置，现在可以"清理战场"了，释放 Eden 区和另一块幸存区。
- 晋升：若在"复制"阶段，一块幸存区接纳不了所有的"幸存"对象，如图 5-1 所示，则直接晋升到老年代。

（3）标记-压缩算法（Mark-Compact），该算法分为两个阶段。

- 标记阶段：标记出所有可以回收的对象。
- 压缩阶段：将标记阶段的对象移动到空间的一端，释放剩余的空间。

一般来说，复制算法实现起来简单直观，以牺牲一部分空间为代价换来运行时的高效，比较适合新生代的收集。但是对于老年代来说，由于该分代的对象生命周期一般较长，如果也应用复制算法，则会导致较多的复制操作，反而降低了收集效率。相对来说，基于标记的算法更加适合老年代的收集。

稍后我们会看到，在同一时刻，在内存的不同分代空间中，可能会使用不同的算法进行垃圾收集。

5.1.2 分代收集

我们知道，随着应用程序的运行，各种对象的生命周期也会有很大差别。实践表明，JVM 中存在着大量的生命周期非常短暂的对象，它们快速生成，快速死亡；而另外一些对象，生命周期却很长，它们甚至能够贯穿应用程序及 JVM 的整个运行期。

因此，在自动内存管理的设计上，可以这么认为：对于不同类型的对象，应采取不同的收集策略。基于此观点，"将不同类型对象安排在不同的区域中，并在各自区域执行有差别的收集算法"这种分代思想也就应运而生了。

1. 分代与分代收集

分代收集（Generational Collection）是指在内存空间中划分不同的区域，在各自区域中分别存储不同年龄的对象。每个区域可根据自身的特点灵活采取适合自身的收集策略。如图 5-1 所示，这些区域称为**分代**（Generation）。根据存储对象年龄的不同，可将分代分为 3 种类型：

- 新生代（Young Generation）；
- 老年代（Old Generation）；
- 永久代（Permanent Generation）。

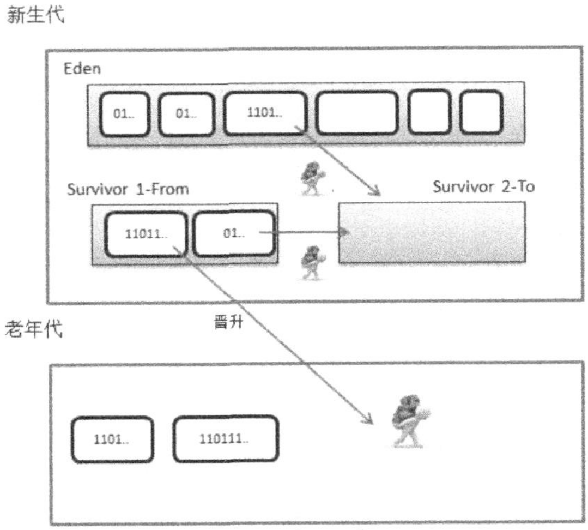

图 5-1 分代

其中，新生代中又被划分为 1 个 Eden 区和 2 个幸存区（Survivor），其中一个幸存区称为 from 区，而另一个幸存区则称为 to 区。HotSpot 提供了 VM 选项，支持对这些区域进行配置，详见表 5-1。

根据垃圾收集作用在不同的分代，垃圾收集类型[1]分为两种。

- Minor Collection：对新生代进行收集。
- Full Collection：除了对新生代收集外，也对老年代或永久代进行收集，又称为 Major Collection。Full Collection 对所有分代都进行了收集：首先，按照新生代配置的收集算法对新生代进行收集；接着，使用老年代收集算法对老年代和永久代进行收集。一般来说，相较于 Minor Collection，这种收集行为的频率较低，但耗时较长。

图 5-1 阐述了新生代对象的收集过程：一般情况下，对象将在新生代进行分配，Eden 区是新生代分配空间的主要区域。当 Eden 区内存消耗殆尽，无法满足新的对象分配请求时，将触发新生代的收集，即 Minor Collection。

在新生代的收集过程中，幸存区用来提供一个暂存存活对象的区域。在"复制"环节，由一块幸存空间容纳收集过程中发现的幸存对象，如图 5-1 所示，它们将从 Eden 区被"搬运"至这块幸存空间中。若一块幸存空间不能容纳所有幸存对象时，允许一部分对象被直接"搬运"至老年代，这个过程称为**晋升**（Promotion）。

一般来说，首先触发 Minor Collection 回收新生代。此时将使用专为新生代设计的回收算法，通常来说这个算法应当是在识别新生代垃圾方面表现最为高效的算法。当老年代已经被填的很满，以致于无法接受本应从新生代"晋升"到老年代的对象，在此情形下，将触发 Full Collection，使用老年代收集算法对整个堆进行回收（CMS 收集器除外，CMS 老年代收集算法不会对新生代进行收集）。

JVM 通过两类参数判断对象是否可以晋升到老年代。

- 年龄：在 Minor Collection 后仍然存活的对象，其经历的 Minor Collection 次数，就表示该对象的年龄
- 大小：对象占用的空间大小

当这两个参数超过系统配置的阀值后，对象将被晋升到老年代。如表 5-1 所示，HotSpot 提供了一些 VM 选项，支持对这些参数进行配置。

表 5-1　　　　　　　　　　　　　　分代选项

选　　项	版本	默认值	作　　用
-XX:InitialSurvivorRatio	product	8	新生代 Eden/Survivor 空间大小初始比例
-XX:InitialTenuringThreshold	product	7	晋升到老年代的对象年龄初始阀值
-XX:SurvivorRatio	product	8	新生代 Eden/Survivor 空间大小比例
-XX:MinSurvivorRatio	product	3	新生代 Eden/Survivor 空间最小比例
-XX:TargetSurvivorRatio	product	50	垃圾收集后期望得到的幸存区空间使用率（%）

---

[1] 更多内容可以参考《Memory Management in the Java HotSpot Virtual Machine》，Sun Microsystems，April 2006，下文将其简称为《JVM 内存管理白皮书》。

续表

选项	版本	默认值	作用
-XX:MaxTenuringThreshold	product	15	晋升到老年代的对象年龄阈值
-XX:PretenureSizeThreshold	product	0	直接晋升到老年代的对象大小（字节），超过这个数值的对象对象将直接在老年代分配。默认为 0 表示最大值
-XX:UsePSAdaptiveSurvivorSizePolicy	product	true	自适应调整 Survivor 区域大小策略

这里顺便提一下关于虚拟机调优的话题。在实践应用中，常遇到对 Java 虚拟机进行调优的需求。一般来说，通过对虚拟机进行不同的参数配置，进而影响它在某方面的性能，使虚拟机满足特定的运行需求。必须指出的是，由于软硬件环境的差异，以及实际应用场景的不同造就了应用程序不同的运行特点。反映在虚拟机调优工作上，也就意味着不同的应用应有各自所关注的目标。而且，性能调优的方法、过程与结果也是千差万别的。我们要明白一点：世界上并不存在一套"最优"的虚拟机配置，能够让我们的 JVM 性能迅速提高起来。否则的话，虚拟机的设计者也不需要提供这些配置选项了，只需要将所谓的最优配置作为默认配置发布就行了。虚拟机之所以提供大量的配置选项给我们，其实也是告诉我们一个道理：只有通过对特定问题的具体分析，通过调优实践，才能找到最适合自身的虚拟机配置，以达到调优的目的。

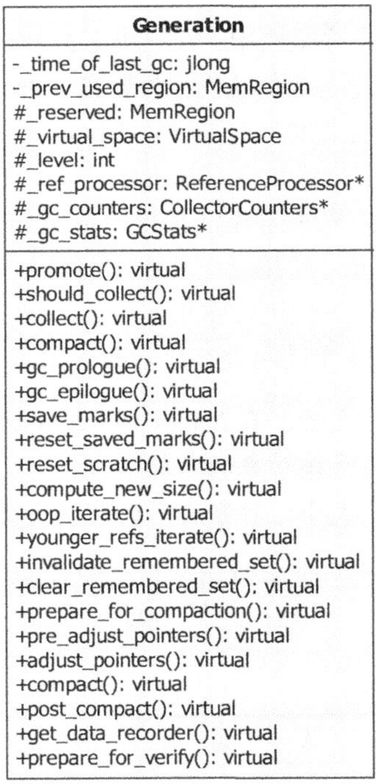

2. 分代模型

在 Memory 模块中，Generation 子模块定义了分代的抽象结构，如图 5-2 所示。

作为 Generation 模型的抽象基类，规定了统一的行为，如 collect()、promote()等操作函数。若子类型需要定义自己的特殊实现方式，可以以多态性的实现方式重新覆盖这部分 virtual 函数。

分代模型如图 5-3 所示。

图 5-2 Generation 模型中的抽象基类

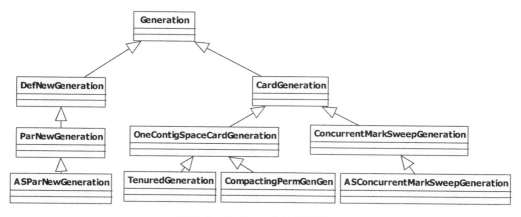

图 5-3 HotSpot 中的分代模型

如清单 5-1 所示,系统支持的分代组合配置:

```
清单 5-1
来源:hotspot/src/share/vm/memory/generation.hpp
描述:系统支持的分代组合配置
1    DefNewGeneration + TenuredGeneration + PermGeneration
2    DefNewGeneration + ConcurrentMarkSweepGeneration + ConcurrentMarkSweepPermGen
3    ParNewGeneration + TenuredGeneration + PermGeneration
4    ParNewGeneration + ConcurrentMarkSweepGeneration + ConcurrentMarkSweepPermGen
```

如清单 5-2 所示,分代类型的定义如下:

```
清单 5-2
来源:hotspot/src/share/vm/memory/generation.hpp
描述:分代类型
1    enum Name {
2        ASParNew,
3        ASConcurrentMarkSweep,
4        DefNew,
5        ParNew,
6        MarkSweepCompact,
7        ConcurrentMarkSweep,
8        Other
9    };
```

练习 1

调整表 5-1 所示的 VM 选项,分析这些参数对虚拟机的影响。
(提示:为提高实战效果,建议您养成整理分析报告的好习惯)。

5.1.3 快速分配

通常情况下,系统中有大量连续的内存块可以用来分配对象,这种情况下若使用**碰撞指针**(bump-the-pointer)算法来进行对象内存空间分配的话,效率是很可观的。这种算法的思路是:

记录上一次分配对象的位置,当有新的对象要分配时,若检查剩余的空间能够满足容纳这个对象,则只需要一次移动指针的操作便完成了内存的分配。

> **说明** bump-the-pointer 是一种线性分配技术,广泛应用在各种系统级程序的设计中。以 HotSpot 为例,垃圾收集器在完成 GC 后,内存空间中已使用和未使用的内存块是相对独立并且地址连续的。收集器在内部维护了一个记录上一次分配对象的末尾指针,当需要分配新的对象时,检查剩余空间能否满足新对象的分配,如果满足的话,则只需要移动指针就可以完成空间分配,所以效率很高。

在线程局部资源区(Thread::_resource_area)分配临时内存,就是使用了这种技术。HotSpot 内部处理流程中,如果发生错误需要抛出异常,则需要分配一块临时内存记录异常信息字符串。例如,在接口方法解析时,可能会抛出 java.lang.LinkageError 异常。用来描述异常信息的变量 msg 是一段较长的字符串,需要 JVM 内部开辟一小段临时 buffer 用做字符串的存储空间,可能的用法如清单 5-3 所示。

清单 5-3
来源:hotspot/src/share/vm/interpreter/linkResolver.cpp
描述:记录异常信息的 buffer 空间

```
1   const char* msg = "loader constraint violation: when resolving method"
                " \"%s\" the class loader (instance of %s) of the current class, %s,"
                " and the class loader (instance of %s) for resolved class, %s, have"
                " different Class objects for the type %s used in the signature";
2   size_t buflen = strlen(msg) + strlen(sig) + strlen(loader1) +
                strlen(current) + strlen(loader2) + strlen(resolved) +
                strlen(failed_type_name);
3   char* buf = NEW_RESOURCE_ARRAY_IN_THREAD(THREAD, char, buflen);
4   jio_snprintf(buf, buflen, msg, sig, loader1, current, loader2,
                resolved, failed_type_name);
5   THROW_MSG(vmSymbols::java_lang_LinkageError(), buf);
```

为了快速进行分配,这片临时内存是在线程局部空间_resource_area 中进行分配的,分配的场所是在 Arena。同时,分配是基于碰撞指针算法,以保证内存分配效率,如清单 5-4 所示。

清单 5-4
来源:hotspot/src/share/vm/memory/allocation.hpp
描述:Arena 快速分配

```
1   // Fast allocate in the arena.  Common case is: pointer test + increment.
2   void* Amalloc(size_t x) {
3     assert(is_power_of_2(ARENA_AMALLOC_ALIGNMENT) , "should be a power of 2");
4     x = ARENA_ALIGN(x);
5     debug_only(if (UseMallocOnly) return malloc(x);)
6     check_for_overflow(x, "Arena::Amalloc");
7     NOT_PRODUCT(inc_bytes_allocated(x);)
8     if (_hwm + x > _max) {
9       return grow(x);
10    } else {
11      char *old = _hwm;
12      _hwm += x;
13      return old;
14    }
15  }
```

对于多线程应用，分配操作需要保证线程安全，如果通过全局锁的方式来保证线程安排的话，内存分配将会成为性能瓶颈。所以 HotSpot 采用的是**线程局部分配缓存技术**（即 Thread-Local Allocation Buffers，简称 TLABs）。每个线程都会有它自己的 TLAB，位于 Eden 区中的一小块空间。因为每个 TLAB 是仅对一个线程是可见的，所以分配操作可以使用 bump-the-pointer 技术快速完成，而不必使用任何锁机制；只有当线程将 TLAB 填满并且需要获取一个新的 TLAB 时，同步才是必须的。

在虚拟机开启了 UseTLAB 选项的前提下，在分配一个新的对象空间时，将首先尝试在 TLAB 空间中分配对象空间，若分配空间请求失败，则再尝试使用加锁机制在 Eden 区分配对象。

注意 可以通过虚拟机选项 UseTLAB 来开启或关闭 TLAB 功能。

同时，为了减少 TLAB 所带来的空间消耗，HotSpot 还使用了一些其他技术，例如，分配器能够把 TLAB 的平均大小限制在 Eden 区的 1%以下。结合 TLAB 和 bump-the-pointer 技术可以实现快速高效的对象分配。

稍后我们可以看到，HotSpot 为优化对象分配和 GC 性能，除了常规性地在堆中分配外，还使用了一种避免在堆中进行分配的技术，在栈中完成分配。

5.1.4 栈上分配和逸出分析

在栈中分配的基本思路是这样的：分析局部变量的作用域仅限于方法内部，则 JVM 直接在栈帧内分配对象空间，避免在堆中分配。

注意 不产生垃圾，自然就不会产生收集垃圾。

这个分析过程称为**逸出分析**，而栈帧内分配对象的方式称为**栈上分配**。这样做的目的是，减少新生代的收集次数，间接提高 JVM 性能。虚拟机是允许对逸出分析开关进行配置的，从 Sun Java 6u23 以后，HotSpot 默认开启逸出分析。

5.1.5 GC 公共模块

GC 模块包括公共部分和垃圾收集具体实现部分。

- **公共部分**：位于 Gc_interface 模块和 Gc_implementation 模块中的 share 部分。
- **具体实现部分**：垃圾收集器具体实现，包括 ParNew、ParallerScanvage、CMS 和 G1 这 4 个部分。

公共部分的模块组成如图 5-4 所示。

1. CollectedHeap 模块

在 HotSpot 中，CollectedHeap 定义了 Java 堆的实现。CollectedHeap 抽象类定义了堆必须实现的功能，如创建新 TLAB、内存分配等基本功能。此外，抽象类还定义了各种堆的公共功能，如在 TLAB 进行内存分配等功能。稍后我们将看到，通过继承 CollectedHeap 类，实现了几种具体的堆类型。

2. GCCause 模块

GCCause 模块定义了引起 GC 的原因类型，如清单 5-5 所示。

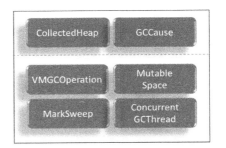

图 5-4　GC 公共模块组成

清单 5-5
来源：hotspot/src/share/vm/gc_interface/gcCause.hpp
描述：GCCause 模块定义的 Cause

```
1   enum Cause {
2      /* public */
3      _java_lang_system_gc,
4      _full_gc_alot,
5      _scavenge_alot,
6      _allocation_profiler,
7      _jvmti_force_gc,
8      _gc_locker,
9      _heap_inspection,
10     _heap_dump,

11     /* implementation independent, but reserved for GC use */
12     _no_gc,
13     _no_cause_specified,
14     _allocation_failure,

15     /* implementation specific */

16     _tenured_generation_full,
17     _permanent_generation_full,

18     _cms_generation_full,
19     _cms_initial_mark,
20     _cms_final_remark,

21     _old_generation_expanded_on_last_scavenge,
22     _old_generation_too_full_to_scavenge,
23     _adaptive_size_policy,

24     _g1_inc_collection_pause,

25     _last_ditch_collection,
26     _last_gc_cause
27  };
```

其中，在第 3～10 行定义的是常见操作类型，如_heap_dump 表示引起 GC 的原因是执行堆转储操作。

3. VM_Operation、VM_GC_Operation 和 VM_CMS_Operation

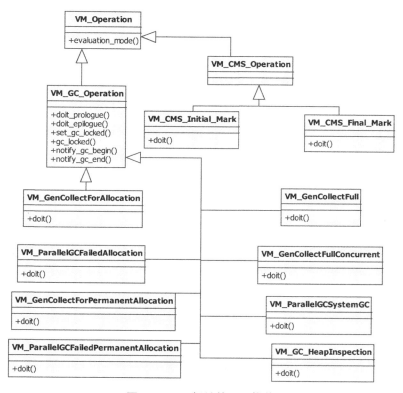

图 5-5 GC 相关的 VM 操作

在第 2 章中，曾介绍过 VM_Operation，其实这里提到的 GC 操作也都是继承自该类型。这些 VM_Operation 定义了自己的 doit()函数，在 doit()中实现自身的 GC 操作。

比如，VM_GC_HeapInspection 用做执行虚拟机外部传入的 **heap_inspection** 命令，遍历堆内对象并将信息返回给外部调用者。在 doit()中，调用 HeapInspection::heap_inspection()函数，再根据堆的类型使用不同的算法完成命令。

此外，VM_GenCollectFull、VM_GenCollectFullConcurrent 和 VM_ParallelGCSystemGC 执行 FULL GC 操作。VM_GenCollectForAllocation、VM_GenCollectForPermanentAllocation、VM_ParallelGCFailedAllocation 和 VM_ParallelGCFailedPermanentAllocation 这些操作则用于分配空间不足时触发 GC 操作，并在 GC 完成后继续尝试分配。

VMCMSOperation 模块定义了在虚拟机内部执行的 CMS 操作类型，具体的 CMS 操作有 VM_CMS_Initial_Mark、VM_CMS_Final_Mark 等。

4．MutableSpace 模块

用做描述一块内存区域的地址空间。使用 bottom、end 和 top 来描述这段空间，起止 bottom 和 end 分别表示这段空间的开始和末尾地址，而 top 则是一个游标，随着空间的分配和释放而移动位置。

5．ConcurrentGCThread 模块

实现并发 GC 线程，即以并发方式执行的 GC 工作线程。

6．MarkSweep 模块

实现基于"标记-清除"算法的垃圾收集算法。"标记-清除"（Mark-Sweep）算法分为两个阶段。首先是"标记"阶段，标记出所有可以回收的对象；然后是"清除"阶段，回收所有已标记的对象，释放这部分空间。

5.2 垃圾收集器

随着收集器理论与实践的发展，目前市面上已经能够见到数量较为可观的垃圾收集器产品。对于我们来说，弄清楚每个收集器的特点，并掌握各个收集器之间的对比数据，虽然会对调优决策有所帮助，但毕竟需要投入大量的时间和精力，因此这决不是一个值得推荐的做法。

接下来，我们将简要介绍收集器的设计演进过程。了解这一过程，有助于我们把握住垃圾收集器的发展脉络，并为我们选择合适的收集器产品打下良好的理论基础。

5.2.1 设计演进

在开始学习垃圾收集器之前，我们首先需要明确几点基本认识。

- 根据不同分代的特点，收集器可能不同。有些收集器可以同时作用于新生代和老年代。而有些时候，我们则需要分别为新生代或老年代选用合适的收集器。一般来说，新生代收集器的收集频率较高，应当选用性能高效的收集器；而老年代收集器收集次数相对较少，但对空间较为敏感，应当避免选择基于复制算法的收集器。
- 在垃圾收集执行的时刻，应用程序需要暂停运行。
- 可以串行收集，也可以并行收集。
- 如果能做到并发收集（应用程序不必暂停），那将是很妙的事情。
- 如果收集行为可控，那将是很妙的事情。

- 收集器的类型决定了堆的类型。收集器掌控着诸如收集算法、对象分配策略、STW 这些行为，因此需要"意气相投"的堆与之匹配，才能允许这些行为得以贯彻。比如，收集器基于"标记-清除"算法还是"标记-压缩"算法，将影响堆内存的分配和回收方式。

接下来，我们从收集器的本质概念和基本原则出发去理解主流的收集器。在理解收集器基本设计思想的基础上，我们在 JVM 调优实践中就会抓住一条主线。当我们需要分析和选择合适的收集器，或者对收集器的参数进行配置时，就会更加主动和灵活，不致于陷入教条主义的陷阱中而无从下手。

在探讨收集器的工作方式时，按照人们的思维方式，串行模式将很容易被人接受：GC 线程与应用线程保持相对独立，当系统需要执行垃圾执行任务时，先停止工作线程，然后命令 GC 线程工作。以串行模式工作的收集器，称为**串行收集器**（即 Serial Collector）。与之相对的是以并行模式工作的收集器，称为**并行收集器**（即 Paraller Collector），如图 5-6 所示。

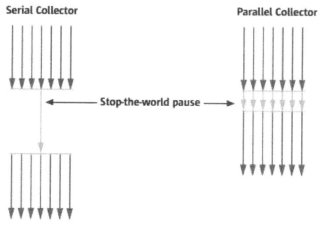

图 5-6 串行收集器和并行收集器对比（图片来源：《JVM 内存管理白皮书》）

1. 串行收集器：Serial

串行收集器采用单线程方式进行收集，且在 GC 线程工作时，系统不允许应用线程打扰。此时，应用程序进入暂停状态。这种状态，我们用专有术语 stop-the-world（缩写 STW，下同）来描述。与 STW 相对的概念是"并发"。

显然，STW 暂停时间的长短，是度量一款收集器性能高低的重要指标。目前，具有代表性的串行收集器产品有以下两种：

- Serial 收集器，作用于新生代，基于"复制"算法；

- Serial Old 收集器，作用于老年代，基于"标记-整理"算法。

2. 并行收集器：ParNew

并行收集器充分利用了多处理器的优势，采用多个 GC 线程并行收集。如图 5-6 所示，在 STW 期间，只有 GC 线程组在工作。对于同样的收集任务，由多条 GC 线程执行显然比只使用一条 GC 线程执行的效率更高。一般来说，与串行收集器相比，在多处理器环境下工作的并行收集器能够极大地缩短 STW 时间。

目前，在 HotSpot 中具有代表性的并行收集器有以下两种：

- ParNew 收集器，作用于新生代，基于"复制"算法，图 5-7 描述了 ParNew 的主要组成模块；
- Parallel Old 收集器，作用于老年代，基于"标记-整理"算法。

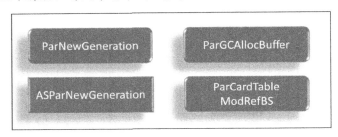

图 5-7　ParNew 模块组成

3. 吞吐量优先收集器：Parallel Scanvenge

在有了可以并行执行收集任务的收集器后，收集器的设计者们又开始将目光瞄准了其他方面，他们希望收集器能够顺从人们的意志。比如，预测收集时间或吞吐量，让收集器能够在规定的时间范围内完成收集任务。

这么想是有道理的。想想看，将垃圾收集任务统统交给收集器后，表面上看，我们似乎可以省心了。但事实上，垃圾收集器并没有给我们一个准确的回复，告诉我们任务在什么时候完成。它似乎给我们传达一个这样一个信息：收集器尽力去完成任务，但至于什么时候完成，连它自己也不知道。这样一来，我们就难以预知应用程序的吞吐量。

如果能有这样一种收集器，允许预估系统吞吐量那该多好。

在技术领域，只要有新的问题被提出，总会有解决方案应对。在 ParNew 的基础上演化而来的 Parallel Scanvenge 收集器被誉为"吞吐量优先"收集器，仅作用于新生代。Parallel Scanvenge 收集器的主要组成模块，如图 5-8 所示。

Parallel Scanvenge 收集器在 ParNew 的基础上提供了一组参数，用于配置期望的收集时间或吞吐量，然后以此为目标进行收集。如果你的应用程序需要考虑用户交互等待时间，那么可以考虑为应用配置 Parallel Scanvenge 收集器。

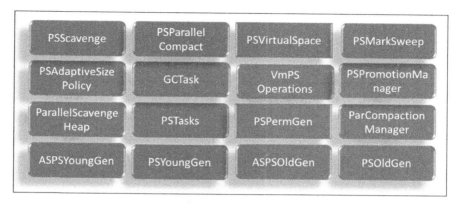

图 5-8 Parallel Scanvenge 模块组成

通过 VM 选项可以控制吞吐量的大致范围。

- -XX:MaxGCPauseMillis：期望收集时间上限。用来控制收集对应用程序停顿的影响。
- -XX:GCTimeRatio：期望的 GC 时间占总时间的比例，用来控制吞吐量。
- -XX:UseAdaptiveSizePolicy：自动分代大小调节策略。

但要注意停顿时间与吞吐量这两个目标是相悖的，降低停顿时间的同时也会引起吞吐量的降低。我们要做的是，将目标控制在一个合理的范围中。

虚拟机还提供了一些辅助性的 VM 选项，如表 5-2 所示。

表 5-2　　　　　　　　　　Parallel Scanvenge 收集器 VM 选项

选　项	Build	默认值	输　出
-XX:DisableExplicitGC	product	false	屏蔽 System.gc()
-XX:UseAdaptiveSizePolicyFootprintGoal	product	true	以自适应调节最小值为目标
-XX:UseAdaptiveSizePolicyWithSystemGC	product	false	为自适应调节功能的需要，开启 System.gc()统计

如果说能够控制吞吐量这一特性已经让你觉得激动了的话，那么稍后你将遇到更大的惊喜。在设计演进过程中，逐渐出现了一些具有并发特征的收集器，它们竟然允许垃圾收集工作线程与应用线程同时进行。这对于交互响应要求较高的应用来说，具有极大的吸引力。稍后，我们将介绍这样的收集器。在此之前，我们先花点时间了解堆的类型和收集策略。

4. 堆的类型

不同的收集器，所选择的内存管理方式也有所区别。这点反映在堆的内存区域划分上就会有些差别，这也意味着，不同的收集器可能对应着不同类型的堆，如图 5-9 所示。

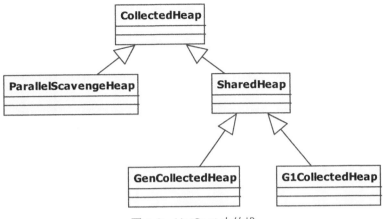

图 5-9 HotSpot 中的堆

HotSpot 提供了一些 VM 选项，可以用来选择堆的类型。事实上，这是由配置的收集器决定的。系统将按照如下顺序选择堆的类型。

（1）若开启 VM 选项 UseParallelGC，系统将自动选择堆类型为 ParallelScavengeHeap。

（2）若开启 VM 选项 UseG1GC，系统将自动选择堆类型为 G1CollectedHeap，而收集策略只能选择 G2 专用的 G1CollectorPolicy_BestRegionsFirst。

（3）若上述 2 个选项都没有配置，则将选择堆类型为 GenCollectedHeap。而对于收集策略，还可以进行细分，例如：

- 默认配置 ConcurrentMarkSweepPolicy，老年代的收集使用"标记-清除"算法；
- 若配置 UseSerialGC，将选择 MarkSweepPolicy；
- 若配置 UseConcMarkSweepGC，将选择 ConcurrentMarkSweepPolicy；若开启了自适应策略选项 UseAdaptiveSizePolicy，则选择 ASConcurrentMarkSweepPolicy 作为收集策略。

在这些模块中，定义了 mem_allocate()、collect()和 collect_as_vm_thread()等函数，实现了在特定类型堆中为对象或数组分配空间以及触发收集等操作。

5. 收集策略

现在，我们将要讨论的是关于收集策略的话题。所谓收集策略，指的是在各个分代中应用的垃圾收集算法组合。每一种策略都有各自的名字，以此作为区分。

首先，我们先看一下在各个分代中可以配置的收集算法类型。

（1）在新生代和老年代中。

- ASParNew: 在 ParNew 的基础上应用了自适应调节策略（UseAdaptiveSizePolicy）。
- ASConcurrentMarkSweep: 在 ConcurrentMarkSweep 的基础上应用了自适应调节策略。

- DefNew：默认新生代收集器。
- ParNew：并行收集新生代。
- MarkSweepCompact：基于"标记-清除-压缩"算法。
- ConcurrentMarkSweep：基于 CMS 收集器。

（2）在永久代中。

- MarkSweepCompact：基于"标记-清除-压缩"算法。
- MarkSweep：基于"标记-清除"算法。
- ConcurrentMarkSweep：基于 CMS 收集器。

接下来，通过组合各个分代中的收集算法类型，可以制定不同的收集策略，如表 5-3 所示。

表 5-3　　　　　　　　　　　　　　　收集策略

收集策略	新生代	老年代	永久代
MarkSweepPolicy	若支持并行则 ParNew，否则默认 DefNew	MarkSweepCompact	MarkSweepCompact
ConcurrentMarkSweepPolicy（若开启自适应调节策略）	DefNew	ConcurrentMarkSweep	ConcurrentMarkSweep
	ASParNew 或 ParNew	ASConcurrentMarkSweep	ConcurrentMarkSweep
G1CollectorPolicy_BestRegionsFirst	—	—	—
TwoGenerationCollectorPolicy GenerationSizer	—	—	—

接下来，让我们接触两个极具代表性的具体收集器产品：CMS 收集器和 G1 收集器。它们在并发性能上有着上佳的表现。

5.2.2　CMS 收集器

先来看一看 CMS 收集器包含的主要模块，如图 5-10 所示。

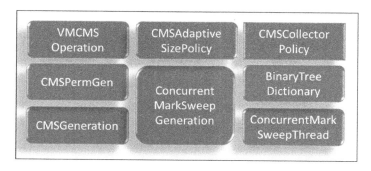

图 5-10　CMS 组成模块

- **CMSAdaptiveSizePolicy** 模块：实现 CMS 自适应调整策略。
- **CMSCollectorPolicy** 模块：实现 CMS 收集策略。
- **ConcurrentMarkSweepGeneration** 模块：实现 CMS 分代。包括 CMS 的核心组件，如 CMSCollector、CMSMarkStack、SweepClosure、ConcurrentMarkSweepGeneration、MarkFromDirtyCardsClosure、SurvivorSpacePrecleanClosure、CMSBitMap 等。
- **CMSPermGen** 模块：在 CMS 空间中实现 PermGen，永久代也由 CMS 收集器收集。
- **CMSGeneration** 模块：实现 CMS 分代。
- **ConcurrentMarkSweepThread** 模块：实现 CMS 线程。
- **VMCMSOperation** 模块：定义了在 CMS 内部执行的操作，如 VM_CMS_Initial_Mark、VM_CMS_Final_Mark 等。

接下来，通过 CMS 的运作原理分析，我们将看到它是如何做到在夹缝中寻找出路，为收集器带来并发特征的。

1. 如何找到垃圾——可达性分析

CMS（并发标记-清除，Concurrent Mark-Sweep）收集器工作时，GC 工作线程与用户线程可以并发执行，以达到降低收集停顿时间的目的。对于交互响应速度敏感的应用程序，非常适合这种垃圾收集器。CMS 仅作用于老年代的收集。

开启 VM 选项-XX:+UseConcMarkSweepGC，表示对于老年代的回收采用 CMS。CMS 基于"标记-清除"算法。因此，收集过程将也包括两个基本阶段：标记出所有可以回收的对象以及清除它们占用的空间。

CMS 的创新之处在于，将原本两个独立的"标记-清除"阶段进行分解，根据"粒度更小的操作阶段对 STW 的需求不同"这一基本特点，挖掘出了可以进行性能优化的空间。

接下来，我们将深入观察 CMS 收集的过程细节，来体会 CMS 设计者的智慧。

首先，我们需要明白一点："标记"阶段才需要 STW。标记完成后，需要被清除的对象已经确定，无论此时用户线程是否恢复执行以及是否产生新的垃圾，都不应当影响对这些已标记对象的清理。也就是说，"清除"阶段可以设计成与用户线程并发执行。

其次，我们需要重新审视一下"标记"的整个过程，尝试分解"标记"过程，进一步找出可能优化的空间。在进行审视之前，有必要先熟悉"标记"操作的一个基本概念——判断一个对象是否符合可达性条件。

可达性[2]（reachability）是指，如果一个对象会被至少一个在程序中的变量通过直接或间接的方式被其他可达的对象引用，则称该对象是**可达的**（reachable）。更准确地说，一个对象只有满足下述两个条件之一，方被判断为可达的。

---

[2] 更多内容可以参考 http://en.wikipedia.org/wiki/Garbage_collection_(computer_science)。

- 本身是根对象。根（root）是指由堆以外空间访问的对象。JVM 中会将一组对象标记为根，包括全局变量、部分系统类，以及栈中引用的对象，如当前栈帧中的局部变量和参数。
- 被一个可达的对象引用。

有了这些概念，接下来让我们看一看"标记-清除"算法的基本过程。如图 5-11 所示，演示了一组对象。其中，线表示对象引用，箭头方向表示被引用的对象。"标记"时，JVM 将首先从**根集合**（root set）中搜索引用的对象，然后从这些对象出发继续搜索被该对象引用的对象。如果从根节点出发能够找到一条路径引用到对象，那么这个对象就被判断为可达的。这个判断所有对象是否可达的过程，称为**可达性分析**（reachability analysis）。可达性分析完毕后，那些由根节点出发无法找到任何引用路径的对象，将在其 Mark Word 中"标记"为不可达。它们将成为"清除"阶段收集的目标。如图 5-12 所示，"标记"阶段结束时，对象 5、6 和 8 被"标记"成不可达对象；在"清除"阶段这 3 个对象将被回收，而其他 5 个对象仍然保持存活，如图 5-13 所示。

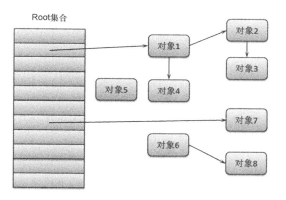

图 5-11　可达性对象

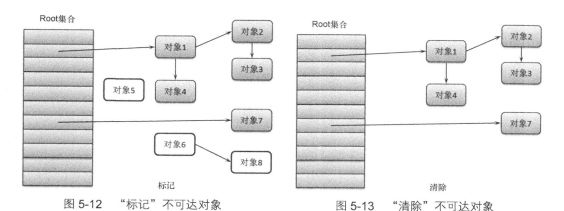

图 5-12　"标记"不可达对象　　　　图 5-13　"清除"不可达对象

现在让我们再回过头来，分析如何对 CMS 的收集过程进行优化。现在，请读者思考一个问题：如果 GC 线程正在进行可达性分析，此时是否可能实现用户线程与其并发进行？如果你没有思考过这个问题，那么请花上几分钟的时间认真想一想。

一般来说，为了确保可达性分析的整个阶段中对象的引用关系保持固定，JVM 需要暂停其他工作。假设 JVM 不暂停其他任务，可以想象，这里刚把一组对象间的引用关系建立好，其他任务就引发了这些对象间的引用关系变化，而此时收集器将何去何从：是继续完成剩下的对象可行性分析，还是再返回重新修复被破坏的引用关系？但无论怎样选择，可能都会导致可行性分析的错误。因此，这个过程需要 JVM 暂停所有任务，即 STW。

JVM 在暂停的时候，需要选准一个时机，由于 JVM 系统运行期间的复杂性，不可能做到随时暂停，因此引入了**安全点**（safepoint）概念：程序只有在运行到安全点的时候，才准暂停下来。HotSpot 采用主动中断的方式，让执行线程在运行时轮询是否需要暂停的标识，若需要暂停则中断挂起。HotSpot 使用了几条短小精炼的汇编指令便可完成安全点轮询以及触发线程中断，因此对系统性能的影响可以忽略不计。

为支持分阶段实施并发"标记-清除"收集算法，HotSpot 内部定义了多个 CMS 状态，其状态机如图 5-14 所示。

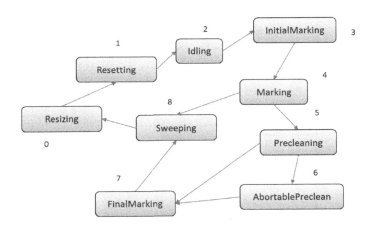

图 5-14　CMS 状态机

2. 夹缝中寻找出路

现在，让我们看一看 CMS 是如何寻找优化空间的。事实上，CMS 将可达性分析过程分解成了两个阶段：仅扫描与根节点直接关联的对象；继续向下扫描完所有对象。这样，"标记"过程也随之而然地被拆分为两个阶段，即**初始标记**和**并发标记**。

完整的收集过程如下。

- **初始标记**（initial-mark）：从根对象节点仅扫描与根节点直接关联的对象并标记，这个过程必须 STW，但由于根对象数量有限，所以这个过程很短暂。
- **并发标记**（concurrent-marking）：与用户线程并发进行。这个阶段紧随初始标记阶段，在初始标记的基础上继续向下追溯标记。并发标记阶段，应用程序的线程和并发标记的线程并发执行，所以用户不会感受到停顿。

注意 CMS 希望从根节点出发的对象引用关系不被破坏就行。

- **并发预清理**（concurrent-precleaning）：与应用线程并发进行。由于上一阶段执行期间，会出现一些趁机"晋升"到老年代的对象。在该阶段通过重新扫描，减少下一个阶段"重新标记"的工作，因为下一个阶段会 STW。
- **重新标记**（remark）：STW，但很短暂。暂停工作线程，由 GC 线程扫描在 CMS 堆中的对象。这个过程主要是在前期标记的基础上，仅对并发标记阶段遭到破坏的对象引用关系进行修复，以保证最终"清理"前建立的对象引用关系是正确的。扫描将从根对象开始向下追溯，并处理对象关联。这个过程也很短暂。
- **并发清理**（concurrent-sweeping）：清理垃圾对象，这个阶段 GC 线程和应用线程并发执行。
- **并发重置**（concurrent-reset）：这个阶段，重置 CMS 收集器的数据结构，做好下一次执行 GC 任务的准备工作。

读者可以参考 5.3.4 小节中的 GC 日志（见清单 5-22），以增强对这些枯燥过程的感性认识。

通过上述 CMS 收集过程可以看出，在每次垃圾收集周期内，只出现 2 次短暂的暂停：**初始标记阶段**和**重新标记阶段**。与老年代收集的串行版本 Serial Old 收集器相比，这两个阶段持续时间较为短暂，只完成那些在整个收集周期内必须要暂停才能执行的任务，如图 5-15 所示。这样一来，CMS 就可以将其他执行时间较长的阶段，放心地与用户线程并发执行。用整体的眼光来看的话，整个垃圾收集过程可近似看做是与用户程序并发进行的。

注意 CMS 以流水线方式拆分了收集周期，将耗时长的操作单元保持与应用线程并发执行。只将那些必须 STW 才能执行的操作单元单独拎出来，控制这些单元在恰当的时机运行，并能保证仅需短暂的时间就可以完成。这样，在整个收集周期内，只有两次短暂的暂停，达到了近似并发的目的。

根据新生代的特点，该分代适合基于复制算法的收集器。前文提到，无论是 Serial 还是 ParNew，以及 Parallel Scanvage 收集器，对新生代的收集都是基于复制算法的。而 CMS 收集器之所以能够做到并发，根本原因在于采用基于"标记-清除"的算法并对算法过程进行了细粒度的分解。我们知道，"标记-清除"算法将产生大量的内存碎片，这对新生代来说是难以接受的，因此，新生代的收集器并未提供 CMS 版本。

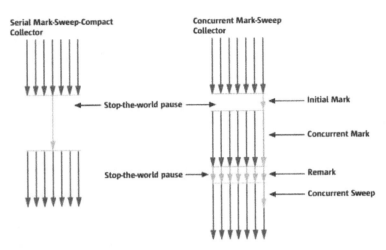

图 5-15　Serial Old/CMS 老年代收集对比（图片来源：《JVM 内存管理白皮书》）

> **练习 2**
> 思考一下，为什么 CMS 只能用作老年代收集器，而不能应用在新生代的收集？

5.2.3　G1 收集器

G1（即 Gabage First）收集器的出现，给人一种焕然一新的感觉。

G1 重新定义了堆空间，打破了原有的分代模型，将堆划分为一个个区域。这么做的目的是，在进行收集时不必在全堆范围内进行，这是它最突出的特点。区域划分的好处就是带来了停顿时间可预测的收集模型：用户可以指定收集操作在多长时间内完成！换句话说，G1 提供了接近实时的收集特性。瞧，这个特征是不是十分诱人呢？

此外，G1 也在并行和并发上做了一定的改良。G1 尽可能地降低了 STW 的暂停时间。G1 与 CMS 的特征对比如表 5-4 所示。

表 5-4　G1 与 CMS 的特征对比

特　征	CMS	G1
并发和分代	是	是
最大化释放堆内存	是	否
低延时	是	是
吞吐量	高	低
压实	是	否
可预测性	强	弱
新生代和老年代的物理隔离	否	是

1. 何时使用 G1

对于打算从 CMS 或 ParallelOld 收集器迁移过来的应用，按照官方的建议[3]，如果发现符合如下特征，可以考虑更换成 G1 收集器以追求更佳性能：

- 实时数据占用了超过半数的堆空间；
- 对象分配率或"晋升"的速度变化明显；
- 期望消除耗时较长的 GC 或停顿（超过 0.5～1 秒）。

注意 官方建议，如果应用程序此前在使用 CMS 或 ParallelOldGC 收集器时运行良好，并没有造成应用程序出现长时间的停顿，那么最好的建议就是维持现状，而不是切换到 G1 收集器。当你选择升级到最新的 JDK 时，并不意味着一定要将收集器也切换到新的收集器上。

2. 核心思路：Region

G1 收集器的设计思路：首先，在堆的结构设计时，G1 打破了以往将收集范围固定在新生代或者老年代的模式。如图 5-16 所示，G1 将堆分成许多相同大小的区域单元，每个单元称为 Region。Region 是一块地址连续的内存空间。

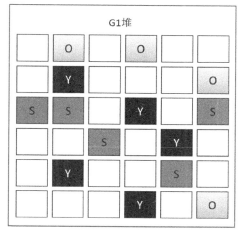

图 5-16　G1 堆的 Region 布局[4]

G1 模块的组成如图 5-17 所示，而图 5-18 则描述了 G1 堆的基础类型 HeapRegion 类的结构。G1 会通过一个合理的计算模型，计算出每个 Region 的收集成本并量化。这样一来，收集

---

[3] 更多内容可以参考 *http://www.oracle.com/technetwork/java/javase/tech/g1-intro-jsp-135488.html*。
[4] 更多内容可以参考《CMS and G1 Collector in Java 7 Hotspot: Overview, Comparisons and Performance Metrics》。

器在给定了"停顿"时间限制的情况下,总是能选择一组恰当的 Regions 作为收集目标,让其收集开销满足这个限制条件,以此达到实时收集的目的。

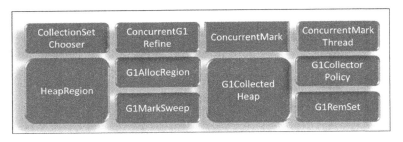

图 5-17　G1 模块组成

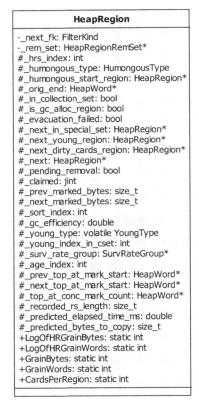

图 5-18　HeapRegion

在 G1 堆中进行内存空间分配时,将首先在**当前分配区域**(current allocation region)尝试分配,当该区域被填满后,系统将选择一个新的 Region 进行分配,使其成为新的当前分配区域。

JVM 提供了一些选项,可供我们跟踪 Region 的运行变化,如表 5-5 所示。

5.2 垃圾收集器

表 5-5　　　　　　　　　　　G1 收集器 VM 选项

选　　项	Build 版本	默认值	输　　出
-XX:G1PrintRegionLivenessInfo	product	false	在清理阶段的并发标记环节，输出堆中的所有 regions 的活跃度信息
-XX:G1PrintHeapRegions	diagnostic	false	G1 将输出那些 regions 被分配和回收的信息

3. Remembered Sets 与 Collection Sets[5]

上一节在介绍对象可达性条件时，我们知道，全局变量和栈中引用的对象是可以列入根集合的。这样在寻找垃圾时，就可以从根集合出发扫描堆空间。在 G1 中，又引入了一种新的能加入根集合的类型，就是**记忆集**（Remembered Set）。

注意　回忆一下，哪些对象可以列入根集合？

Remembered Sets，或 RSets：用来跟踪对象引用。如图 5-18 所示，G1 堆为每个 Region 关联一个 RSet（即 HeapRegion 类中 _rem_set 成员），用来表示引用该 Region 内存活对象的位置。通过 RSet，G1 能够并行、独立地对单个 Region 展开收集。RSets 将占用一部分额外内存，这部分比例小于 5%，对整体影响不大。当 RSets 维护的引用关系发生变动时，需要通知收集器。这种通知是使用 Card Table 完成的。

当 JVM 发现内部一个引用关系需要更新（Reference 类型写操作），则立即产生一个 Write Barrier 中断这个写操作。接下来，若发现被引用的对象位于其他 Region，则通过 CardTable 通知垃圾收集器。垃圾收集器根据 CardTable，在被引用对象所属 Region 关联的 Remembered Set 之中加入这条引用关系，并将 Remembered Set 加入根集合。G1 收集时，就能够通过根集合扫描到该对象。

虚拟机使用另外一种 Region 集合，称为 Collection Sets（或 CSets），用来表示那些将要被收集器回收的 Region 集合。Region 集合可以来自于 Eden、Survivor 和/或老年代。CSets 中的所有存活对象在 GC 时，将以复制或移动的方式进行**疏散**（evacuated）。CSets 将占用一部分额外内存，这部分比例小于 1%，对整体影响不大。

4. GC 工作过程

G1 收集器在工作时，也是围绕 Region 而展开的，其中有几个关键点：

- 将 G1 堆被划分为 Regions；
- 新生代内存空间由一套非连续的 Regions 组成；
- 新生代 GC 时应用暂停（STW）；

---

[5] 可以参考 http://www.oracle.com/webfolder/technetwork/tutorials/obe/java/G1GettingStarted/index.html，即《Getting Started with the G1 Garbage Collector》

- 由并行线程完成对新生代的收集；
- 将存活对象复制到新的 Survivor 或老年代。

接下来，让我们看一看具体的 G1 收集过程是怎样的。

（1）初始标记（Initial Mark）：STW。G1 将这个过程伴随在一次普通的新生代 GC 中完成。该阶段标记的是幸存区 Regions（Root Regions）。当然，该区域仍有可能引用老年代的对象。

（2）根区域扫描（Root Region Scanning）：扫描幸存区中引用老年代的 Regions。该阶段与应用程序并发进行。这一过程必须能够在新生代 GC 发生前完成。

（3）并发标记（Concurrent Marking）：找出全堆中存活对象。该阶段与应用程序并发进行。这一过程允许被新生代 GC 打断。

（4）重新标记（Remark）：STW，完成堆中存活对象的标记。重新标记基于 SATB 算法（snapshot-at-the-beginning），比 CMS 收集器算法快很多。

（5）清理（Cleanup）。包括 3 个阶段：首先，计算活跃对象并完全释放自由 Regions（STW）；然后，处理 Remembered Sets（STW）；最后，重置空闲 regions 并将它们放回空闲列表（并发）。

（6）复制（Copying）：STW。将存活对象疏散或复制至新的未使用区域内。

5.3 实战：性能分析方法

Java 自动内存管理技术为程序员带来了极大的便利。对于 Java 程序员来说，并不需要去弄懂内存管理是如何工作的。事实上，在大多数应用程序中，并没有对内存选项进行调整和优化过。这是因为，虚拟机在内存管理方面已经做到了足够的自动化，因此没有必要让用户做太多的配置。但是为了在应用程序遭遇性能瓶颈或故障时能够顺利找到症结所在，了解一些性能分析方法也是很有必要的。

5.3.1 获取 GC 日志

获取 GC 日志的最简单方式，是在启动程序时加上命令参数 "-verbose:gc"。这样，虚拟机会将运行期间出现的每次 GC 事件都以日志方式输出出来，如清单 5-6 所示。

清单 5-6
```
[GC 52958K->41484K(61248K), 0.0112259 secs]
[Full GC 41484K->24528K(61248K), 0.1081369 secs]
```

在清单 5-6 中，"GC" 或 "Full GC" 表示收集类型。每行箭头前后的数据表示收集前后存活对象占用内存空间的大小，括号内数值表示堆空间大小。最后一个数据表示以秒为单位的 GC 执行时间。

通过观察运行时 GC 日志，可为我们分析 GC 性能提供最基本的参考信息。但略有不足的是，这些 GC 事件并没有报告发生时间。当我们想考察 GC 执行频率，或想了解 user/sys 比例

5.3 实战：性能分析方法

时，上述这些信息就略显单薄了。HotSpot 提供了一组管理选项，可对 GC 事件输出更加具体的信息。如表 5-6 所示，列举了与 GC 日志相关的 VM 选项。

表 5-6　　　　　　　　　　GC 日志相关的 VM 选项

选　　项	Build	默认值	输　　出
-XX:PrintGC	manageable	false	等同于 "-verbose:gc"
-XX:PrintGCDetails	manageable	false	GC 时输出更多细节信息
-XX:PrintGCDateStamps	manageable	false	GC 操作的日期戳信息，相对于时间戳，这个是 GST 时间
-XX:PrintGCTimeStamps	manageable	false	GC 时的时间戳信息
-XX:PrintGCTaskTimeStamps	product	false	输出每个 GC 工作线程的时间戳信息
-Xloggc:<filename>	product		输出 GC 日志至文件

打开 VM 选项 PrintGCDetails 后，得到日志如清单 5-7（a）所示。

清单 5-7（a）
```
[GC [PSYoungGen: 65217K->11356K(70016K)] 88635K->35900K(111744K), 0.0076297 secs
] [Times: user=0.00 sys=0.00, real=0.01 secs]
```

在清单 5-7（a）中，"[PSYoungGen: 65217K->11356K(70016K)]" 表示新生代在收集前后存活对象占用内存空间的大小，括号内数值 "70016K" 则表示这部分空间的内存大小。"PSYoungGen" 表示新生代收集器名。"88635K->35900K(111744K)" 描述的是堆在收集前后存活对象占用内存空间的大小，同样地，括号内数值表示堆空间的内存大小。"0.0076297 secs" 表示以秒为单位的 GC 执行时间。"[Times: user=0.00 sys=0.00, real=0.01 secs]" 中的 3 个数值依次表示应用程序耗时、系统耗时和实际耗时，均以秒为单位。

在程序运行完毕时还会输出堆的整体使用情况，如清单 5-7（b）所示。

清单 5-7（b）
```
Heap
 PSYoungGen      total 33920K, used 23251K [0x00000000eba00000, 0x00000000edda00
00, 0x0000000100000000)
  eden space 31360K, 65% used [0x00000000eba00000,0x00000000ece36380,0x00000000e
d8a0000)
  from space 2560K, 99% used [0x00000000edb20000,0x00000000edd9eb80,0x00000000ed
da0000)
  to   space 2560K, 0% used [0x00000000ed8a0000,0x00000000ed8a0000,0x00000000edb
20000)
 ParOldGen       total 41728K, used 15499K [0x00000000c2e00000, 0x00000000c56c00
00, 0x00000000eba00000)
  object space 41728K, 37% used [0x00000000c2e00000,0x00000000c3d22f20,0x0000000
0c56c0000)
 PSPermGen       total 21248K, used 17500K [0x00000000bdc00000, 0x00000000bf0c00
00, 0x00000000c2e00000)
  object space 21248K, 82% used [0x00000000bdc00000,0x00000000bed17058,0x0000000
0bf0c0000)
```

开启 VM 选项 PrintGCDateStamps，将汇报 GC 执行的绝对时间，这对于事后分析很有用处，如清单 5-8 所示。

清单 5-8

```
2013-08-24T17:49:42.871+0800: [GC [PSYoungGen: 15680K->2536K(18240K)] 15680K->30
26K(59968K), 0.0038012 secs] [Times: user=0.00 sys=0.00, real=0.01 secs]
```

若是考察 GC 事件间的规律，有时使用相对时间来记录 GC 事件会更加直观。下面日志反映了 PrintGCTimeStamps 与 PrintGCDateStamps 之间的微妙差别，如清单 5-9 所示。

清单 5-9

```
5.411: [GC [PSYoungGen: 15680K->2552K(18240K)] 15680K->2994K(59968K), 0.0036465
secs] [Times: user=0.00 sys=0.00, real=0.01 secs]
```

其中，"5.411"是指 GC 事件发生时，距 JVM 启动以来所经历的秒数。

此外，若 GC 过程中发生了 STW，GC 日志的格式会有些变化，如清单 5-10 所示。

清单 5-10

```
1557.891: [Full GC [PSYoungGen: 54263K->0K(275200K)] [PSOldGen: 692884K->668925K(699072K)]
747148K->668925K(974272K) [PSPermGen: 88401K->88401K(131328K)], 0.7180410 secs]
```

在清单 5-10 中，"[PSYoungGen: 54263K->0K(275200K)]"表示新生代在收集前后存活对象占用内存空间的大小，括号内数值"275200K"则表示这部分空间的内存大小。"PSYoungGen"表示新生代收集器名。"[PSOldGen: 692884K->668925K(699072K)]"表示老年代在收集前后存活对象占用内存空间的大小，括号内数值"699072K"则表示这部分空间的内存大小。"747148K->668925K(974272K)"描述的是这两部分空间在收集前后存活对象占用的内存大小，同样地，括号内数值表示这两部分空间的内存大小。

"[PSPermGen: 88401K->88401K(131328K)]"永久代在收集前后存活对象占用内存空间的大小，括号内数值"131328K"则表示这部分空间的内存大小。"0.0036465 secs"表示以秒为单位的 Full GC 执行时间。

除了 GC 日志，我们还可以通过其他途径获得更多有关 GC 行为的信息。如图 5-19 所示，开启 VM 选项-XX:+ShowSafepointMsgs 后，JVM 向控制台输出了关于安全点的信息。

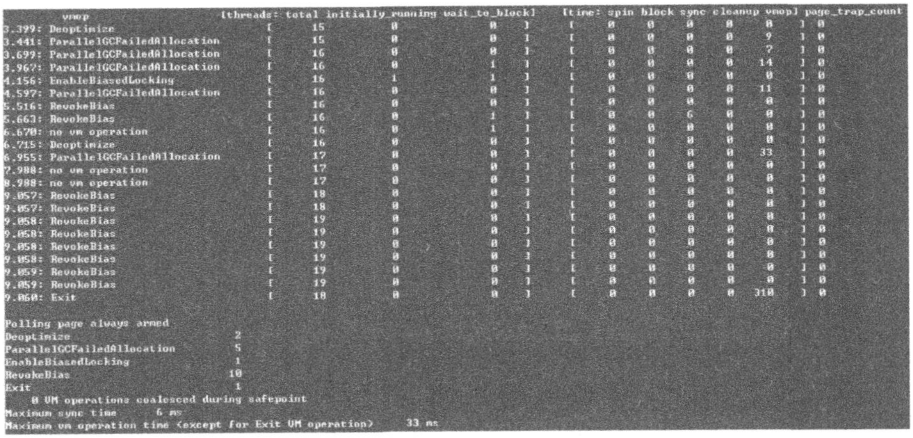

图 5-19　开启 VM 选项：-XX:+ShowSafepointMsgs

HotSpot 也为 safepoint 提供了输出日志选项，如表 5-7 所示。

表 5-7　　　　　　　　　　与 safepoint 相关的 VM 选项

选项	Build	默认值	输出
-XX:PrintGCApplicationConcurrentTime	product	false	应用程序运行时间
-XX:PrintGCApplicationStoppedTime	product	false	应用程序暂停时间，在以安全点开始的操作中，线程停顿时间
-XX:ShowSafepointMsgs		false	显示关于安全点的信息
-XX:PrintSafepointStatisticsCount	product	300	输出关于安全点的统计信息
-XX:PrintSafepointStatisticsTimeout	product	-1	

打开 VM 选项 PrintGCApplicationConcurrentTime 与 PrintGCApplicationStoppedTime，将在日志中记录在安全点操作中线程运行时间以及暂停时间，如清单 5-11 所示。

清单 5-11
```
Total time for which application threads were stopped: 0.0000320 seconds
Application time: 0.0012164 seconds
```

除了 GC 日志，还可以通过其他途径获得关于垃圾收集行为的性能信息。

5.3.2　GC 监控信息

通过 JDK 工具 jstat，可以得到与 GC 相关的统计信息。根据关注点的不同，jstat 提供了如下的选项可供选择。

（1）-gc 选项，如清单 5-12 所示。

清单 5-12
```
Unix>jstat -gc 14828
 S0C    S1C    S0U    S1U     EC       EU        OC         OU       PC       PU
 YGC    YGCT   FGC   FGCT    GCT
12288.0 11904.0  0.0  8825.8 14656.0  12805.2  41728.0    22686.1  21248.0 2
698.3     7     0.103   0    0.000    0.103
```

监视 Java 堆状况，包括 Eden 区、2 个 Survivor 区、老年代、永久代等的容量、已用空间、GC 时间合计等信息。

（2）-gccapacity 选项，如清单 5-13 所示。

清单 5-13
```
Unix>jstat -gccapacity 14828
 NGCMN    NGCMX     NGC      S0C     S1C      EC       OGCMN      OGCMX
 OGC   OC     PGCMN    PGCMX     PGC       PC      YGC        FGC
20800.0  333824.0  39232.0  12288.0 11904.0  14656.0    41728.0   667648.0   41
28.0    41728.0   21248.0  83968.0  21248.0  21248.0    7          0
```

监视内容与-gc 选项基本相同，但输出信息主要关注 Java 堆各个区域使用到的最大和最小空间。

（3）-gccause 选项，如清单 5-14 所示。

清单 5-14
```
Unix>jstat -gccause 14828
  S0     S1     E      O      P      YGC  YGCT   FGC  FGCT   GCT   LGCC               GCC
  0.00  74.14  89.06  54.37  97.41   7    0.103   0   0.000  0.103 Alloation Failure  No GC
```

该选项与-gcutil 选项功能一样，但是会额外输出导致一次 GC 产生的原因。

（4）-gcnew 选项，如清单 5-15 所示。

清单 5-15
```
Unix>jstat -gcnew 14828
  S0C     S1C      S0U    S1U    TT  MTT   DSS      EC       EU      YGC  YGCT
12288.0 11904.0   0.0   8825.8   4   15  12288.0  14656.0  13300.1    7   0.103
```

监视新生代 GC 的状态。

（5）-gcnewcapacity 选项，如清单 5-16 所示。

清单 5-16
```
Unix>jstat -gcnewcapacity 14828
  NGCMN     NGCMX     NGC      S0CMX      S0C      S1CMX      S1C      ECMX
    EC      YGC  FGC
 20800.0   333824.0  39232.0  111232.0  12288.0  111232.0  11904.0  333696.0
 14656.0    7    0
```

监视内容与-gcnew 选项基本相同，输出信息主要关注使用到的最大和最小空间。

（6）-gcold 选项，如清单 5-17 所示。

清单 5-17
```
Unix>jstat -gcold 14828
   PC       PU       OC       OU     YGC  FGC  FGCT   GCT
 21248.0  20698.3  41728.0  22686.1   7    0   0.000  0.103
```

监视老年代 GC 的状态。

（7）-gcoldcapacity 选项，如清单 5-18 所示。

清单 5-18
```
Unix>jstat -gcoldcapacity 14828
  OGCMN     OGCMX      OGC       OC     YGC  FGC  FGCT   GCT
  41728.0  667648.0  41728.0  41728.0    7    0   0.000  0.103
```

监视内容与-gcnew 基本相同，输出信息主要关注使用的最大和最小空间。

（8）-gcpermcapacity 选项，如清单 5-19 所示。

清单 5-19
```
Unix>jstat -gcpermcapacity 14828
  PGCMN    PGCMX      PGC       PC     YGC  FGC  FGCT   GCT
 21248.0  83968.0  21248.0  21248.0    7    0   0.000  0.103
```

输出永久代使用到的最大和最小空间。

（9）-gcutil 选项，如清单 5-20 所示。

清单 5-20
```
Unix>jstat -gcutil 14828
  S0     S1     E      O      P      YGC  YGCT   FGC  FGCT   GCT
  0.00  74.14  95.81  54.37  97.41    7   0.103   0   0.000  0.103
```

监视内容与 -gc 选项基本相同,但输出信息主要关注已使用空间占总空间的百分比。

5.3.3 内存分析工具

有时,需要对堆内存空间做更加深入细致的分析,这时我们需要得到整个堆空间的映像。

1. 堆转储分析

通过 jmap 命令获得任意时刻的堆空间映像,称为**堆转储**(heap dump)文件,使用方法如下:

```
jmap -dump:format=b,file=filename.hprof <pid>
```

其中 filename.hprof 表示生成的 DUMP 文件名称,pid 表示 Java 进程号。

jstat 会启动一个 HTTP 服务器,将堆内存空间以网页的形式呈现在我们面前,并提供了一组命令和**对象查询语言**(OQL)供用户对内存进行精确的查询。在第 9 章,我们会对此详细介绍。除了这些基本工具,还有一些 GUI 工具,可以代替 jstat 来分析 HPROF 文件。在这些 GUI 工具中,MAT 是其中的佼佼者。在本书的第 9 章中,你还将看到关于堆转储的更详细的内容。下面,让我们了解一款 JDK 自带的 GUI 工具。

2. GUI 工具

JDK 自带了一款 GUI 工具——Visual VM,它也包含了强大的内存分析功能。实际上,在上一章中,我们已经对 Visual VM 有所了解,它可以用做转储分析。现在,我们继续看一下它在内存分析上的表现。

如图 5-20 和图 5-21 所示,利用 Visual VM 可以动态地跟踪堆的使用率。相较于 jstat,Visual VM 具有更好的易用性,建议读者熟练掌握这个工具。

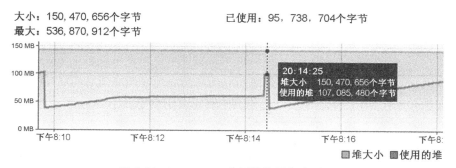

图 5-20 Visual VM 分析堆使用率(1)

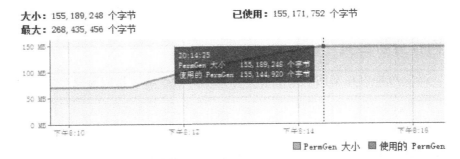

图 5-21　Visual VM 分析堆使用率（2）

5.3.4　选择合适的收集器与 GC 性能评估

显然，世界上并不存在一款通用的收集器，能够满足任何人对任何应用程序的需要。因此，了解自己系统是否使用了适合自身业务的收集器，以及掌握选择收集器的方法就显得尤为重要。所幸的是，有一些基本原则和方法能够胜任这部分的工作。首先，我们先了解一下 GC 的基本配置选项。

1. GC 基本配置

表 5-8 列出了与 GC 配置相关的常见选项。

表 5-8　GC 基本选项

选项	Build	默认值	输出
-Xms\<n\>m	product	2	初始堆大小（单位：MB）
-Xmx\<n\>m	product	64	堆最大大小（单位：MB）
-Xmn\<n\>m	product		堆年轻代大小（单位：MB）
-XX:DisableExplicitGC	product	false	屏蔽 System.gc()
-XX:UseAdaptiveSizePolicyWithSystemGC	product	false	为自适应调节功能的需要，开启 System.gc()统计
-XX:ExplicitGCInvokesConcurrent	product	false	System.gc()触发并发收集（仅当开启 UseConcMarkSweepGC 时生效）
-XX:ExplicitGCInvokesConcurrentAndUnloadsClasses	product	false	同上，并在这个并发 GC 周期内卸载类

2. 量体裁衣的原则

根据应用程序的特点和需求，综合考虑一些影响因素，进行收集器或算法的选择以及相关的参数的决策：

5.3 实战：性能分析方法

- 串行还是并行；
- 并发还是 STW；
- 压缩还是拷贝。

关于收集器和算法选择，HotSpot 提供了大量 VM 选项可供我们灵活选择，部分选项如表 5-9 所示。

表 5-9　　　　　　　　　　　　收集器和 GC 算法选择选项

选　　项	Build	默认值	输　　出
-XX:UseSerialGC	product	false	串行回收
-XX:UseG1GC	product	false	选择 G1 收集器
-XX:UseParallelGC	product	false	并行回收，充分利用多 CPU 的优势来提高吞吐量。主要作用于新生代，对于老年代仍然使用串行方法
-XX:UseParallelOldGC	product	false	对老年代使用并行回收
-XX:UseParNewGC	product	false	对新生代使用并行线程收集
-XX:UseAsyncConcMarkSweepGC		false	使用一部并发标记清除进行老年代收集
-XX:UseAutoGCSelectPolicy	product	false	使用自动收集选择策略
-XX:UseMaximumCompactionOnSystemGC	product	true	在并行老年代收集器中，对 SystemGC 进行的最大程度压实缩
-XX:ScavengeBeforeFullGC	product	true	在每次 full GC 前先回收新生代空间（配合 UseParallelGC 选项）
-XX:GCTimeRatio	product	99	期望的 GC 时间占总时间的比例。用来控制吞吐量
-XX:MaxGCPauseMillis	product	4294967295	期望的收集时间上限。用来控制收集对应用程序停顿的影响

另外，部分与性能相关参数的配置可以参考表 5-10。

表 5-10　　　　　　　　　　收集器和 GC 算法选择性能相关选项

选　　项	Build	默认值	输　　出
-XX:UsePerfData	product	true	开启 PerfData 性能监控计数器
-XX:UseSharedSpaces	product	true	在 PermGen 使用共享空间
-XX:TraceMarkSweep	notproduct	false	跟踪标记-清除
-XX:PermSize	pd product	12582912	PermGen 空间初始大小（字节）
-XX:MaxPermSize	pd product	67108864	PermGen 空间最大值（字节）
-XX:PermGenPadding	product	3	为 PermGen 保持多少缓存空间
-XX:MaxPermHeapExpansion	product	4194304	在没有 Full GC 时，PermGen 的最大扩展（字节）
-XX:NewRatio	product	2	指定新生代/老年代的大小比例
-XX:NewSize	product	1048576	新生代空间初始大小（字节）

选项	Build	默认值	输出
-XX:OldSize	product	4194304	老年代空间初始大小（字节）
-XX:UseGCOverheadLimit	product	true	使用策略以限制在 GC 上面的开销，尽量避免产生 OutOfMemory 异常。这往往是由于虚拟机内存过小难以维系程序的运行

3. 选择 CMS

如果发现 PSOldGen 老年代收集器影响到了你的应用程序在交互响应上的体验，不妨试试换成 CMS 吧。可以通过如表 5-11 所示的选项来配置 CMS 收集器。

表 5-11　　　　　　　　　　　　CMS 配置选项

选项	Build	默认值	输出
-XX:UseConcMarkSweepGC	product	false	对老年代使用并发标记-清除（CMS）回收
-XX:CMSIncrementalMode	product	false	增量模式
-XX:CMSIncrementalPacing	product	true	增量模式自动调整
-XX:ParallelGCThreads	product	0	并行执行的 GC 线程数量
-XX:UseParNewGC	product	false	对新生代使用并行线程收集，以配合 CMS 老年代收集。即使不开启该选项，当选择 CMS 后新生代默认也会使用 ParNew

在你做出选择 CMS 的决策之前，最好还是先对它的性能进行初步的了解和评估。幸运的是，我们可以使用 "PrintGCDetails" 等调试选项来度量 CMS 的性能，如清单 5-21 所示。

清单 5-21
```
    java -XX:+UseConcMarkSweepGC -XX:GCTimeRatio=49 -XX:MaxGCPauseMillis=50 -XX:+PrintGCDetails -Xloggc:CMS_GC.log AppTest.java
```

值得高兴的是，GC 日志中还包含了 CMS 收集器的操作信息，这对我们理解 CMS 工作过程也是有帮助的。这些操作信息如清单 5-22 所示。

清单 5-22
```
19.493: [GC [1 CMS-initial-mark: 24041K(41728K)] 26371K(60480K), 0.0027710 secs] [Times: user=0.00 sys=0.00, real=0.00 secs]
    19.496: [CMS-concurrent-mark-start]
    19.546: [CMS-concurrent-mark: 0.050/0.050 secs] [Times: user=0.14 sys=0.00, real=0.05 secs]
    19.546: [CMS-concurrent-preclean-start]
    19.546: [CMS-concurrent-preclean: 0.000/0.000 secs] [Times: user=0.00 sys=0.00, real=0.00 secs]
    19.546: [GC[YG occupancy: 2769 K (18752 K)]19.546: [Rescan (parallel) , 0.0011318 secs]19.548: [weak refs processing, 0.0001219 secs]19.548: [scrub string table, 0.0001137 secs]
[1 CMS-remark: 24041K(41728K)] 26810K(60480K), 0.0014537 secs] [Times: user=0.00 sys=0.00, real=0.00 secs]
    19.548: [CMS-concurrent-sweep-start]
    19.557: [CMS-concurrent-sweep: 0.008/0.009 secs] [Times: user=0.03 sys=0.00, real=0.01
```

```
secs]
    19.557: [CMS-concurrent-reset-start]
    19.559: [CMS-concurrent-reset: 0.002/0.002 secs] [Times: user=0.00 sys=0.00, real=0.00
secs]
    44.126: [GC 44.126: [ParNew: 18752K->2048K(18752K), 0.0865670 secs] 39441K->25898K(60480K),
0.0866631 secs] [Times: user=0.19 sys=0.00, real=0.09 secs]
```

接下来对每个单项进行解读。通过 CMS 日志，我们发现一次 CMS 收集被明显地分为几个阶段。

（1）时间戳 19.493 记录了老年代收集的开始阶段，CMS-initial-mark 将从根集合中出发查找直接可达对象并标记，注意此时其他工作是被暂停的（STW）。老年代的空间容量是 41728KB，CMS 处理 24041KB。CMS 在这一阶段耗时 0.0027710 秒。

（2）时间戳 19.496 记录了并发标记阶段的开始时刻。而在时间戳 19.546 记录了并发标记的完成时刻和过程统计，这一阶段耗时 0.050 秒。

（3）并发预处理过程瞬间完成，日志记录该阶段开销为 0.000 秒。

（4）接下来记录的是"重新标记"阶段细节，该阶段重新扫描在 CMS 堆中残余的更新对象，从根集合重新跟踪和加工引用对象。"重新扫描"耗时 0.0011318 秒，"弱引用处理"过程耗时 0.0001219 秒，"scrub string table"耗时 0.0001137 秒。整个阶段耗时 0.0014537 秒完成。

（5）此外，并发清除耗时 CPU 时间 0.008 秒，墙上时间 0.009 秒；并发重置耗时 CPU 时间 0.002 秒，墙上时间 0.002 秒。

在实际应用中，我们也可将一个完整的 GC 日志进行拆分，并对上述各个阶段的性能数据分别进行整理、加工和分析，以提供更加细致的决策参考。

4．选择 G1 和性能评估方法

如清单 5-23 所示，在评估 G1 收集器时，可以通过如下 VM 选项获得日志。

清单 5-23

```
    java  -XX:+UseG1GC  -XX:GCTimeRatio=49  -XX:MaxGCPauseMillis=50  -XX:+PrintGCDetails
-XX:+PrintGCDateStamps -Xloggc:G1_GC.log AppTest.java
```

前文曾讲过，在选择或更换收集器时，我们应当先了解收集器的性能情况并做好充分评估后再做出决策。这个评估过程其实并不复杂，只需要在你的应用环境（最好是测试环境）上配置好 G1 收集器并打开 GC 日志，然后运行模拟的测试用例得到 G1 性能数据。最后，对这部分数据进行统计、加工和分析，以判断是否满足你的更新需求。

接下来，我们通过一个实战来跟踪 G1 的工作过程，同时，也会介绍 G1 性能评估方法。

开启 VM 选项 PrintGCDetails 和 PrintGCDateStamps，这样在 G1 每次执行工作任务时，都会将过程信息输出到名为"G1GC.log"文件中（你可以通过-Xloggc 指定其他文件名）。在配置了 G1 收集器的应用程序中，开启 VM 选项-XX:+PrintGCDetails 至少能为我们提供这些信息：

- 每次停顿开销的平均值、最小值和最大值；
- Root 扫描、RSet 更新（含缓存处理信息）对象复制、终止（含尝试次数）；

- 其他开销；
- Eden/Survivors 和堆使用情况。

清单 5-24 是从实际应用程序的 GC 日志中提取出的一次 GC 信息。可以发现，G1 的日志与我们在前文看到的 GC 日志发生了较大的改变，内容更加丰富。

清单 5-24

```
2013-08-25T01:02:01.614+0800: 4.112: [GC pause (young), 0.00825565 secs]
   [Parallel Time:   6.4 ms]
      [GC Worker Start (ms):  4112.4  4112.4  4112.4  4118.2
       Avg: 4113.9, Min: 4112.4, Max: 4118.2, Diff:   5.8]
      [Ext Root Scanning (ms):  3.0  3.1  2.5  0.0
       Avg:  2.2, Min:  0.0, Max:  3.1, Diff:  3.1]
      [Update RS (ms):  0.4  0.5  0.8  0.0
       Avg:  0.4, Min:  0.0, Max:  0.8, Diff:  0.8]
         [Processed Buffers : 2 6 4 0
          Sum: 12, Avg: 3, Min: 0, Max: 6, Diff: 6]
      [Scan RS (ms):  0.1  0.1  0.0  0.0
       Avg:  0.1, Min:  0.0, Max:  0.1, Diff:  0.1]
      [Object Copy (ms):  2.3  2.0  2.3  0.0
       Avg:  1.7, Min:  0.0, Max:  2.3, Diff:  2.3]
      [Termination (ms):  0.5  0.1  0.1  0.0
       Avg:  0.2, Min:  0.0, Max:  0.5, Diff:  0.5]
         [Termination Attempts : 1 1 1 1
          Sum: 4, Avg: 1, Min: 1, Max: 1, Diff: 0]
      [GC Worker End (ms):  4118.7  4118.3  4118.3  4118.3
       Avg: 4118.4, Min: 4118.3, Max: 4118.7, Diff:   0.5]
      [GC Worker (ms):  6.3  5.9  5.9  0.0
       Avg:  4.5, Min:  0.0, Max:  6.3, Diff:  6.3]
      [GC Worker Other (ms):  0.1  0.6  0.6  6.4
       Avg:  1.9, Min:  0.1, Max:  6.4, Diff:  6.3]
   [Clear CT:   0.2 ms]
   [Other:   1.6 ms]
      [Choose CSet:   0.0 ms]
      [Ref Proc:   1.4 ms]
      [Ref Enq:   0.1 ms]
      [Free CSet:   0.0 ms]
   [Eden: 10M(10M)->0B(10M) Survivors: 2048K->2048K Heap: 14M(62M)->4502K(62M)]
 [Times: user=0.06 sys=0.00, real=0.01 secs]
```

这里仅对几个单项进行解读，如需进一步了解每个参数的意义，可以参考官方文档[6]。在实际应用中，我们也可将一个完整的 GC 日志进行拆分，并对各个阶段的性能数据分别进行整理、加工和分析，以提供更加细致的决策参考。

- [GC Worker Start]：每个 GC 工作线程开启时刻的时间戳。
- [Ext Root Scanning]：扫描外部根节点的开销。
- [Object Copy]：每个 GC 工作线程花费在对象疏散上的时间。
- [GC Worker End]：每个 GC 工作线程停止时刻的时间戳。
- [GC Worker]：每个 GC 工作线程花费的时间。

---

[6] 可以参考 http://www.oracle.com/webfolder/technetwork/tutorials/obe/java/G1GettingStarted/index.htm。

- [Choose CSet: 0.1 ms]：终结被收集的 regions 的开销。通常很短暂，收集老年代稍长。
- [Free CSet: 2.0 ms]：释放被收集的 regions 和它们的 remembered sets 开销。
- [Eden][Survivors]：GC 前后新生代 Eden 区域和 Survivors 区域内存占用情况。

> **练习 3**
> 为你的应用程序搭建测试环境，配置好 G1 收集器并搜集 GC 日志，绘制下面这些参数的变化曲线：[Parallel Time]、[Eden][Survivors]、[GC Worker]等。

5.3.5 不要忽略 JVM Crash 日志

系统的内存资源毕竟是有限的，当内存资源枯竭时，虚拟机可能要面临"崩溃"的危险！

清单 5-25～清单 5-27 是真实环境中的应用程序出现崩溃时创建的 JVM Crash 日志。首先，我们来 JVM Crash 日志的头部信息，如清单 5-25 所示。

清单 5-25
```
# An unexpected error has been detected by HotSpot Virtual Machine:
#
#  SIGBUS (0x7) at pc=0xf7253390, pid=13630, tid=2903231344
#
# Java VM: Java HotSpot(TM) Client VM (1.4.2_17-b06 mixed mode)
# Problematic frame:
# C  [libzip.so+0xa390]
```

头部信息报告了错误发生的信号和大致位置。在本例中，内部错误来自表示内存错误的系统信号"SIGBUS"。另外，头部信息透露了错误现场位于动态库 libzip.so 中，具体栈帧信息如清单 5-26 所示。

清单 5-26
```
Java frames: (J=compiled Java code, j=interpreted, Vv=VM code)
j  java.util.zip.ZipFile.open(Ljava/lang/String;IJ)J+0
j  java.util.zip.ZipFile.<init>(Ljava/io/File;I)V+97
J  com.caucho.vfs.Jar.getJarFile()Ljava/util/jar/JarFile;
j  com.caucho.vfs.Jar.getManifest()Ljava/util/jar/Manifest;+5
J  com.caucho.util.DirectoryClassLoader$JarEntry.readManifest()V
j  com.caucho.util.DirectoryClassLoader$JarEntry.<init>(Lcom/caucho/vfs/JarPath;)V+21
j  com.caucho.util.DirectoryClassLoader.addJar(Lcom/caucho/vfs/Path;)V+18
j  com.caucho.util.DirectoryClassLoader.fillJars()V+68
j  com.caucho.util.DirectoryClassLoader.initImpl()V+1
j  com.caucho.util.DynamicClassLoader.init()V+7
j  com.caucho.server.http.Configuration.configureClassLoaders(Lcom/caucho/vfs/Path;)Lcom/caucho/util/DynamicClassLoader;+1241
j  com.caucho.server.http.ClassLoaderContext.init()V+237
j  com.caucho.server.http.Application.configure(Lcom/caucho/util/RegistryNode;)V+237
j  com.caucho.server.http.Application.<init>(Lcom/caucho/server/http/ClassLoaderContext;Lcom/caucho/server/http/VirtualHost;Ljava/lang/String;Lcom/caucho/util/RegistryNode;Lcom/caucho/vfs/Path;Ljava/util/HashMap;Ljava/lang/String;)V+451
j  com.caucho.server.http.WebAppMap$Entry.createApplication()Lcom/caucho/server/http/Application;+86
j  com.caucho.server.http.VirtualHost.startApplication(Lcom/caucho/server/http/WebAppMap$Entry;)
```

```
Lcom/caucho/server/http/Application;+164
J  com.caucho.server.http.VirtualHost.cron(J)V
v  ~RuntimeStub::alignment_frame_return Runtime1 stub
j  com.caucho.server.http.ServletServer.cron(J)V+86
j  com.caucho.server.http.ServletServer.handleCron(Lcom/caucho/util/Cron;)V+14
j  com.caucho.util.Cron$CronThread.evaluateCron(Ljava/util/ArrayList;)V+98
j  com.caucho.util.Cron$CronThread.run()V+10
v  ~StubRoutines::call_stub
```

动态库 libzip.so 的作用是用来加载和解压 JAR 包。既然是内存错误，我们需要检查一下堆使用情况，在 Crash 日志中还提供了错误发生时 JVM 堆的使用情况。在本例中，利用这些信息可以找到线索，如清单 5-27 所示。

清单 5-27
```
Heap
 def new generation   total 72576K, used 16446K [0xaf1a0000, 0xb4060000, 0xb4060000)
  eden space 64512K,   25% used [0xaf1a0000, 0xb01afac8, 0xb30a0000)
  from space 8064K,    0% used [0xb30a0000, 0xb30a0000, 0xb3880000)
  to   space 8064K,    0% used [0xb3880000, 0xb3880000, 0xb4060000)
 tenured generation   total 967936K, used 11583K [0xb4060000, 0xef1a0000, 0xef1a0000)
   the space 967936K,   1% used [0xb4060000, 0xb4baffb0, 0xb4bb0000, 0xef1a0000)
 compacting perm gen  total 8448K, used 8443K [0xef1a0000, 0xef9e0000, 0xf31a0000)
   the space 8448K,   99% used [0xef1a0000, 0xef9def70, 0xef9df000, 0xef9e0000]
```

Perm gen 已使用 99%，所以 JVM 没有足够的空间将类和 JAR 加载进来，进而导致 JVM 崩溃。找到问题原因后，可以根据实际应用程序的工程规模，重新调整永久代的大小便可解决问题。

5.4 小结

本章详细介绍了垃圾收集与垃圾收集器。在垃圾收集器的设计演进过程中，既出现过基于串行、并行或并发模型进行收集的收集器，也出现了吞吐量可控和停顿时间可预测等模型的收集器。越来越多的工作者投入到垃圾收集技术的研究中，相信未来还会出现更多令人惊讶的优秀收集器。

选择适合自己的垃圾收集器是虚拟机调优工作的一部分，本章还介绍了一些 GC 性能分析的方法和手段，这些在实际应用中具有一定的参考意义。

第 6 章 栈

"假舆马者,非利足也,而致千里;假舟楫者,非能水也,而绝江河。君子生非异也,善假于物也。"

—— 《劝学》

本章内容
- 真实机器:程序是如何执行的、x86 指令集与寄存器和栈的关系
- 扩展知识:ARM 让 Java 硬件级加速成为可能
- Java 栈
- 栈帧、局部变量、操作数栈
- HotSpot 对硬件寄存器资源的利用
- 栈顶缓存技术
- VM 中如何实现调用 Java 方法

要想深入了解虚拟机(virtual machine),首先需要了解机器(machine)是如何工作的。

本书很多知识点深入到了 JVM 内部。JVM 为了创建一个虚拟机器环境,难以避免地需要跟计算机系统底层打交道。事实上,HotSpot 的很多关键组件,如本章将要介绍的 call_stub,在下一章将要介绍的解释器组件 InterpreterCodlet 和 Template 等,以及 JIT 编译器的 HIR、LIR 等核心概念,都需要读者储备一些机器知识方能更好地理解。

本章在讲解 JVM 的栈结构之前,还请读者耐心一些,花少量时间对真实机器的运作原理先进行一个基本认识。

6.1 硬件背景：了解真实机器

想象一下，如果我们想打开 JVM 内部机制的大门，可能需要解开的第一个疑惑就是：程序是如何运行的？本节提供的背景知识正是打开这扇大门的钥匙，在内容安排上，也是紧紧围绕解开这一疑惑而展开叙述的，读者只需要花少量的时间就能阅读完本节内容。

当然，如果你对这部分底层知识不感兴趣的话，也可以先跳过，当遇到相关内容对寄存器、栈等概念有了一个感性认识的话，别忘了回过头来参考本节内容。

6.1.1 程序是如何运行的

首先，编写一个简单的 C 示例程序 sum.c，sum()方法对两个 int 型参数进行求和运算，返回和值，如图 6-1 所示。

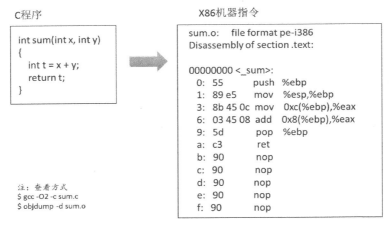

图 6-1　sum()函数对应的机器指令

在右侧的代码片段中，表示的是 sum()函数在 x86 平台上的机器指令。每一行均表示一条机器代码，左边行号后面的十六进制数表示的字节序列就是机器编码的指令。对于机器来说，它看到的程序就是这样一串二进制的序列。正如图中我们看到的那样，x86 指令的长度是不固定的，长度从 1~15 个字节不等。一般来说，x86 的设计者们将常用指令及操作数少的指令安排较少的字节，而不常用或操作数较多的指令才需要更多的字节数。此外，指令具有唯一识别性，也就是说，从指令序列的开始位置，可以将字节唯一地译码成机器指令，也就是说，只有指令 pop %ebp 指令是以字节值为 5d 开头的。在我们的示例中，nop 指令是不会被执行的填充指令，执行后不会有任何影响（nop=no operation）。除 nop 指令以外均为有效指令，它们表示的含义依次如下。

- 0:#保存栈帧指针。
- 1:#创建新的栈帧指针。
- 3:#从栈帧内存中得到参数 x,并存入寄存器 eax。
- 6:#得到 y,并与 x 相加,结果存入寄存器 eax,就是 t。
- 9:#恢复上一栈帧指针。
- a:#返回。

说明 阅读汇编代码,是了解程序是如何运行的捷径。

为了让读者掌握阅读简单的汇编代码的基本技能,接下来将先梳理与其息息相关的指令、寄存器、栈、栈帧等知识。为简单起见,我们仍是基于 x86 架构进行讲解,这也是大部分读者的 PC 机所使用的架构。

6.1.2 x86 与栈帧

Intel 从 8086 开始,286、386、486、586、P1、P2、P3、P4 都用的同一种 CPU 架构,统称 **x86**。**英特尔 32 位架构**(Intel Architecture 32-bit,缩写为 IA32,也被称为 **i386**、**x86-32** 或大众熟知的 **x86**,是由英特尔公司推出的指令集架构。迄今为止,英特尔最受欢迎的处理器仍然采用此架构。它首次应用在 Intel 80386 芯片中,用来取代之前的 x86-16 位架构,包括 8086、80186 与 80286 芯片。IA-32 属于复杂指令集系统(CISC)。

寄存器是 CPU 计算单元的存储单元,用来保存计算过程中的各种操作数:立即数、整数、存储器引用地址等。一个 x86 CPU 中共包含 8 个 32 位**通用寄存器**。一般用来存储整数数据和指针。这些寄存器有约定的名字,以%e 开头,分别是:

- %eax、%ecx、%edx;
- %ebx、%edi、%eci;
- %ebp、%esp。

这 8 个寄存器按照惯例,被分为三组。其中,最后两个%ebp、%esp 具有特殊用途,用来保存指向程序栈中特定位置的指针。

多数指令具有一个或多个**操作数**(operand),操作数表示执行该指令操作中要引用的**源**数据值,以及放置指令执行结果的**目标**数据。x86 支持 3 种操作数格式:

- 立即数(immediate),即常量;
- 寄存器(register),表示寄存器中存的值;
- 存储器引用,根据某个有效地址访问某个存储器。

指令读取操作数方式的不同决定了指令具有不同的**寻址模式**(addressing mode),寻址模式是处理器及指令集设计的重点关注方面。表 6-1 列出的是 x86 架构中指令读取操作数的基本方式。表中底部用语法 Imm(Eb, Ei, s)表示寻址方式的是最常用的形式。这样的引用有 4 个组成部分：一个立即数偏移 Imm，一个基址寄存器 Eb，一个变址寄存器 Ei 和一个比例因子 s，这里 s 必须是 1、2、4 或者 8。然后，有效地址被计算为 Imm + R[] + R[] * s。应用数组元素时，会用到这种通用形式。其他形式都是通过通用形式的特殊情况，只是省略了某些部分。当引用数组和结构元素时，比较复杂的寻址模式是很有用的。

表 6-1　　　　　　　　　　IA-32 寻址模式和操作数格式[1]

类　型	格　式	操作数值	名　称
立即数	$Imm	Imm	立即数寻址
寄存器	Ea	R[Ea]	寄存器寻址
存储器	Imm	M[Imm]	绝对寻址
存储器	(Ea)	M[R[Ea]]	间接寻址
存储器	Imm(Ea)	M[Imm + R[Ea]]	（基址+偏移量）寻址
存储器	(Eb, Ei)	M[R[Eb] + R[Ei]]	变址寻址
存储器	Imm(Eb, Ei)	M[R[Eb]+R[Ei]+Imm]	变址寻址
存储器	(, Ei, s)	M[R[Ei]*s]	伸缩化的变址寻址
存储器	Imm(, Ei, s)	M[Imm + R[Ei]*s]	伸缩化的变址寻址
存储器	(Eb, Ei, s)	M[Eb + Ei * s]	伸缩化的变址寻址
存储器	Imm(Eb, Ei, s)	M[Imm+E[Eb]+E[i]*s]	伸缩化的变址寻址

数据传送是处理器计算时的重要任务之一。最常用的是传送 32 位数据的 movl 指令。每条 movl 指令从左到右分别指定了一个源操作数和一个目的操作数。它们都可以是立即数、寄存器值或存储器地址。但 x86 有一个限制，即数据传送指令中源操作数和目的操作数不能同时都指向存储器位置。这样设计是为了避免过慢的指令延长了流水线，不利处理器内部的流水线优化。下面举几个例子，是 5 种不同形式的 movl 指令：

```
movl $0x0101, %eax         #立即数-寄存器
movl $-1, (%esp)           #立即数寻址-存储器
movl %ebp, %esp            #寄存器-寄存器
movl %eax, -8(%ebp)        #寄存器-存储器
movl (%edi, %ecx), %eax    #存储器-寄存器
```

再举 2 个非常重要的与栈帧操作密切相关的数据传送指令格式的例子，push 和 pop：

```
pushl  Source
pop    Destination
```

二者均只有一个操作数，分别用来将数据压入栈中和从栈中弹出数据。

程序栈在可执行程序映像中已经定好了位置，在程序载入运行时，栈将存放在存储器中的

---

[1] 资料来源：《深入理解计算机系统》（修订版），Randal E.Bryant 等著，龚奕利、雷迎春译，简称 CSAPP。该书由卡内基梅隆大学计算机学院院长执笔，关注如何以一个程序员的视角审视计算机系统。相较于处理器手册之类的参考资料，该书对于程序员入门理解计算机系统原理具有重要意义。

某个专用地址区域（为虚拟内存地址，由操作系统负责管理，在程序执行时将其转换成机器的物理地址）。由于 x86 栈是向内增长的，也就是说栈在增长时，地址却是减少的；栈在收缩时，地址是增加的。栈指针%esp 保存着栈顶元素的地址，且栈顶元素的地址是所有栈中元素中最低的，随着 push 和 pop 指令的不断执行，栈指针执行的地址也是不断变化的。帧指针%ebp 保存的是栈帧的帧底地址，在一个栈帧运动的过程中，栈底指针是固定的。

将一个 32 位数据压入栈中，需要将栈指针减 4，栈顶更新，然后将数据写到栈顶。故 pushl %ebp 等价于下面这样的两条指令：

```
subl $4, %esp
movl %ebp, (%esp)
```

如图 6-2 所示，前两栏中：%esp 内保存的地址为 0x8000608，表示栈顶元素的地址。%eax 内为数据 0x1000，执行指令 pushl %eax 后：%esp 内保存的地址减 4 变为 0x8000604，0x8000604 成为新的栈顶地址，接下来将数据 0x1000 写入到栈顶元素中。

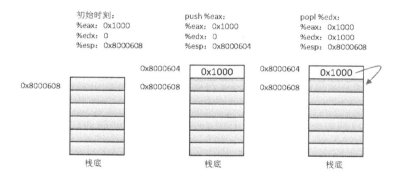

图 6-2 栈操作示意图

相反地，弹出一个双字包括从栈顶位置读出数据，然后将栈指针加 4。故指令 popl %eax 等价于下面这样的两条指令：

```
movl (%esp), %eax
addl $4, %esp
```

第三栏中描述了在执行完 pushl 后立即执行指令 popl %edx 的效果：先从存储器中读出 0x1000，再写到寄存器%edx 中，然后，寄存器%esp 的值增加 4 成为 0x8000608，0x8000608 也就成为新的栈顶元素地址。在整个帧变化的过程中，%esp 指向的地址始终是栈顶元素。

栈和程序代码以及其他形式的程序数据都是存放在内存中，所以程序可以使用存储器寻址方式对栈中任何地址进行读、写操作。

除了数据访问指令，IA-32 还定义了算数和逻辑操作指令（如加 addl、减 incl、或 orl、异或 xorl 等）控制指令（如跳转指令 jmp）等，感兴趣的读者可参阅 Intel IA32 datasheet 等资料。

一个函数调用包括将数据（以函数参数和返回值的形式）和控制从代码的一部分传递到另

一部分。数据传递、局部变量的分配和释放是通过操纵程序栈来实现的。在编译理论中，用一个术语用来表示这种控制转移，称为**活动记录**（activation record）。一般来说，一个活动记录由 3 部分组成：被调用者的局部变量、返回调用者的地址和传入的参数。活动记录的结构，是由具体的平台定义和实现的。

在操作系统层面，程序用程序栈来支持函数调用。如图 6-3 所示，栈用来传递过程参数、存储返回信息、保存寄存器以供以后恢复之用，以及用于本地存储。为单个函数分配的那部分活动记录在这里，一般称为**栈帧**（stack frame）。它的结构与纯粹的活动记录还是有些微妙变化的。栈帧的最顶端是以两个指针定界的，寄存器%ebp 作为帧指针，而寄存器%esp 作为栈指针。

call 指令有一个目标，指明被调用过程开始的指令地址。call 指令的效果是将返回地址入栈，并跳转到被调用过程的起始处。返回地址是紧跟在程序中 call 后面的那条指令的地址，这样当调用过程返回时，执行会继续进行。leave 指令为返回准备栈。ret 指令用于从过程调用中返回，从栈

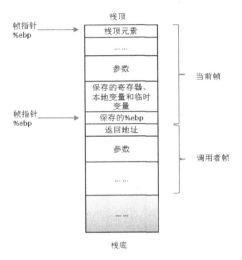

图 6-3　栈帧结构

中弹出地址，并跳转到那个位置。如果函数要返回整数或指针的话，寄存器%eax 可以用来返回值。根据惯例，寄存器%eax、%edx、%ecx 被划分为**调用者保存**（caller-saved）寄存器，当过程 A 调用 B 时，B 可以覆盖这些寄存器，而不会破坏任何 A 所需要的数据。另外，寄存器%ebx、%esi、%edi 被划分为**被调用者保存**（callee-saved）寄存器，这就是说，B 必须在覆盖它们之前，将这些寄存器的值保存到栈中。

6.1.3　ARM 对 Java 硬件级加速：Jazelle 技术

本节只是扩展，即使直接跳过这段内容，也不会影响后续任何章节的阅读。

Jazelle[2] 是一种应用于 ARM 体系结构的技术，允许在处理器指令级别完成 Java 字节码的执行，实现 Java 硬件加速。

首颗具备 Jazelle 技术的处理器是 ARM926EJ-S，Jazelle 以一个英文字母"J"标示于 CPU 名称中。它用来让手机制造商能够加速执行 Java ME 的游戏和应用程序，也因此促使了这项技术不断地发展。

ARM Jazelle 技术增加了一个直接运行于处理器核心的指令集，从而提供了有效的 Java 字

---

[2]　资料来源为 Jazelle 官方文档《White Paper - Accelerating to meet the challenge of embbedded java》,Steve Steele, Java Program Manager, ARM limited,Cambridge, UK.

节码硬件加速，如图 6-4 所示。Jazelle 技术通过 Jazelle DBX（直接字节码执行）和 Jazelle RCT（运行时编译目标）两种指令，同时为解释型和编译型 Java 代码提供支持。

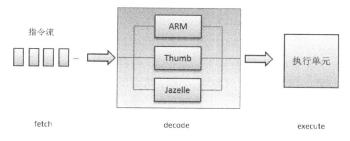

图 6-4　Jazelle 指令集

ARM Jazelle 在支持原有的 ARM/Thumb 两套指令集的基础上，增加了第三套 Jazelle 指令集，并将其集成到处理器中，这样便能够由处理器硬件单元直接完成 Java 字节码的执行。

6.2　Java 栈

正如 x86 架构一样，许多硬件体系围绕寄存器存取中间运算数据，相应地，在寻址方式上也是围绕寄存器而进行设计。因此，这类指令集设计方式常被称做寄存器式指令集。

还有一些系统，例如本书研究的主题——虚拟机，它的指令集却并没有围绕寄存器来展开设计。相对于真实机器来说，虚拟机器更易于采用栈式指令集。

6.2.1　寄存器式指令集与栈式指令集

在讨论虚拟机的栈式指令集设计之前，我们不妨先回顾一下，在真实机器中指令是如何执行的。

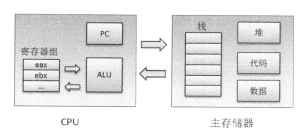

图 6-5　处理器示意图

图 6-5 是处理器和主存储器的内部单元示意图。以加法运算为例，CPU 执行 mov 指令，将首先从栈帧内存中取得操作数，该内存地址是由%ebx 寄存器中的值+0xc 表示，由 mov 指令送到寄存器%eax 中作为操作数 1；接着 add 指令从栈帧内存中取得操作数 2，真正的 add 计算是

由 CPU 的算术逻辑单元（ALU）完成的，ALU 将操作数 1 与操作数 2 进行加法计算，得到的结果写入寄存器%eax 中。

```
mov     0xc(%ebp),%eax      #从栈帧内存中得到参数 x，并存入寄存器 eax
add     0x8(%ebp),%eax      #得到 y，并与 x 相加，结果存入寄存器 eax，就是 t
```

从这个例子可以看出，一个真实的机器是如何利用各个硬件设备完成计算和数据存储的。其中，存储设备可分为主存储器（内存）和寄存器，内存容量大，但访问效率低于寄存器；寄存器位于处理器内，是 ALU 能够访问到的最快存储设备，它是指令计算的主战场，计算机的指令集也是主要围绕寄存器设计的。寄存器的优点是访问效率高，缺点是数量有限。

JVM 毕竟只是一个运行在真实机器上层的应用程序而已，它自身的指令都需要通过一段程序来完成，因此 JVM 的操作数被限制在内存空间中。此外，在 JVM 实际运行的机器上，也存在着各种差别。综上所述，JVM 并没有围绕寄存器设计指令集，而是围绕内存栈设计了一套指令集，JVM 的解释器执行引擎也称为**基于栈的执行引擎**。

6.2.2　HotSpot 中的栈

与 C/C++栈不同，Java 栈是由虚拟机自动管理的，对程序员不可见，即程序员不能直接操纵栈。Java 开发中，每当我们在程序中使用 new 生成一个对象，对象的引用存放在栈里，而对象是存放在堆里的。可以看出栈在 Java 核心的重要位置。

每当启用一个线程时，JVM 就为线程分配一个 Java 栈，栈是以帧为单位保存当前线程的运行状态。某个线程正在执行的方法称为**当前方法**，当前方法使用的栈帧称为**当前帧**，当前方法所属的类称为**当前类**，当前类的常量池称为**当前常量池**。当线程执行一个方法时，它会跟踪当前常量池。

每当线程调用一个 Java 方法时，JVM 就会在该线程对应的栈中压入一个帧，这个帧自然就成了当前帧。当执行这个方法时，它使用这个帧来存储参数、局部变量和中间运算结果。

Java 栈上的所有数据都是私有的。任何线程都不能访问另一个线程的栈数据。所以我们不用考虑多线程情况下栈数据访问同步的情况。

像方法区和堆一样，Java 栈和帧在内存中也不必是连续的，帧可以分布在连续的栈里，也可以分布在堆里。

1. 栈帧

在 Java 栈中，只有在调用一个方法时，才为当前栈分配一个帧，然后将该帧压入栈。帧中存储了对应方法的局部数据，方法执行完，对应的帧则从栈中弹出，并把返回结果存储在调用方法的帧的操作数栈中。

栈帧（stack frame）是用于支持虚拟机进行方法调用和方法执行的数据结构，它是 JVM 运行时数据区中的虚拟机栈的元素。栈帧存储了方法的局部变量表、操作数栈、动态连接和方法返回地址等信息。每一个方法从调用开始到执行完成的过程,就对应着一个栈帧在虚拟机栈里面从入栈到出栈的过程。对于执行引擎来说,活动线程中,只有栈顶的栈帧是有效的,即当前栈帧。执行引擎所运行的所有字节码指令都只针对当前栈帧进行操作。

局部变量区和操作数栈的大小要视对应的方法而定,它们是按字长计算的。但调用一个方法时,它从类型信息中得到此方法局部变量区和操作数栈大小,并据此分配栈内存,然后压入 Java 栈。

HotSpot 的解释器帧内存布局如图 6-6 所示。HotSpot 并没有严格区分 Java 方法帧和本地方法帧。Java 方法帧可以是解释的,也可以是编译的。帧可以由 pc、fp 和 sp 标识。

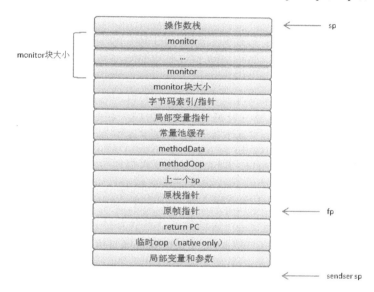

图 6-6　解释器帧结构

2. 局部变量区

局部变量区被组织为以一个字长为单位、从 0 开始计数的数组,类型为 short、byte 和 char 的值在存入数组前要被转换成 int 值,而 long 和 double 在数组中占据连续的两项,在访问局部变量中的 long 或 double 时,只需取出连续两项的第一项的索引值即可,如某个 long 值在局部变量区中占据的索引时 3、4 项,取值时,指令只需取索引为 3 的 long 值即可。

局部变量表是一组变量值存储空间,用于存放方法参数和方法内部定义的局部变量。在 Java 程序被编译成 Class 文件时,就在方法的 Code 属性的 max_locals 数据项中确定了该方法所需要分配的最大局部变量表的容量。局部变量表的容量以变量槽(Slot)为最小单位,32 位虚拟机中一个 Slot 可以存放一个 32 位以内的数据类型(boolean、byte、char、short、int、float、reference 和 returnAddress 共 8 种)。reference 类型虚拟机规范没有明确说明它的长度,但一般来说，虚拟机实现至少都应当能从此引用中直接或者间接地查找到对象在 Java 堆中的起始地址索引和方法区中的对象类型数据。returnAddress 类型是为字节码指令 jsr、jsr_w 和 ret 服务的，它指向了一条字节码指令的地址。虚拟机是使用局部变量表完成参数值到参数变量列表的传递过程的，如果是实例方法（非 static），那么局部变量表的第 0 位索引的 Slot 默认是用于传递方法所属对象实例的引用，在方法中通过 this 访问。Slot 是可以重用的，当 Slot 中的变量超出了作用域，那么下一次分配 Slot 的时候，将会覆盖原来的数据。Slot 对对象的引用会影响 GC（要是被引用，将不会被回收）。系统不会为局部变量赋予初始值（实例变量和类变量都会被赋予初始值）。也就是说不存在类变量那样的准备阶段。

局部变量表（Local Variable Table）通过下面这些属性进行描述。

- start_pc、length：描述局部变量的作用域，即[start_pc, start_pc+length)，对应 Clss 文件中 "Start" 和 "Length"。
- name_index：描述局部变量名的常量池索引，对应 Class 文件中的 "Name"。
- descriptor_index：描述局部变量类型的常量池索引，对应 Clss 文件中的 "Signature"。
- index：描述局部变量在当前栈帧的局部变量索引。若变量是 long 或 double 类型，则变量将占用 index 和 index+1 两个索引的 Slot 存储空间。对应 Class 文件中的 "Slot"。

Slot 是局部变量表（Local Variable Table）的元素存储单位。每个 Java 方法的局部变量表大小以及元素类型通过 Class 文件中 LocalVariableTable 属性就可以得到明确。

Java 虚拟机规定，局部变量可以储存类型为 boolean、byte、char、short、float、reference 和 returnAddress 的数据，两个局部变量可以储存一个类型为 long 和 double 的数据。

虚拟机为方法中的每个局部变量都分配了一个索引，通过索引可以访问局部变量的指定元素。局部变量的索引从 0 开始。

long 和 double 类型的数据占用两个连续的局部变量，这两种类型的数据值采用两个局部变量之中较小的索引值来定位，如清单 6-1 所示。

```
清单 6-1
来源：hotspot/src/cpu/x86/vm/bytecodeInterpreter_x86.hpp
描述：局部变量访问函数
1    #define LOCALS_SLOT(offset)        ((intptr_t*)&locals[-(offset)])
2    #define SET_LOCALS_SLOT(value, offset)          (*(intptr_t*)&locals[-(offset)] = *(intptr_t *)(value))
```

局部变量表的主要用作传递方法调用实参。当一个方法被调用的时候，它的参数将会按序复制至各个 Slot。一般来说，第 0 个局部变量存储实例方法所在对象的引用，这样通过 "this" 关键字即可访问该对象。其他参数则按序复制至从局部变量表中由 1 开始的 Slot 中。

局部变量表的大小在编译期就可以确定，在 Code 属性中明确了大小，对应在 Class 文件中类似 "locals=4" 这样的参数，该数值表示在方法栈帧的运行过程中，局部变量的大小不会超过这个数值。

3. 操作数栈

Java 虚拟机的解释执行引擎被称为**基于栈的执行引擎**，其中所指的栈就是指操作数栈。操作数栈也常被称为**操作栈，或表达式栈**（expression stack）。操作数栈的深度由 Code 属性 **max_stacks** 在编译期便可确定。Class 文件中，类似 **stack=3** 这样的参数，其数值则表示在该方法的执行过程中，操作数栈大小始终不过超过这个数值。

操作数栈和局部变量区一样，操作数栈也被组织成一个以字长为单位的数组。但和前者不同的是，它不是通过索引来访问的，而是通过入栈和出栈来访问的。可把操作数栈理解为存储计算时临时数据的存储区域。

虚拟机在操作数栈中存储数据的方式与在局部变量区中是一样的，如 int、long、float、double、reference 和 returnType 的存储。对于 byte、short 以及 char 类型的值在压入到操作数栈之前，也会被转换为 int。除了 PC 寄存器之外，JVM 并没有实现任何寄存器。

JVM 指令是从操作数栈中而不是从寄存器中取得操作数的，因此它的运作方式是基于栈的，而不是基于寄存器的。操作数栈其实就是一个临时数据存储区域，它是通过入栈和出栈来进行操作的。虚拟机把操作数栈作为它的工作区。

帧数据区除了局部变量区和操作数栈外，Java 栈帧还需要一些数据来支持常量池解析、正常方法返回以及异常分发机制。这些数据都保存在 Java 栈帧的帧数据区中。

当 JVM 执行到需要常量池数据的指令时，它都会通过帧数据区中指向常量池的指针来访问它。

除了处理常量池解析外，帧里的数据还要处理 Java 方法的正常结束和异常终止。如果是通过 return 正常结束，则当前栈帧从 Java 栈中弹出，恢复发起调用的方法的栈。如果方法有返回值，JVM 会把返回值压入到发起调用方法的操作数栈。

为了处理 Java 方法中的异常情况，帧数据区还必须保存一个对此方法异常表的引用。当异常抛出时，JVM 给 catch 块中的代码。如果没发现，方法立即终止，然后 JVM 用帧区数据的信息恢复发起调用的方法的帧。然后再发起调用方法的上下文重新抛出同样的异常。

在稍后的实战演练中，我们将通过一个 Java 方法的执行过程，来演示操作数栈的变化。但是在此之前，我们需要先对 Java 栈帧做一番了解。

6.2.3 栈帧

栈帧具有动态性：在程序运行期间，它随着函数调用链的变化而动态创建或消亡，进而引起整个栈的动态伸展或收缩。

1. 如何描述运行时栈帧的运动

在 2.1.4 小节中，我们曾介绍过 Frame 模块。在 frame 类中，使用下列几个元素对帧进行动态描述。

- SP：用_sp 成员表示，指栈指针（stack pointer）。
- PC：用_pc 成员表示，指程序计数器（program counter），指向将要执行的指令。
- CB：用_cb 成员表示，指 CodeBlob 指针，CodeBlob 存储了 pc 所指指令的实现。

为帮助读者加深对抽象概念的理解，我们编写了 SA 程序来获取运行时的栈帧信息。在清单 6-2 中，通过 dumpStack()函数输出帧的 SP、PC、CodeBlob 等信息：

清单 6-2
来源：com.hotspotinaction.demo.chap6.FrameDump
描述：输出栈信息

```
1   public void dumpStack(JavaThread cur, PrintStream tty) {
2     sun.jvm.hotspot.runtime.Frame f = cur.getCurrentFrameGuess();
3     while (f != null) {
4       tty.println(" 帧: PC = " + f.getPC() + ", SP = " + f.getSP() + ", FP = " + f.getFP());
5       sun.jvm.hotspot.oops.Method curMethod = f.getInterpreterFrameMethod();
6       if (null != curMethod) {
7         sun.jvm.hotspot.oops.Symbol methodSymbol = curMethod.getName();
8         tty.println("方法名: " + methodSymbol.asString());
9       }
10      if (!f.isFirstFrame()) {
11        f = f.sender(regMap);
12      } else {
13        f = null;
14      }
15      if (VM.getVM().getCodeCache().contains(f.getPC())) {
16        CodeBlob cb = VM.getVM().getCodeCache().findBlob(f.getPC());
17        tty.print("CodeBlob: " + cb.toString());
18        tty.print(", codeBegin=" + cb.codeBegin());
19        tty.print(", codeEnd=" + cb.codeEnd());
20        tty.println();
21      }
22   }
```

dumpStack()函数利用 VM.getVM().getCodeCache()获得运行时的 Code Cache，然后根据当前帧的 PC，查找 PC 所指向的 CodeBlob，正如我们所期待的那样，得到了 CodeBlob 后，我们顺利地得到了关于 SP、PC、CodeBlob 的详细信息，并通过 tty 打印出来。事实上，我们还可以获得更多信息，如局部变量、操作数栈、monitors 等。

- 局部变量：通过调用 interpreter_frame_local_at()可以获取帧中局部变量。
- 操作数栈：通过调用 interpreter_frame_expression_stack_at()可以获取帧中操作数栈。
- monitors：通过调用 interpreter_frame_monitor_begin()、interpreter_frame_monitor_end()、next_monitor_in_interpreter_frame()等可以获取帧中 monitors。
- bcp：通过调用 interpreter_frame_bcp()可以获取帧 bcp。
- 当前方法：interpreter_frame_method()可以获取当前方法。

通过 dumpStack()，我们看到了栈、栈帧、code 和 CodeBlob 等概念的具象表现，这对我们深化理解这些概念是十分重要的。因此，建议读者亲自动手，编写自己的 dump 程序来体会其中的乐趣。

> **练习 1**
> 编写 FrameDunp 程序，能够 dump 帧信息：PC、SP、FP 和 CodeBlob。

2．方法入口（method entry point）

当控制流到达解释器内某一项时，寄存器 rbx 表示 methodOop，rcx 表示 receiver。此时，栈内存布局如图 6-7（a）所示。

当我们进入入口（EntryPoint），准备好新栈帧，在执行第一个字节码（或调用本地方法）之前，栈的内存布局如图 6-7（b）所示。局部变量后面紧跟在参数后面，而返回地址被挪到了局部变量后面。

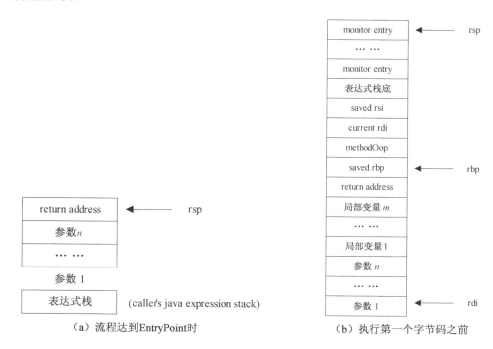

（a）流程达到 EntryPoint 时　　　　　（b）执行第一个字节码之前

图 6-7　EntryPoint 的帧结构

3．帧内元素位置

栈帧中元素位置按职能划分，各有不同的偏移量，具体如下。

- result handler: 3
- temp oop: 2
- sender sp: -1

注意，在调用方法前，需要传出 sp。

- last sp: -2
- method: -3
- mdx: -4
- cache: -5
- locals: -6
- bcx: -7
- initial sp: -8
- monitor block top: -8
- monitor block bottom: -8

练习 2
参考本书的 6.1 小节，比较 x86 栈帧和 HotSpot 解释器帧，分析异同。

6.2.4 充分利用寄存器资源

HotSpot 解释器执行引擎在执行字节码时，实际上是执行一段已被优化编译成本地机器直接运行的指令。在 JVM 启动期间，解释器模块就会将每个字节码转换成与之等价的机器指令，存放在 Code Cache 中，在解释执行时，直接取得相应的机器指令序列在计算机上运行。因此，HotSpot 充分利用了计算机的资源，包括寄存器。

JVM 启动时，会对寄存器模块进行初始化。初始化过程主要是根据处理器平台，设置 JVM 内部使用的寄存器名称。例如，在 x86 平台上，寄存器名的配置如表 6-2 所示。

表 6-2　　　　　　　　　　　　寄存器名称（x86）

编　　号	32 位	64 位
通用寄存器组	eax	rax
	ecx	rcx
	edx	rdx
通用寄存器组	ebx	rbx
	esp	rsp
	ebp	rbp
	esi	rsi
	edi	rdi
	—	r8～r15

编号	32 位	64 位
浮点寄存器组	st0~st7	st0~st7
XMM 寄存器组	xmm0~xmm7	xmm0~xmm7
	—	xmm8~xmm15

在 6.1.2 小节中，我们介绍了通用寄存器的用途。浮点寄存器是处理器**浮点运算单元**（Floating Point Register，**缩写为 FPU**）进行浮点运算时使用的寄存器。XMM 寄存器[3]是一组关注于多媒体加强的 XMM（multimedia extensions）技术的寄存器。

模板解释器在执行 invokevirtual、invokespecial、invokestatic、invokeinterface 和 invokedynamic 这些方法调用指令之前前，会通过**预调用**（prepare invoke）预先准备好寄存器环境，以充分利用寄存器资源，使解释器在执行调用时能够达到更好的运行性能。预调用的具体过程如下。

（1）从寄存器 rdx 中获得 flags。
（2）准备寄存器。
（3）保存解释器返回地址。
（4）加载方法的常量池缓存项。
（5）从寄存器 rcx 加载 receiver（除 invokestatic 和 invokedynamic 外），注意，此时还没 push 返回地址。
（6）如果是 invokespecial，尚须对寄存器 rcx 执行非空检查。
（7）若是 invokeinterface 或 invokevirtual，需要保存 flags 至寄存器 rsi；并注意从常量池缓存中恢复 flags 值，并恢复寄存器 rsi，以支持随后的 null checks。寄存器 rsi 是字节码指针。
（8）计算返回类型，并将返回地址（return address）推送至栈顶。

在预备工作就绪后，就可以开始具体的函数调用过程了。invoke 类指令对寄存器的用法基于一定的原则，如下所示。

- rax：TosState 应为 vtos。
- rbx：用作在预调用阶段解析，用来加载 cpCacheEntry 等。
- rcx：除 invokestatic 和 invokedynamic 指令外，将用在预调用阶段，通过加载栈顶缓存来解析 receiver。
- rdx：获得 flags。
- rsi：类似硬件 PC 寄存器，指向下一条字节码的 bcp，用于解释器从栈帧中返回时继续执行。
- rdi：指向局部变量的指针。

---

[3] 更多 XMM 指令与寄存器内容，可以参考《Intel 系列微处理器体系结构、编程与接口》，巴里.B.布雷（美）著。

- rbp: 帧指针。
- rsp: 内存中栈顶元素。

事实上，并非 invoke 指令才有权利使用寄存器，对于普通的非 invoke 类指令，可以按照如下用法利用寄存器来提高自身性能。

- rax: TosState 为非 vtos 时，用于保存栈顶缓存元素。
- rbx: 保存字节码值。
- rcx: 可做任意用途。
- rdx: TosState 为 ltos 时用于保存栈顶缓存元素。
- rsi: 类似硬件的 PC 寄存器，指向下一条字节码的 bcp，用做解释器从栈帧中返回时继续执行。
- rdi: 指向局部变量的指针。
- rbp: 帧指针。
- rsp: 栈指针，随着 pop/push 指令引起栈顶变化而变化，但它总是指向栈顶元素。

在 HotSpot 虚拟机内部，除了我们所熟知的 Java 字节码例程外，还有一些内部例程（如跳转到新方法）是供虚拟机运行时调用的。这时，对寄存器可能又需要换一种新用法，比如在某些寄存器上留作特殊用途。

- rax: 可任意使用。
- rbx: methodOop。
- rcx: receiver（static 方法除外）。
- rdx: 可任意使用。
- rsi: 类似硬件 PC 寄存器，指向下一条字节码的 bcp，用于解释器从栈帧中返回时继续执行。
- rdi: 指向局部变量。
- rbp: 帧指针。
- rsp: 栈指针，随着 pop/push 指令引起栈顶变化而变化，总是指向栈顶元素。

虚拟机规范没有对如何利用硬件寄存器做任何限制，在具体实现时，设计者完全可以按照自定义的方式去使用它们，而所需要谨记的唯一事情就是：在实施和使用的过程中保持用法一致。

6.2.5 虚拟机如何调用 Java 函数

归根结底，虚拟机是为执行 Java 代码提供服务，因此，在运行的绝大部分时间里，JVM 将频繁地调用各种 Java 函数。为提高 JVM 控制转移的效率，以及增强系统内部的模块化，在 HotSpot 中有如下约定：对于 JVM 调用 Java 函数这样的操作，必须通过 JavaCalls 模块来完成。

由 JavaCalls 模块负责创建栈帧，并保存好调用者的帧指针。

1. 入口：JavaCalls

JavaCalls 按调用类型的不同实现了多个调用接口：call_special、call_virtual、call_static 和底层 call。

JavaCalls 实现了一个封装了异常处理的 call_helper 函数，用来实现调用 Java 的操作。call_helper 函数调用 CallStub 函数完成对 Java 函数的调用。CallStub 函数是一个函数指针，真正指向的是 JVM 内部例程 StubRoutines::call_stub。清单 6-3 是从实际运行的程序中获得的完整调用栈信息。

清单 6-3
```
 1    Stack: [0xae040000,0xae0b3000],  sp=0xae0b1468,  free space=453k
 2    Native frames: (J=compiled Java code, j=interpreted, Vv=VM code, C=native code)
 3    C  [libzip.so+0xa390]
 4    C  [libzip.so+0xa5df]
 5    C  [libzip.so+0xae52]
 6    C  [libzip.so+0x2d90]  Java_java_util_zip_ZipFile_open+0x68
 7    j  java.util.zip.ZipFile.open(Ljava/lang/String;IJ)J+0
 8    j  java.util.zip.ZipFile.<init>(Ljava/io/File;I)V+97
 9    J  com.caucho.vfs.Jar.getJarFile()Ljava/util/jar/JarFile;
10    j  com.caucho.vfs.Jar.getManifest()Ljava/util/jar/Manifest;+5
11    J  com.caucho.util.DirectoryClassLoader$JarEntry.readManifest()V
12    j  com.caucho.util.DirectoryClassLoader$JarEntry.<init>(Lcom/caucho/vfs/JarPath;)V+21
13    j  com.caucho.util.DirectoryClassLoader.addJar(Lcom/caucho/vfs/Path;)V+18
14    j  com.caucho.util.DirectoryClassLoader.fillJars()V+68
15    j  com.caucho.util.DirectoryClassLoader.initImpl()V+1
16    j  com.caucho.util.DynamicClassLoader.init()V+7
17    ......
18    J  com.caucho.server.http.VirtualHost.cron(J)V
19    J  com.caucho.server.http.ServletServer.cron(J)V
20    v  ~RuntimeStub::alignment_frame_return Runtime1 stub
21    j  com.caucho.server.http.ServletServer.handleCron(Lcom/caucho/util/Cron;)V+14
22    J  com.caucho.util.Cron$CronThread.evaluateCron(Ljava/util/ArrayList;)V
23    v  ~RuntimeStub::alignment_frame_return Runtime1 stub
24    j  com.caucho.util.Cron$CronThread.run()V+10
25    v  ~StubRoutines::call_stub
26    V  [libjvm.so+0x1b1664]
27    V  [libjvm.so+0x2671b9]
28    V  [libjvm.so+0x1b18b6]
29    V  [libjvm.so+0x1b1186]
30    V  [libjvm.so+0x1b1cff]
31    V  [libjvm.so+0x20bba5]
32    V  [libjvm.so+0x2b410a]
33    V  [libjvm.so+0x2af2b7]
34    V  [libjvm.so+0x268cc3]
```

每一行的开头字母表示该帧的类型，包括以下几种类型。

- J: Java 帧（编译）。
- j: Java 帧（解释）。

- V：VM 帧（C/C++）。
- C：C/C++帧。
- v：其他帧，JVM 内部生成的机器代码片段（如 stub 等）。

我们按照栈帧的调用顺序，从下往上看来看这个调用链。清单 6-3 中第 26~34 行，都是 JVM 内部的函数调用，类似[libjvm.so+0x1b1664]这样的信息告诉我们函数所在位置，它们是在虚拟机动态库中指定偏移位置的函数。在正式调用 Java 主程序入口之前，首先执行的是一段 JVM 内部代码片段（第 25 行），这便是 call_stub。通过 call_stub 的工作，接下来，虚拟机才可以进入 Java 函数调用流程。至于接下来的 Java 调用链中的解释帧和编译帧，待我们在下一章系统地学习完解释器和即时编译器的知识后就能明白其中的含义了。

2. 实际例程：CallStub

CallStub 函数的实现是由与机器体系结构相关的 StubGenerator 定义的，以 32 位 x86 架构为例，StubGenerator 通过 generate_call_stub 实现了 CallStub。CallStub 是机器相关的函数指针，其定义如清单 6-4 所示。

清单 6-4
来源：hotspot/src/share/vm/runtime/stubRoutines.hpp
描述：CallStub 函数原型

```
1   typedef void (*CallStub)(
2       address    link,
3       intptr_t*  result,
4       BasicType  result_type,
5       methodOopDesc* method,
6       address    entry_point,
7       intptr_t*  parameters,
8       int        size_of_parameters,
9       TRAPS
10  );
```

3. Stub Rountines

在讲解 CallStub 的运作过程之前，首先看一看与其密切相关的 Stub Rountines 模块。Stub Rountines 模块在系统启动时，将进行两个阶段的初始化工作。

- stubRoutines_init1()：这里指的是第一阶段初始化（stubRoutines_init1），将创建一个名为 "StubRoutines (1)" 的 BufferBlob，为其分配 CodeBuffer 存储空间，并初始化 StubRoutines。
- stubRoutines_init2：这里指的是第二次初始化（stubRoutines_init2），创建名为 "StubRoutines (2)" 的 BufferBlob，为其分配 CodeBuffer 存储空间。并生成所有 stubs 和初始化 entry points。详见 generate_all。

两阶段的区别在于是否生成所有 routine：第一阶段仅生成初始化例程，而第二阶段将生成所有例程。清单 6-5 和清单 6-6 为我们展示了这两个阶段的初始化过程。

6.2　Java 栈

第一阶段如清单 6-5 所示。

清单 6-5
来源：hotspot/src/share/vm/runtime/stubRoutines.cpp
描述：第一阶段初始化

```
1   void StubRoutines::initialize1() {
2     if (_code1 == NULL) {
3       ResourceMark rm;
4       TraceTime timer("StubRoutines generation 1", TraceStartupTime);
5       _code1 = BufferBlob::create("StubRoutines (1)", code_size1);
6       if (_code1 == NULL) {
7         vm_exit_out_of_memory(code_size1, "CodeCache: no room for StubRoutines (1)");
8       }
9       CodeBuffer buffer(_code1);
10      StubGenerator_generate(&buffer, false);
11    }
12  }
```

第二阶段如清单 6-6 所示。

清单 6-6
来源：hotspot/src/share/vm/runtime/stubRoutines.cpp
描述：第二阶段初始化

```
1   void StubRoutines::initialize2() {
2     if (_code2 == NULL) {
3       ResourceMark rm;
4       TraceTime timer("StubRoutines generation 2", TraceStartupTime);
5       _code2 = BufferBlob::create("StubRoutines (2)", code_size2);
6       if (_code2 == NULL) {
7         vm_exit_out_of_memory(code_size2, "CodeCache: no room for StubRoutines (2)");
8       }
9       CodeBuffer buffer(_code2);
10      StubGenerator_generate(&buffer, true);
11    }
12  }
```

二者都会调用 StubGenerator_generate()，该函数第二个参数如是 false，则只进行第一阶段初始化，而为 true 则进行第二阶段初始化，如清单 6-7 所示。

清单 6-7
来源：hotspot/src/share/vm/runtime/stubGenerator_x86_32.cpp
描述：StubGenerator_generate()函数

```
1   void StubGenerator_generate(CodeBuffer* code, bool all) {
2     StubGenerator g(code, all);
3   }
```

其中，StubGenerator 的构造方法定义如清单 6-8 所示。

清单 6-8
来源：hotspot/src/share/vm/runtime/stubGenerator_x86_32.cpp
描述：StubGenerator 的构造方法

```
1   public:
2     StubGenerator(CodeBuffer* code, bool all) : StubCodeGenerator(code) {
3       if (all) {
4         generate_all();
5       } else {
6         generate_initial();
```

```
7    }
8  }
```

Rountine 是 HotSpot 内部可被共享并被频繁调用的例程。每一个例程将虚拟机内部的某些基本操作提取出来成为一个可以被单独调用的程序片段，供各个模块需要时调用，例如，跳转至异常处理流程，算术计算等。在 generate_initial() 中，生成的 routine 包括 forward exception、call_stub、catch_exception、atomic_xchg、handler_for_unsafe_access、verify_mxcsr、verify_spcw、d2i_wrapper 和 WrongMethodTypeException throw_exception。

在 generate_all() 中，生成的 routine 包括：

- AbstractMethodError throw_exception;
- IncompatibleClassChangeError throw_exception;
- ArithmeticException throw_exception;
- NullPointerException throw_exception;
- NullPointerException at call throw_exception;
- StackOverflowError throw_exception;
- verify_oop;
- 一些供编译器使用的 arraycopy stubs;
- 一些常用的数学运算例程，如对数函数 log 和 log10、正弦函数 sin、余弦函数 cos 和正切函数 tan 等算术例程。

打开 VM 诊断选项 -XX:+PrintStubCode，可以查看运行时生成的 stubs，如图 6-8 所示。

图 6-8 -XX:+PrintStubCode 输出 StubRoutines 日志

输出的日志中还包含了每个 StubRoutines 的汇编代码。感兴趣的读者可自行尝试获取日志并分析。

4. CallStub 的运行过程

在 call_stub 例程生成以后，JVM 就可以通过 JavaCalls::call_helper() 函数调用 CallStub，以完成对 Java 方法的调用并获得方法返回值传递给调用者。

JavaCalls 的调用过程核心代码如清单 6-9 所示。

清单 6-9
来源：hotspot/src/share/vm/runtime/javaCalls.cpp
描述：do call

```
1   { JavaCallWrapper link(method, receiver, result, CHECK);
2     { HandleMark hm(thread);
3       StubRoutines::call_stub()(
4         (address)&link,
5         result_val_address,
6         result_type,
7         method(),
8         entry_point,
9         args->parameters(),
10        args->size_of_parameters(),
11        CHECK
12      );
13      result = link.result();
14      // Preserve oop return value across possible gc points
15      if (oop_result_flag) {
16        thread->set_vm_result((oop) result->get_jobject());
17      }
18    }
19  }
```

在 JVM 准备运行这段代码调用 CallStub 时，必须准备好以下几样东西：

- JavaCallWrapper，包含了当前线程、被调用者 methodOop、接收者对象 OOP、返回值的数据结构；
- 方法句柄；
- 用以保存返回值及返回类型信息的数据；
- 方法的 entry point；
- 方法参数。

接下来，我们看看 CallStub 的运行过程，如图 6-9 所示。我们知道，在该函数运行返回之前，帧指针 rbp 将一直指向固定位置，这个位置存储了上一帧的帧指针，用以函数返回时恢复现场。

如图 6-9 所示，CallStub 运行的具体过程如下。

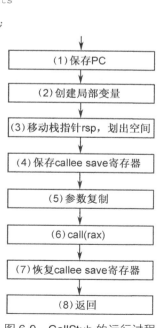

图 6-9　CallStub 的运行过程

(1) 记录 PC 寄存器。
(2) 创建一些局部变量保存信息，如表 6-3 所示。

表 6-3　　　　　　　　　　　　CallStub 中的局部变量

类　　型	局部变量名	距帧基址偏移 （单位：word）	用　　途
Address	rsp_after_call	-4	上一栈帧基址
int	locals_count_in_bytes		非 Address 类型， 其值为 4 字长
Address	mxcsr_save	-4	保存 mxcsr，退出时需恢复
Address	saved_rbx	-3	保存寄存器 rbx 值
Address	saved_rsi	-2	保存寄存器 rsi 值
Address	saved_rdi	-1	保存寄存器 rdi 值
Address	result	3	Java 方法调用返回值
Address	result_type	4	返回值类型
Address	method	5	Java 方法的 oop
Address	entry_point	6	Java 方法的进入点地址
Address	parameters	7	调用 Java 方法传入的参数
Address	parameter_size	8	参数的数目
Address	thread	9	线程

（3）计算为参数和寄存器保存需要空间，移动栈指针 rsp 跳过这段预留空间和对齐。
（4）保存 rdi、rsi、rbx 寄存器。按照惯例，这 3 个寄存器被认为是**被调用者保存**（callee save）寄存器，所以由本方法保存。
（5）按参数出现顺序复制方法参数。
（6）调用 Java 方法。
得到 Java 方法的入口（EntryPoint）地址，将其放入寄存器 rax，执行 call(rax)，完成调用指定 Java 方法。调用返回后，程序将继续在 call 的下一条指令处继续执行。
（7）恢复 rdi、rsi、rbx 寄存器。
（8）处理返回值和返回值类型。
为更好地阐述这一汇编过程，我们将上一小节的输出日志得到的 StubRoutines::call_stub 的汇编代码进行讲解（x86_32 位环境，请注意寄存器命名的微妙差异，如 edi 对应 64 位下的 rdi），如清单 6-10 所示。为方便讲解，笔者将清单拆分了，并在相应位置对汇编代码进行解读。

清单 6-10
```
StubRoutines::call_stub [0x02550341, 0x02550414[ (211 bytes)
[Disassembling for mach='i386']
```
首先，接下来连续两条指令是进入新栈帧的常规套路：保存上一栈帧的基址。

```
0x02550341: push    %ebp
0x02550342: mov     %esp,%ebp
0x02550344: mov     0x20(%ebp),%ecx
0x02550347: shl     $0x2,%ecx
0x0255034a: add     $0x10,%ecx
0x0255034d: sub     %ecx,%esp
0x0255034f: and     $0xfffffff0,%esp
```

接下来 3 条指令是保存 edi、esi、ebx 寄存器的值，分别保存在帧基址偏移量为 4（0x4）、8（0x8）和 12（0xc）的位置，以 word 为单位换算后，分别对应表 6-3 中的偏移量为-1、-2 和-3。

```
0x02550352: mov     %edi,0xfffffffc(%ebp)
0x02550355: mov     %esi,0xfffffff8(%ebp)
0x02550358: mov     %ebx,0xfffffff4(%ebp)
0x0255035b: stmxcsr 0xfffffff0(%ebp)
0x0255035f: mov     0xfffffff0(%ebp),%eax
0x02550362: and     $0xffc0,%eax
0x02550368: cmp     0x851d458,%eax
0x0255036e: je      0x0255037b
0x02550374: ldmxcsr 0x851d458
0x0255037b: fldcw   0x851d448
0x02550381: mov     0x24(%ebp),%ecx
0x02550384: cmpl    $0x0,0x4(%ecx)
0x0255038b: je      0x025503a2
0x02550391: push    $0x8451f38
0x02550396: call    0x0255039b
0x0255039b: pusha
0x0255039c: call    0x0822c2e0
0x025503a1: hlt
```

接下来是传递方法参数。由表 6-3 可知，变量 parameter_size 存放的位置为距基址偏移 8 个 words，即 0x20(%ebp)，接下来根据参数数目进行循环取参，如果取参结束，则跳转到地址为 0x025503bd 的指令处继续执行：

```
;; pass parameters if any
0x025503a2: mov     0x20(%ebp),%ecx
0x025503a5: test    %ecx,%ecx
0x025503a7: je      0x025503bd
0x025503ad: mov     0x1c(%ebp),%edx
0x025503b0: xor     %ebx,%ebx
;; loop:
0x025503b2: mov     0xfffffffc(%edx,%ecx,4),%eax
0x025503b6: mov     %eax,(%esp,%ebx,4)
0x025503b9: inc     %ebx
0x025503ba: dec     %ecx
0x025503bb: jne     0x025503b2
```

接下来是为了准备调用 Java 方法，而执行三条 mov 指令分别获取 method、entry_point 和 esp：

```
;; parameters_done:
0x025503bd: mov     0x14(%ebp),%ebx   // method 位于帧基址偏移为 5 words 的栈元素
0x025503c0: mov     0x18(%ebp),%eax   // entry_point 位于帧基址偏移为 6 words 的栈元素
0x025503c3: mov     %esp,%esi         // 保存本帧基址
```

调用 Java 方法：

```
;; call Java function
0x025503c5: call    *%eax
```

调用 stub 返回后继续执行下面指令：

```
;; call_stub_return_address:
;; common_return:
0x025503c7: mov     0xc(%ebp),%edi
0x025503ca: mov     0x10(%ebp),%esi
0x025503cd: cmp     $0xb,%esi
0x025503d0: je      0x025503ff
0x025503d6: cmp     $0x6,%esi
0x025503d9: je      0x02550406
0x025503df: cmp     $0x7,%esi
0x025503e2: je      0x0255040c
0x025503e8: mov     %eax,(%edi)
```

准备返回上一帧：

```
;; exit:
```

pop 参数：

```
0x025503ea: lea     0xfffffff0(%ebp),%esp
```

恢复 mxcsr：

```
0x025503ed: ldmxcsr 0xfffffff0(%ebp)
```

恢复 ebx、edi、esi 寄存器：

```
0x025503f1: mov     0xfffffff4(%ebp),%ebx
0x025503f4: mov     0xfffffff8(%ebp),%esi
0x025503f7: mov     0xfffffffc(%ebp),%edi
```

还原分配的空间，撤销当前帧至刚进入时状态：

```
0x025503fa: add     $0x10,%esp
```

恢复上一栈帧：

```
0x025503fd: pop     %ebp
```

返回：

```
0x025503fe: ret
```

下面是一些处理非 int 返回值的逻辑。

```
;; is_long:
0x025503ff: mov     %eax,(%edi)
0x02550401: mov     %edx,0x4(%edi)
0x02550404: jmp     0x025503ea
;; is_float:
0x02550406: movss   %xmm0,(%edi)
0x0255040a: jmp     0x025503ea
;; is_double:
0x0255040c: movsd   %xmm0,(%edi)
0x02550410: jmp     0x025503ea
```

```
;; call_stub_compiled_return:
0x02550412: jmp    0x025503c7
```

6.2.6 优化：栈顶缓存

栈顶缓存（Top-of-Stack Cashing，缩写为 TOSCA，简称 ToS）技术，主要关注对频繁访问栈顶元素操作的性能优化。在一个典型的计算机系统各级存储结构中，处理器从寄存器中读取数据比从主存储器（内存）中读取要快上百倍。ToS 通过将频繁访问的栈顶元素缓存在 CPU 硬件寄存器中，能够大幅度减少内存访问次数，达到提高性能的目的。

注意 从寄存器中读取数据的性能远高于从内存中读取。

以计算下面的表达式为例：

$$(a+1)*(b-2)$$

图 6-10 是一组使用 ToS 技术前后的栈元素访问示意图。

TosState 描述字节码或方法在执行前后 Top-of-Stack 的状态，Top-of-Stack 值可以在一个或多个 CPU 寄存器中缓存。缓存值的 TosState 对应数据的机器级描述。

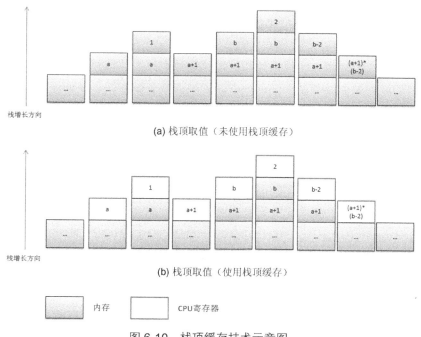

图 6-10 栈顶缓存技术示意图

HotSpot 中共有 9 种 TosState，如表 6-4 所示。其中，有 4 种 TosState 对应 Java 基本类型：int、long、float 和 double。

表 6-4　TosState

状 态 码	TosState	描 述
0	btos	栈顶缓存 byte/bool 类型数据
1	ctos	栈顶缓存 char 类型数据
2	stos	栈顶缓存 short 类型数据
3	itos	栈顶缓存 int 类型数据
4	ltos	栈顶缓存 long 类型数据
5	ftos	栈顶缓存 float 类型数据
6	dtos	栈顶缓存 double 类型数据
7	atos	栈顶缓存 object 类型数据
8	vtos	栈顶缓存 tos 类型数据

Java 指令集中，以 iadd 为例，该指令的任务是：取栈顶两个 int 类型数据进行加法运算后将结果存至栈顶。在 HotSpot 中，该指令模板要求：iadd 执行前 TosState 为 itos，执行后 TosState 为 itos。换句话说，iadd 执行前栈顶缓存值为 int 类型数据；执行后栈顶缓存值为 int 类型数据。iadd 指令模板定义在 iop2 中，如清单 6-11 所示。

清单 6-11
来源：hotspot/src/cpu/x86/vm/templateTable_x86_32.cpp
描述：iop2 指令的模板
```
1    void TemplateTable::iop2(Operation op) {
2      transition(itos, itos);
3      switch (op) {
4      case add : __ pop_i(rdx); __ addl (rax, rdx); break;
5      …… // case sub/mul/_and/_or/_xor/shl/shr/ushr
6      }
7    }
```

transition()是判断传给指令模板的 tos_in 和 tos_out 是否符合要求，tos_in 和 tos_out 是指令执行前后的 TosState。对于 iadd 指令来说，必须 tosin 和 tosout 都为 itos 才能通过，否则程序将异常终止。这符合 HotSpot 内部对逻辑的健壮性考虑，HotSpot 内部规定了一套 TosState 规则（参考 6.2.4 小节），对于每个给定的字节码，其执行前后的 TosState 应当是明确的。不管是在字节码生成本地代码阶段，还是在调用字节码阶段，都应遵循这一套规则，这样才能保证栈顶缓存被正确的使用，避免状态不一致导致难以预料的系统错误。

指令模板定义执行算数加指令 addl，将 rdx 和 rax 寄存器值相加并将结果写至 rax 返回。如清单 6-12 所示，通过开启 VM 选项-XX:+PrintInterpreter 得到的运行时日志，可以查看一个 JVM 为 iadd 字节码生成的 Codelets。

清单 6-12
```
----------------------------------------------------------------
iadd  96 iadd  [0x027df080, 0x027df090]  16 bytes

[Disassembling for mach='i386']
  0x027df080: pop    %eax
```

```
0x027df081: pop    %edx
0x027df082: add    %edx,%eax
0x027df084: movzbl 0x1(%esi),%ebx
0x027df088: inc    %esi
0x027df089: jmp    *0x8515310(,%ebx,4)
```

其中，前 3 条指令是取两个操作数和执行 add 运算并将结果值写入 eax 寄存器，最后 3 条指令则表示执行完毕字节码 idd 返回到上层调用环境继续执行。

按照 JVM 规范对字节码 iadd 的定义，结果值应当存至栈顶内存中。但我们看到 HotSpot 利用栈顶缓存技术，将执行结果存至寄存器 rax 中，若后续的 Java 字节码指令需要从栈顶取该数据时，也遵循栈顶缓存使用的内部规则，只需访问寄存器 rax 即可获得。这样，iadd 和后续的字节码就将原本应该是内存写、读操作分别变成了寄存器写、读操作，节省开销相当可观，在 HotSpot 整个范围之内，对于其他字节码和方法也都是按照这种方式进行的，从总体来看，JVM 整体运行性能得到了提升。

6.2.7 实战：操作数栈

为了帮助读者更好地理解操作数栈，接下来，我们将演示一下操作数栈的运行过程。

1. 操作数栈

在如图 6-11 所示的示例程序中，通过计算一个表达式的验算过程，可以很好地诠释操作数栈是怎样工作的。

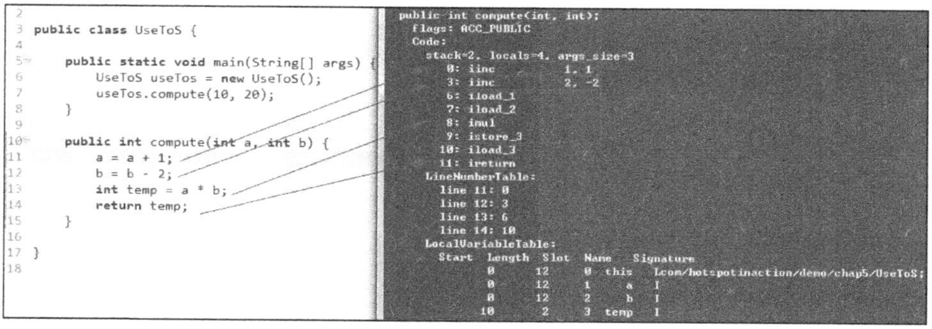

图 6-11　操作数栈：程序示例

具体的执行过程如下。

（1）进入 compute() 方法调用，执行第 11 行 Java 代码 "a=a+1" 前，如图 6-12（a）所示。

图 6-12（a）　操作数栈：演示过程 a

操作数栈顶有了这几个元素：0x0a、0x14，分别对应 a（=10）b（=20）。

（2）执行完第 11 行 Java 代码 "a=a+1"，此时变量 a 已执行加 1 的操作，所以，操作数栈中由 0x0a 变为 0x0b，如图 6-12（b）所示。

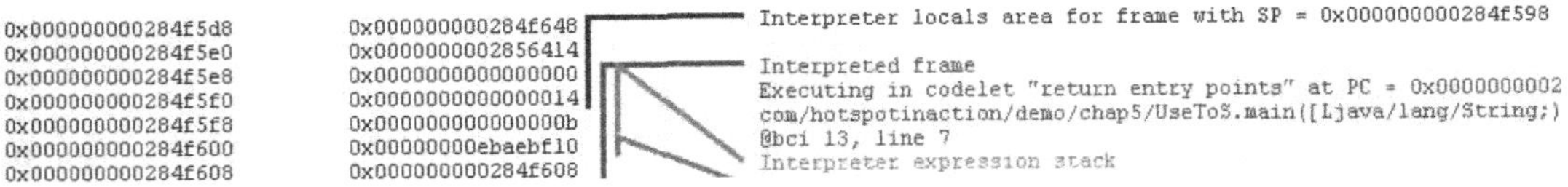

```
0x000000000284f5d8    0x000000000284f648        Interpreter locals area for frame with SP = 0x000000000284f598
0x000000000284f5e0    0x0000000002856414
0x000000000284f5e8    0x0000000000000000        Interpreted frame
0x000000000284f5f0    0x0000000000000014        Executing in codelet "return entry points" at PC = 0x0000000002
0x000000000284f5f8    0x000000000000000b        com/hotspotinaction/demo/chap5/UseToS.main([Ljava/lang/String;)
0x000000000284f600    0x00000000ebaebf10        @bci 13, line 7
0x000000000284f608    0x000000000284f608        Interpreter expression stack
```

图 6-12（b） 操作数栈：演示过程 b

（3）执行完第 12 行 Java 代码 "b=b-2"，此时变量 b 已执行减 2 的操作，所以，操作数栈中由 0x14 变为 0x12，如图 6-12（c）所示。

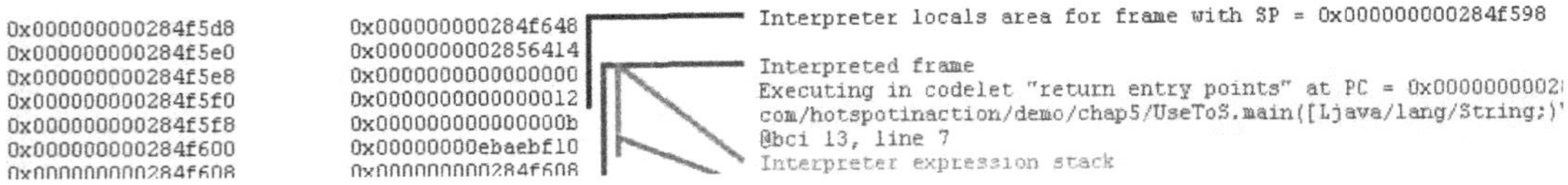

```
0x000000000284f5d8    0x000000000284f648        Interpreter locals area for frame with SP = 0x000000000284f598
0x000000000284f5e0    0x0000000002856414
0x000000000284f5e8    0x0000000000000000        Interpreted frame
0x000000000284f5f0    0x0000000000000012        Executing in codelet "return entry points" at PC = 0x0000000002
0x000000000284f5f8    0x000000000000000b        com/hotspotinaction/demo/chap5/UseToS.main([Ljava/lang/String;)
0x000000000284f600    0x00000000ebaebf10        @bci 13, line 7
0x000000000284f608    0x000000000284f608        Interpreter expression stack
```

图 6-12（c） 操作数栈：演示过程 c

（4）执行完第 13 行 Java 代码 "int temp = a*b"，此时计算出的 temp 值为 0xc6 位于操作数栈中，如图 6-12（d）所示。

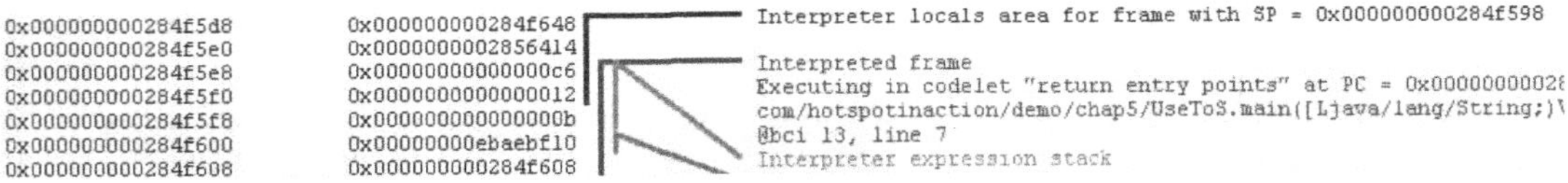

```
0x000000000284f5d8    0x000000000284f648        Interpreter locals area for frame with SP = 0x000000000284f598
0x000000000284f5e0    0x0000000002856414
0x000000000284f5e8    0x00000000000000c6        Interpreted frame
0x000000000284f5f0    0x0000000000000012        Executing in codelet "return entry points" at PC = 0x0000000002
0x000000000284f5f8    0x000000000000000b        com/hotspotinaction/demo/chap5/UseToS.main([Ljava/lang/String;)
0x000000000284f600    0x00000000ebaebf10        @bci 13, line 7
0x000000000284f608    0x000000000284f608        Interpreter expression stack
```

图 6-12（d） 操作数栈：演示过程 d

通过对 compute() 执行过程的跟踪，我们可以看到虚拟机对相邻栈帧之间的数据共享优化：被调用者（compute）的局部变量与调用者（main）的操作数栈是部分重叠的。

2. 栈的运动

接下来，运行示例程序 StackAdd，演示整个栈的运动方式。启动程序，并停在断点处，如图 6-13 所示。

HSDB 连接上 StackAdd 进程后，打开 "Stack Memory for Main" 窗口，如图 6-14 所示。窗口中不仅列出了栈内存的原始数据，还对操作数栈中数据含义进行了初步的加工和解释。

当然，在命令行窗口，我们也可以通过下述 mem 命令查看栈帧的内存原始数据。如清单 6-13（a）所示，该命令将输出以地址 0x0000000002baf108 开始的一段内存值。接下来，我们将逐步分析这段内存空间。

清单 6-13（a）
```
hsdb> mem 0x0000000002baf108 40
```

6.2 Java 栈

```
StackAdd.java ⊠
 1  package com.hotspotinaction.demo.chap5;
 2
 3  public class StackAdd {
 4
 5      public int baseValue = 4095; // 0x0000000000000fff
 6
 7⊖     public static void main(String[] args) {
 8          StackAdd adder = new StackAdd();
 9          int i = 123; // 0x7b
10          int j = 456; // 0x1c8
11          int r = adder.add(i, j);
12          System.out.println(r);
13      }
14
15⊖     public int add(int i, int j) {
16          int temp = i + j;
17          temp += baseValue;
18          return temp;
19      }
20  }
21
```

图 6-13　示例程序：StackAdd

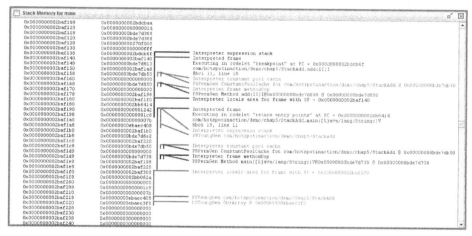

图 6-14　Stack Memory for Main

3. breakpoint 的 codlet

值得一提的是，操作数栈元素存放了一个地址 0x0000000002bdcb6f，如清单 6-13（b）所示。

清单 6-13（b）

```
0x0000000002baf108: 0x0000000002bdcbaa
0x0000000002baf110: 0x000000000000001d
0x0000000002baf118: 0x00000000bde7d368
0x0000000002baf120: 0x00000000bde7d368
0x0000000002baf128: 0x000000000270f000
0x0000000002baf130: 0x0000000000000fff  //baseValue = 4095
0x0000000002baf138: 0x0000000002bdcb6f  //操作数栈
```

这实际上是一段断点代码，如清单 6-13（c）所示。

清单 6-13（c）
```
hsdb> whatis 0x0000000002bdcb6f
Address 0x0000000002bdcb6f: In interpreter codelet "breakpoint"
breakpoint [0x0000000002bdc9f8, 0x0000000002bdccc0)  712 bytes

hsdb> inspect 0x0000000002bdcb6f
Type is BufferBlob (size of 64)
char* CodeBlob::_name: char @ 0x0000000066127d90
int CodeBlob::_size: 204880
int CodeBlob::_header_size: 64
int CodeBlob::_relocation_size: 0
int CodeBlob::_content_offset: 80
int CodeBlob::_code_offset: 80
int CodeBlob::_frame_complete_offset: -1
int CodeBlob::_data_offset: 204880
int CodeBlob::_frame_size: 0
OopMapSet* CodeBlob::_oop_maps: OopMapSet @ null
```

由此可见，利用 whatis 命令可以查看地址 0x0000000002bdcb6f 中存放的数据类型是一段名为"breakpoint"的 InterpreterCodelet。利用探测器 inspect 命令，还可以查得该 InterpreterCodelet 的更多信息，详见清单 6-13（c）。建议读者自己动手实践，以深化对栈的理解。

4. add 栈帧

接下来，我们顺着栈帧的内存地址，继续看下去，能看到 add() 方法栈栈帧的内容，如清单 6-13（d）所示。

清单 6-13（d）
```
0x0000000002baf140:   0x0000000002baf140
0x0000000002baf148:   0x00000000bde7d813
0x0000000002baf150:   0x0000000002baf1a8
0x0000000002baf158:   0x00000000bde7db50  //StackAdd 类的 ConstantPoolCache 实例
0x0000000002baf160:   0x0000000000000000
0x0000000002baf168:   0x00000000bde7d850
0x0000000002baf170:   0x0000000000000000
0x0000000002baf178:   0x0000000002baf198
0x0000000002baf180:   0x0000000002baf1f0
0x0000000002baf188:   0x0000000002bb6414
```

"Stack Memory for Main" 窗口对这一整段栈空间的解释如清单 6-13（e）所示。

清单 6-13（e）
```
Interpreted frame
Exeuting in codelet "breakpoint" at PC = 0x0000000002bdcb6f
com/hotspotinaction/demo/chap6/StackAdd.add(II)I
@bci 11, line 18
```

其中栈元素 0x0000000002baf158 里面描述的是常量池缓存。而栈元素 0x0000000002baf168 里面描述的是与 add() 方法对应的 methodOop 实例，如图 6-15 所示。

6.2 Java 栈

图 6-15 add() 方法的 method 实例对象

5. main 的局部变量表

在"Stack Memory for Main"窗口中,"Interprter locals area for frame with SP = 0x0000000002baf190"所表示的含义是以下 5 个地址存储的是 main() 方法内的 5 个局部变量,如清单 6-13(f)所示。

清单 6-13(f)
```
0x0000000002baf1f0: 0x0000000002baf300 //args
0x0000000002baf1f8: 0x0000000002bb062a //adder
0x0000000002baf200: 0x0000000000000000 //r
0x0000000002baf208: 0x00000000000001c8 //j=456
0x0000000002baf210: 0x000000000000007b //i = 123
```

main 方法在 Class 文件中的局部变量表是这样定义的,如图 6-16 所示。

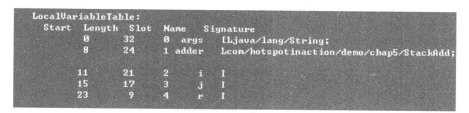

图 6-16 main 方法局部变量表

其中,对于 adder,我们通过探测器 inspect 命令查看它的类型信息,如清单 6-13(g)所示。

清单 6-13(g)
```
hsdb> inspect 0x0000000002bb062a
Type is BufferBlob (size of 64)
char* CodeBlob::_name: char @ 0x000000006614ef58
int CodeBlob::_size: 19080
int CodeBlob::_header_size: 64
int CodeBlob::_relocation_size: 0
int CodeBlob::_content_offset: 80
int CodeBlob::_code_offset: 80
int CodeBlob::_frame_complete_offset: -1
int CodeBlob::_data_offset: 19080
int CodeBlob::_frame_size: 0
OopMapSet* CodeBlob::_oop_maps: OopMapSet @ null
hsdb> whatis 0x0000000002bb062a
```

```
    Address 0x0000000002bb062a: In code in StubRoutines (1) content: [0x0000000002bb0520,
0x0000000002bb4f58),          code:        [0x0000000002bb0520,    0x0000000002bb4f58),       data:
[0x0000000002bb4f58, 0x0000000002bb4f58], frame size: 0
```

这里，我们看一下 BufferBlob 的 name，如清单 6-13（h）所示。

清单 6-13（h）
```
hsdb> mem 0x000000006614ef58 3
jvm!??_7StubCodeGenerator@@6B@+800: 0x74756f5262757453
jvm!??_7StubCodeGenerator@@6B@+808: 0x2931282073656e69
jvm!??_7StubCodeGenerator@@6B@+816: 0x0000000000000000
```

查看 ASCII 表，name 为 "StubRoutines!(1)"，如清单 6-13（i）所示。

清单 6-13（i）
```
0x0000000002baf218:  0x00000000ebaec408  // Oop  for  com/hotspotinaction/demo/chap6/
StackAdd
0x0000000002baf220:  0x00000000ebaec3f8  //main 参数数组对象：String[] args
0x0000000002baf228:  0x0000000000000000
0x0000000002baf230:  0x0000000000000000
0x0000000002baf238:  0x0000000000000000
0x0000000002baf240:  0x0000000000000000
```

从下往上看，0x00000000ebaec3f8 和 0x00000000ebaec408 分别表示 main 方法的参数和 StackAdd 对象，如清单 6-13（j）所示。

清单 6-13（j）
```
hsdb> inspect 0x00000000ebaec3f8
instance of ObjArray @ 0x00000000ebaec3f8 @ 0x00000000ebaec3f8 (size = 16)
_mark: 1
    hsdb> inspect 0x00000000ebaec408
instance of Oop for com/hotspotinaction/demo/chap6/StackAdd @ 0x00000000ebaec408 @
0x00000000ebaec408 (size = 16)
_mark: 1
baseValue: 4095
```

6.3 小结

欲了解虚拟机，应首先了解真实机器。本章首先介绍了真实机器中处理器、寄存器与栈的相关知识作为背景。本章主要介绍的是 Java 栈的实现原理。JVM 根据设计了一套围绕栈操作的指令集，因此栈是 JVM 操作的核心资源。JVM 栈由局部变量和操作数栈组成，Java 程序在运行时，根据方法的调用会产生新的栈帧，并在程序运行期间不断的执行入栈和出栈操作，以实现演算过程。在 JVM 内部调用 Java 方法都是通过 CallStub 模块来完成的。本章还介绍了栈顶缓存技术，HotSpot 通过将最频繁使用的栈顶元素缓存至硬件寄存器中，减少了对内存的访问，对虚拟机执行性能的提升有很大的帮助。

第 7 章　解释器和即时编译器

"学不可以已。"

——《劝学》

本章内容
- 解释器的工作原理
- 字节码表
- 模板解释器
- 目标机代码的定位和执行
- 解释器是如何利用寄存器资源的
- 即时编译器的结构
- C1 编译器的工作原理
- HIL 和 LIR
- 编译器是如何生成机器码的

　　计算机不能直接理解高级语言，它只能理解与自身架构密切相关的机器语言。使用高级语言编写的源程序，必须经过一道翻译工序，变成机器可识别的目标文件，才能够让计算机执行。翻译有两种基本方式：编译和解释。对于编译型高级语言，程序在执行前，需要编译器将其编译为机器语言能够理解的可执行文件（如 EXE 文件或 ELF 文件），这样便可直接执行可执行文件以完成程序的运行。而对于解释性高级语言，则省去了这道编译工序，它在运行时才由解释器以"边翻译边执行"的方式完成程序的运行。值得注意的是，这里提到的编译，是指将源程序编译为可执行文件的过程，与 Java 中提到的编译在语义上是有区别的，后者是将源程序转换成字节码。字节码并不可以在机器上直接执行，它只是一种中间表示方式。

众所周知，Java 是一门解释性编程语言。在 HotSpot 的运行时环境中，除了实现了基本的解释器之外，还提供了即时编译器，如图 7-1 所示。即时编译器能够将运行时的"热点"代码编译为运行效率更高的机器代码，它与解释器共同协作以完成运行 Java 程序的任务。当然，通过对运行时环境的灵活调整，即时编译器甚至可以独立承担运行任务。通过不断地组合和完善各种高效的优化技术，HotSpot 目前已成为一款在运行性能上表现极为优异的虚拟机产品。

7.1 概述

Java 源程序经编译后成为字节码，由运行时环境对字节码进行解释执行。提供解释功能的 JVM 组件称为**解释器**（interpreter）。

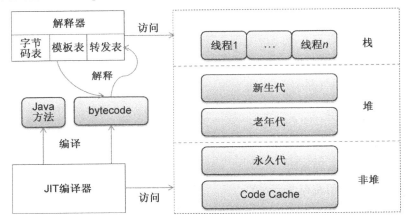

图 7-1 解释器与 JIT 编译器

HotSpot 除了提供基本的解释器，还可对运行时程序执行频繁的代码进行优化，将其编译成本地代码。这部分"频繁"执行的代码称为"热点"代码，HotSpot 虚拟机也由此得名。而执行编译任务的组件称为**即时编译器**（Just in Time Compiler，即 JIT 编译器）。

对于不同类型的应用程序，用户可根据自身的特点和需求，灵活选择是基于解释器运行还是基于 JIT 编译器运行。HotSpot 为用户提供了以下几种运行模式供选择。

- **解释模式**：可通过 -Xint 选项指定，让 JVM 以解释模式运行 Java 程序。
- **编译模式**：可通过 -Xcomp 选项指定，让 JVM 以编译模式运行 Java 程序。
- **混合模式**：可通过 -Xmixed 选项指定，让 JVM 以解释+编译模式运行 Java 程序。这也是 HotSpot 的默认模式。

必须指出的是，不管是解释执行，还是编译执行，最终执行的代码单元都是可直接在真实机器上运行的**机器码**（machine code），或称为**本地代码**（native code）。

1. 解释器

解释器能够执行符合 JVM 规范的字节码。它是一种翻译程序，其执行方式是一边翻译一边执行，因此执行效率较低。但解释器最大的优点就是简单和易于实现，允许上层高级语言使用富于表现力的语法。除了 Java 语言以外，还有很多使用解释器执行的高级编程语言，如 Python、Perl、Ruby 以及各种 Shell 脚本语言。

在 Java 中，解释器的主要任务便是在 JVM 中翻译并运行字节码。在 HotSpot 的实现中，解释器主要由下面几个部分组成。

- 解释器（interpreter）：解释执行的功能组件。在 HotSpot 中，实现了两种解释器，一种是虚拟机默认使用的模板解释器（TemplateInterpreter）；另一种是 C++ 解释器（CppInterpreter）。
- 代码生成器（code generator）：利用解释器的宏汇编器（缩写为 MASM，下文同）向代码缓存空间写入生成的代码。
- InterpreterCodelet：由解释器运行的代码片段。在 HotSpot 中，所有由代码生成器生成的代码都由一个 Codelet 来表示。面向解释器的 Codelet 称为 InterpreterCodelet，由解释器进行维护。利用这些 Codelet，JVM 可完成在内部空间中存储、定位和执行代码的任务。
- 转发表（dispatch table）：为方便快速找到与字节码对应的机器码，模板解释器使用了转发表。它按照字节码的顺序，包含了所有字节码到机器码的关联信息。模板解释器拥有两张转发表，一张是正常模式表，另一张表用来使解释器进入 safepoint。转发表最大 256 个条目，这也是由单字节表示的字节码最大数量。

2. JIT 编译器

在 HotSpot 中，实现了客户端编译器（Client Compiler）和服务端编译器（Server Compiler），前者常被称做 C1 编译器，而后者常被称做 C2 编译器。HotSpot 提供了不同的编译模式，允许用户根据应用程序的特点和需求灵活选择。

- client 模式：可通过 -client 选项指定，使用 C1 编译器，C1 对编译进行快速的优化。
- server 模式：可通过 -server 选项指定，使用 C2 编译器，C2 对编译进行更多优化，编译比 C1 耗时，但是能产生比 C1 更高效的代码。

下面我们将分别介绍 HotSpot 中的解释器和 JIT 编译器是如何工作的。

7.2 解释器如何工作

在系统启动时，解释器按照预定义的规则，为所有字节码分别创建能够在具体计算机平台上运行的**机器码**（常称为 code，下同），并存放在特定位置。当运行时环境需要解释字节码时，就到指定位置取出相应的 code，直接在机器上运行。然后，解释器再对下一条字节码执行相同的操作。如此循环往复，便完成了整个 Java 程序的执行任务。

接下来，我们先了解一下在 HotSpot 中与解释器相关的一些核心模块：Interpreter 模块和 Code 模块。

7.2.1 Interpreter 模块

首先，我们将看到的是实现了解释器主体功能的 Interpreter 模块。图 7-2 为我们展示了 Interpreter 模块所包含的主要子模块。

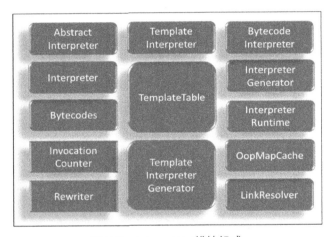

图 7-2 Interpreter 模块组成

这里重点介绍一下 AbstractInterpreter 模块。AbstractInterpreter 模块定义了基于汇编模型的解释器以及解释器生成器的抽象行为，包含一些与平台无关的公共操作。

前文提到，在 HotSpot 中，实现了两种具体的解释器，即模板解释器和 C++ 解释器，它们分别由 TemplateInterpreter 子模块和 CppInterpreter 子模块实现。其中，模板解释器正是目前 HotSpot 默认的解释器。在本章中，解释器的话题也是围绕着模板解释器而展开的。

事实上，除了上述两种解释器，HotSpot 中仍保留了另外一种解释器，即字节码解释器（BytecodeInterpreter）。它没有使用编译优化，在运行期就是纯粹地以解释方式执行。由于历史原因，它已经淡出了 HotSpot 解释器的舞台，但在 OpenJDK 7 中，仍然保留了这部分代码。模板解释器与它有一些渊源，前者便是将 BytecodeInterpreter 字节码的执行语句换成汇编代码而来的。也正是因此，模板解释器模块的代码更加依赖计算机架构的汇编指令，在可读性上要差一些。而相较于基于汇编实现的模板解释器，字节码解释器模块的代码可读性更好，这对于读者了解解释细节来说具有重要意义。对于想了解模板解释器实现而又不熟悉汇编指令集的读者来说，不妨直接阅读 BytecodeInterpreter 模块的代码，二者的逻辑是基本一致的。

现在，我们将话题重新回到 AbstractInterpreter 模块上来。除了规定解释器的行为，该模块还定义了另一个与解释器息息相关的组件的行为，这个组件就是解释器生成器。清单 7-1 中定义了解释器生成器的抽象基类。

清单 7-1
来源：hotspot/src/share/vm/interpreter/abstractInterpreter.hpp
描述：解释器生成器的抽象基类

```
1    class AbstractInterpreterGenerator: public StackObj {
2     protected:
3      InterpreterMacroAssembler* _masm;

4      // shared code sequences
5      // Converter for native abi result to tosca result
6      address generate_result_handler_for(BasicType type);
7      address generate_slow_signature_handler();

8      // entry point generator
9      address generate_method_entry(AbstractInterpreter::MethodKind kind);

10     void bang_stack_shadow_pages(bool native_call);

11     void generate_all();

12    public:
13     AbstractInterpreterGenerator(StubQueue* _code);
14   };
```

要实现一款具体的解释器生成器，必须提供一些生成机器码的功能。机器码是与计算机体系结构相关的，HotSpot 中按照体系结构的不同，分别提供了具体实现的模块，分别定义在 templateInterpreter_<arch>模块中，其中，<arch>包括 x86_32、x86_64、zero 和 sparc 等。

除 AbstractInterpreter 模块之外，还有其他几个主要模块，这里分别简单介绍一下。

- Bytecodes 模块：字节码模块。
- TemplateTable 模块：模板表模块。模板表模块初始化时，将创建模板表，供模版解释器使用。
- Interpreter 模块：解释器模块。
- BytecodeInterpreter 模块：实现字节码解释器，它是一款纯解释方式实现的解释器。
- TemplateInterpreter 模块：实现基于汇编方式实现的解释器，字节码例程是基于事先准备好的汇编模板在初始化阶段生成机器相关的机器码。
- InvocationCounter 模块：调用计数器模块。用做统计编译目标的调用次数，当计数器的值达到一定阀值时，便触发编译。
- InterpreterGenerator 模块和 TemplateInterpreterGenerator 模块：实现与模板解释器协作的模板解释器生成器。
- InterpreterRuntime 模块：供解释器调用，处理汇编层业务。

- Rewriter 模块：为提高解释器性能，HotSpot 提供了常量池 Cache 功能，实现字段和方法的快速定位。为配合这种优化技术，Rewriter 模块提供重写字节码功能，将原本指向常量池的索引调整为指向常量池 Cache 的索引。
- LinkResolver 模块：实现在第 4 章中曾提到的链接解析器。用于运行时解析一些常量池引用，如解析类、接口和方法等。

7.2.2 Code 模块

前面提到，code 特指机器码。接下来讨论的 Code 模块，是指在 JVM 中管理 code 的存储、定位和执行的系统组件。图 7-3 描述了 Code 模块的主要组成情况。

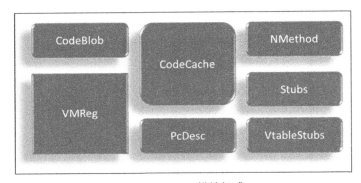

图 7-3　Code 模块组成

这里简单介绍一下各个子模块的作用。

- CodeCache 模块：代码高速缓存。JVM 在内存中分配了一块区域，用于代码缓存区，即 Code Cache，用来保存那些在运行时生成的可在目标机器上运行的机器码。通过 VM 选项 CodeCacheExpansionSize、InitialCodeCacheSize 和 ReservedCodeCacheSize 可以配置该空间大小。
- CodeBlob 模块：CodeBlob 用做描述 Code Cache 中所有的缓存项。由 CodeBlob 衍生出了 nmethod、SafepointBlob 等类型。
- NMethod 模块：NMethod 继承自 CodeBlob，表示编译为本地代码的 Java 方法。
- VMReg 模块：管理 CPU 寄存器名的模块。
- PcDesc 模块：映射物理 PC 到源码范围内的字节码索引。
- Stubs 和 VtableStubs 模块：管理 stub（系统生成的 code 片段）。

到目前为止，我们看到的这些模块构成了解释器实现的基础。下面我们将陆续接触字节码在 JVM 内部的表示方式，code 的生成和存储，以及字节码的转发方式；最后将通过一个实战案例，帮助读者加深对解释器运作原理的理解。

7.2.3 字节码表

字节码信息在虚拟机内部被解释器、编译器或其他组件频繁引用，因此在 HotSpot 中，由 Bytecodes 模块提供了一张字节码表来提供索引服务，其他模块利用 bytecode 的编号从表中相应位置取得字节码信息。

这里所说的字节码信息，是指字节码表中元素用五元组描述的字节码基本属性，这些属性包括以下几项。

- 名称：即字节码助记符，如"iconst_0"等。
- 字节码执行结果值类型。这些类型来自 HotSpot 内部定义的基本数据类型 BasicType（见 globalDefinitions.hpp，SA 中也有同名的 Java 镜像类），包括 T_BOOLEAN、T_CHAR、T_FLOAT、T_DOUBLE、T_BYTE、T_SHORT、T_INT、T_LONG、T_OBJECT、T_ARRAY、T_VOID、T_ADDRESS 和 T_NARROWOOP 等。
- 深度。
- 长度：一条完整的字节码指令包含的字节数。
- 字节码：字节值。

Bytecodes 模块只在 JVM 启动时执行一次初始化工作。初始化时，将创建这张字节码表并将所有字节码的属性逐一填好。字节码表位于 C++ 类 Bytecodes 中，该类封装了获取字节码及属性的静态方法，供解释器等模块使用。

解释器在执行时，常常需要根据**字节码偏移量**（bytecode index，**缩写为 bci**）获取在该方法内指定位置的字节码，这个获取过程称为**取码**（fetch bytecode）。在 Bytecodes 类封装的方法中，提供了 code_at() 函数实现取码。函数 code_at() 可以根据参数 methodOop 和 bci 进行取码，清单 7-2 中定义了该函数的原型。

清单 7-2
来源：hotspot/src/share/vm/interpreter/bytecodes.cpp
描述：code_at() 函数原型

```
Bytecodes::Code Bytecodes::code_at(methodOop method, int bci);
```

图 7-4 描述了 code_at() 函数是如何根据 method 将 bci 转换成 bcp 的过程。

我们知道，字节码位于 methodOop 的 _constMethod 成员中。函数 code_at() 首先得到字节码流在 JVM 内存中的基地址 code_base，基地址表示的是这段字节码流的开始位置；接下来，根据"bcp=code_base+bci"计算得到**字节码指针**（byte code pointer，**缩写为 bcp**）地址；最后访问 bcp 指向内存的值，即得到目标 bytecode，完成取码。

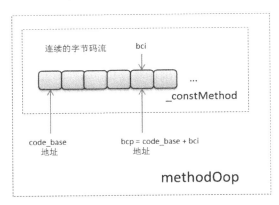

图 7-4 Fetch ByteCode

7.2.4 Code Cache

前面提到，Code Cache 是指代码高速缓存，主要用做生成和存储本地代码。这些代码片段包括已编译好的 Java 方法和 RuntimeStubs 等。Code Cache 空间是由虚拟机托管的一块内存区域，在 Jconsole 中，也将其与 Perm Gem 一起合称为**非堆内存**，如图 7-5 所示。

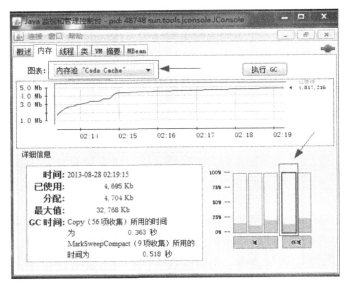

图 7-5 Code Cache

通过 VM 选项 CodeCacheExpansionSize、InitialCodeCacheSize 和 ReservedCodeCacheSize 可以配置该区域内存空间大小，具体如表 7-1 所示。

表 7-1　　　　　　　　　　　　Code Cache 相关选项

选　项	Build	默认值	描　述
-XX:CodeCacheExpansionSize	pd product	平台相关	配置 CodeCache 空间扩展大小的参数
-XX:InitialCodeCacheSize	pd product	平台相关	配置 CodeCache 空间大小的初始值
-XX:ReservedCodeCacheSize	pd product	平台相关	配置 CodeCache 空间的最大值
-XX:CodeCacheSegmentSize		64	CodeCache 段大小（单位：字节），即分配的最小单元
-XX:CodeCacheMinBlockLength	pd	1	在一个 CodeCache 块中包含的段个数最小值
-XX:CodeCacheFlushingMinimumFreeSpace	product	1 536 000	当剩余空间低于该阈值（单位：字节）时，启动 Code Cache 清理
-XX:CodeCacheMinimumFreeSpace	product	512 000	当空间低于该阈值（单位：字节）时，停止编译
-XX:PrintCodeCache	notproduct	false	退出时输出 Code Cache 信息
-XX:PrintCodeCache2	notproduct	false	退出时输出更加详细的 Code Cache 信息
-XX:PrintClassStatistics	notproduct	false	退出时输出类统计信息
-XX:PrintMethodStatistics	notproduct	false	退出时输出方法统计信息
-XX:PrintVtableStats	notproduct	false	退出时输出 Vtable 统计信息
-XX:PrintVtables	notproduct	false	输出 Klass 信息时也输出 vtable 信息

在 JVM 启动时，将对 Code Cache 进行初始化，初始化过程如下。

（1）内存空间分配。Code Cache 内存空间是在 VM 启动时创建的，并伴随着 JVM 的整个生命周期。因此，在任意时刻，都可以通过 Code Cache 获取已生成的本地代码。

（2）初始化指令缓存（ICache）模块。每当 JVM 修改 code，处理器指令缓存的一部分可能需要清空。清空操作的实现是与处理器架构相关的，因此由运行时环境根据真实机器类型创建执行清空任务的 stub。在初始化阶段，由专门的生成器 ICacheStubGenerator 生成一个名为 "flush_icache_stub" 的 stub。

（3）向系统注册 Code Cache 区。仅在 Windows 64 位平台上生效，默认开启 SHE 机制（即 VM 选项 UseVectoredExceptions 默认关闭 Vectored Exceptions 机制），此时向 OS 模块注册 SHE。

顾名思义，Code Cache 是指将已生成好的 code 放在内存中，当需要使用 code 时，便可以直接从内存中取用，以达到缓存的效果，进而提高系统性能。Code Cache 允许缓存多种类型的 code，这些缓存项类型都继承自一个共同祖先 CodeBlob。

CodeBlob 的内存布局如图 7-6 所示。

图 7-6　CodeBlob 类型结构

- 头部：CodeBlob 头部信息，头部大小取决于子类类型。

- relocation: relocInfo 类型信息。
- 内容: 含常量、指令和 stubs 等本地代码信息。
- 数据: 含 OopMap、代码注释等信息。

在 Code Cache 中，缓存的代码项主要包括以下几种类型。

- nmethod: 编译为本地代码的 Java 方法（包括需要调用本地代码的方法）。
- RuntimeStub: 用于调用 JVM 运行时方法。
- BufferBlob: 用于容纳非可重定位的机器代码，例如 interpreter、stubroutines 等。
- DeoptimizationBlob: 用做逆优化。如果经证实代码优化所基于的假设是不真实的，HotSpot 可以对代码进行逆优化操作。在多种情况下，它会重新考虑，尝试不同的优化。因此同一个方法可能会被逆优化和重新编译几次[1]。
- ExceptionBlob: 用做异常时栈回滚。
- SafepointBlob: 用做处理 safepoint 期间的无效指令异常。

值得注意的是，这些类型在 SA 中也都提供了 Java 镜像类，也就是说，我们可以利用 SA 来探测运行时所创建的 CodeBlob。下面我们通过一个实际的例子来演示 CodeBlob 内存布局，清单 7-3 中是通过 HSDB 查看到的运行时 Code Cache 中名为 "return entry points" 的缓存项。

清单 7-3
```
hsdb> inspect 0x00000000028f6414
Type is BufferBlob (size of 64)
char* CodeBlob::_name: char @ 0x0000000058f07d90
int CodeBlob::_size: 204880
int CodeBlob::_header_size: 64
int CodeBlob::_relocation_size: 0
int CodeBlob::_content_offset: 80
int CodeBlob::_code_offset: 80
int CodeBlob::_frame_complete_offset: -1
int CodeBlob::_data_offset: 204880
int CodeBlob::_frame_size: 0
OopMapSet* CodeBlob::_oop_maps: OopMapSet @ null
```

显然，本地代码 "return entry points" 是属于 BufferBlob 类型。其中 code 位置的计算方法如清单 7-4 所示。

清单 7-4
来源：hotspot/src/share/vm/code/codeBlob.hpp
描述：code 位置的计算方法
```
1   address header_begin()  { return (address)         this; }
2   address code_begin()    { return (address)         header_begin() + _code_offset; }
3   address code_end()      { return (address)         header_begin() + _data_offset; }
```

---

[1] 《Java 程序员修炼之道》，Benjamin J.Evans, Martijn Verburg 著，吴海星译，人民邮电出版社（2012 年）。

经过计算可知道，这个 BufferBlob 中的 code 起止地址范围是：0x00000000028f6464 ～ 0x0000000002928464。感兴趣的读者，可以利用 HSDB 查看这段内存的数据，这些数据实际对应的便是生成的本地代码。

> **练习 1**
> 打开 PrintCodeCache、PrintCodeCache2 和 Verbose 等 VM 调试选项，分析 VM 输出的 CodeCache 日志。

> **练习 2**
> 利用 HSDB，运行程序，试在 Code Cache 中找出一种非 BufferBlob 类型的 Code Blob。

7.2.5 InterpreterCodelet 与 Stub 队列

在 JVM 中，所有由代码生成器生成的代码都由一个 Codelet 来表示。面向解释器的 Codelet 称为 InterpreterCodelet，由解释器进行维护。通过这些 Codelet，完成在 JVM 内部存储、定位和执行代码的任务。Codelet 依靠 CodeletMark 完成自动创建和初始化。稍后我们将看到，Codelet 继承自 ResourceMark，允许自动析构，可对临时分配的代码缓存空间或汇编器内存空间自动回收。

1. InterpreterCodelet

解释器的核心工作，就是在系统内部不停地接受外部下发的字节码指令，并找到与之相匹配的目标代码片段，然后取出并执行。这些代码片段称为**解释器代码**（interpreter code）。

在 JVM 中，为方便管理这些代码片段，所有的解释器代码都将变成 Codelets，并由 InterpreterCodelet 对象持有，如图 7-7 所示。

每个 InterpreterCodelet 具有名称和字节码编号，并能够找到 code 在 JVM 内存中的起、止地址，如图 7-8 所示。

为方便管理，在解释器中，每个 InterpreterCodelet 并不是孤立存储的，它们共同构成了一个 Stub 队列，在队列中每个元素都对应着一个 InterpreterCodelet。

在本节稍后的叙述中，我们还将在实际运行的程序中获得这些 InterpreterCodelet，并看到它们持有的 code 片段究竟是什么样的。

```
InterpreterCodelet
-_size: int
-_description: char*
-_bytecode: Bytecodes.Code
+code_begin(): address
+code_end(): address
+print_on(): void
```

图 7-7 InterpreterCodelet 对象

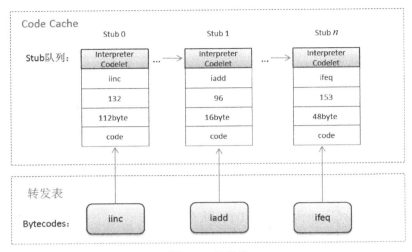

图 7-8 转发表

2. 创建 Codelets

利用 CodeletMark 创建 Codelets 并对其初始化。CodeletMark 构造函数和析构函数的定义见清单 7-5，请注意析构函数的操作，稍后我们将看到，它将在代码块结束后自动被调用以释放资源。

清单 7-5
来源：hotspot/src/share/vm/interpreter/interpreter.hpp
描述：CodeletMark 自动创建 Codelets 并对其初始化

```
1   class CodeletMark: ResourceMark {
2     private:
3       InterpreterCodelet*         _clet;
4       InterpreterMacroAssembler** _masm;
5       CodeBuffer                  _cb;
6       int codelet_size() {
7         // Request the whole code buffer (minus a little for alignment).
8         // The commit call below trims it back for each codelet.
9         int codelet_size = AbstractInterpreter::code()->available_space() - 2*K;
10        return codelet_size;
11      }
12    public:
13      CodeletMark(
14        InterpreterMacroAssembler*& masm,
15        const char* description,
16        Bytecodes::Code bytecode = Bytecodes::_illegal):
17        _clet((InterpreterCodelet*)AbstractInterpreter::code()->request(codelet_size())),
18        _cb(_clet->code_begin(), _clet->code_size())
19      { // request all space (add some slack for Codelet data)
20        assert (_clet != NULL, "we checked not enough space already");
```

```
21      // initialize Codelet attributes
22      _clet->initialize(description, bytecode);
23      // create assembler for code generation
24      masm   = new InterpreterMacroAssembler(&_cb);
25      _masm = &masm;
26    }

27    ~CodeletMark() {
28      // align so printing shows nop's instead of random code at the end (Codelets are aligned)
29      (*_masm)->align(wordSize);
30      // make sure all code is in code buffer
31      (*_masm)->flush();
32      // commit Codelet
33      AbstractInterpreter::code()->commit((*_masm)->code()->pure_insts_size());
34      // make sure nobody can use _masm outside a CodeletMark lifespan
35      *_masm = NULL;
36    }
37  };
```

CodeletMark 的典型应用是在一个代码块中（在函数或方法内部，使用大括号"{"和"}"包起来的一段代码，在这个代码块中，局部变量的作用域仅限于此代码块中）。在**模板解释器生成器**（TemplateInterpreterGenerator）中，就有许多应用，例如，在 generate_all()函数中就连续使用了多个 CodeletMark 代码块。在这样的一个代码块中，首先创建 CodeletMark 实例，这样将先执行构造函数 CodeletMark()中代码，在 Stub 队列（StubQueue）中申请分配一个 Stub 以实现 InterpreterCodelet 的创建。于此同时，创建一个宏汇编解释器 InterpreterMacroAssembler 用来生成代码，并让该生成器持有指向该汇编器的指针_masm。这样，接下来的代码中就可以使用_masm 生成代码。

在代码块结束前，会自动调用析构函数~CodeletMark()提交 InterpreterCodelet，并完成相关清理工作。这样，在一个代码块中通过构造函数和析构函数的自动执行，配合完成了 code buffer 和 assembler 的自动分配。

7.2.6　Code 生成器

一般在 JVM 启动时，代码生成器将统一为字节码以及 JVM 内部例程准备好 Codelets，并储存在 Code Cache 中，供运行时解释器直接使用，如图 7-9 所示。

HotSpot 启动时，在初始化解释器模块时，会使用解释器生成器一次性生成所有 Codelets。模板解释器使用的生成器为 C++类 TemplateInterpreterGenerator，通过它的 generate_all()函数，生成了许多虚拟机内部公用例程和字节码的 Codelets。这些 Codelets 都具有自己的地址并由解释器持有，以便在运行时由解释器访问这些 Codelets。这些 Codelets 按照用途，分为如下几种类型。

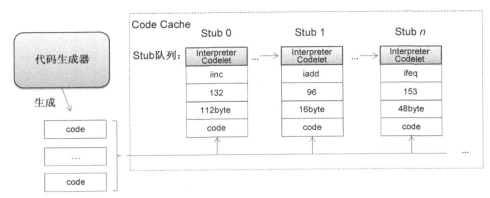

图 7-9 转发表

- Address: 一些异常处理的地址。
- EntryPoint: 一些特别用途的例程入口。
- DispatchTable: 专门用于 bytecode 的转发表。

解释器将 JVM 执行 Java 方法、native 方法以及其他类型的方法调用时所需要做的共同工作提取出来，封装成一系列的**方法入口**（method entry point），并在 generate_all() 函数中生成了对应的 Codelets，如表 7-2 中的序号 12 的条目。

表 7-2 描述了 generate_all() 函数生成的各种 Codelets。

表 7-2　　　　　　　　　　generate_all()中生成的 Codelets

序号	描述	用途
1	slow signature handler	_slow_signature_handler
2	error exits	出错退出例程： "unimplemented bytecode"
		出错退出例程： "illegal bytecode sequence - method not verified"
3	bytecode tracing support	-XX:+TraceBytecodes 选项支持
4	return entry points	函数返回入口
5	earlyret entry points	JVMTI 的 EarlyReturn 入口
6	deoptimization entry points	从"逆优化"调用返回的入口
7	result handlers for native calls	本地方法调用返回值处理 handlers
8	continuation entry points	continuation 入口
9	safepoint entry points	safepoint 入口
10	exception handling	异常处理例程
11	throw exception entry points （抛出异常入口）	ArrayIndexOutOfBoundsException：数组越界异常
		ArrayStoreException：数组存储异常

7.2 解释器如何工作

续表

序号	描 述	用 途
11	throw exception entry points（抛出异常入口）	ArithmeticException：算术异常 ClassCastException：类型转换异常 NullPointerException：空指针异常 StackOverflowError：栈溢出异常
12	method entry point (kind = " #kind ")	与方法类型相关的入口 _normal_table
13	所有字节码的 entry_point	_wentry_point _safept_entry

JVM 调用方法的类型不同，相应的栈帧结构也不同。因此，HotSpot 将按照**方法类型**（method kind），生成不同的 Codelets。表 7-3 列举了 HotSpot 中的方法类型。

表 7-3　　　　　　　　　　　　　　HotSpot 中的方法类型

序号	MethodKind	描 述
1	zerolocals	需要初始化局部变量
2	zerolocals_synchronized	需要初始化局部变量（同步）
3	native	本地方法
4	native_synchronized	本地方法（同步）
5	empty	空方法
6	accessor	访问器方法（如_aload_0、_getfield 和 _(a|i)return 等）
7	abstract	抽象方法
8	method_handle	java.lang.invoke.MethodHandles::invoke 的实现
9	java_lang_math_sin	java.lang.Math.sin(x)的实现
10	java_lang_math_cos	java.lang.Math.cos(x)的实现
11	java_lang_math_tan	java.lang.Math.tan(x)的实现
12	java_lang_math_abs	java.lang.Math.abs(x)的实现
13	java_lang_math_sqrt	java.lang.Math.sqrt(x)的实现
14	java_lang_math_log	java.lang.Math.log(x)的实现
15	java_lang_math_log10	java.lang.Math.log10(x)的实现
16	java_lang_ref_reference_get	java.lang.ref.Reference.get()的实现

在这里，JVM 为解释器生成了各种方法入口。其中，最重要的两种是：

- 字节码方法；
- 本地方法。

对于这两种类型的 Codelets，HostSpot 都分别提供了同步和非同步版本，但它们的帧结构是非常类似的。除了这两种类型，其他 Codelets 则是针对一些专门用途的方法类型，例如访问器、空方法或一些特殊的数学运算方法。

通过打开 VM 选项-XX:+PrintInterpreter，可以查看运行时所生成的这些 Codelets。感兴趣的读者可以自行尝试。

> **练习 3**
> 通过选项-XX:+PrintInterpreter，查看运行时生成的 Codelets。

> **练习 4**
> 想一想，JVM 为什么选择在运行期生成这些代码？

7.2.7 模板表与转发表

前面说过，Java 是一门解释性编程语言。因此，一款解释器的性能好坏，将直接影响对虚拟机的综合性能评估。目前 HotSpot 使用的默认解释器组件就是模板解释器。而模板解释器的核心，毫无疑问，就是模板。那么，模板究竟是什么？

接下来，我们将探讨模板和模板表等概念。

1. 模板

模板（Template）用来描述指定 bytecode 的机器码生成模板的属性，并拥有一个**生成器**（generator）函数用来生成模板。所有 bytecode 的模板组合在一起，构成一个**模板表**（Template Table）。表中每个元素都是一个 Template，元素按照字节码值的递增顺序排列，第 n 号元素表示的就是 bytecode 值为 n 的 Template。

模板的数据结构如图 7-10 所示。

图 7-10 模板数据结构

- flags：表示标志位。
- tos_in：表示模板执行前 TosState。
- tos_out：表示模板执行后 TosState。
- generator：表示模板生成器。
- argument：表示模板生成器参数。

其中，生成器是模板的核心组件。生成器是一个函数，定义了如何为特定 bytecode 生成机器码的汇编指令模板。

标志位 flags 中的低 4 位比特位，分别表示 4 个标志，如下所示。

- uses_bcp_bit：表示是否需要 bcp 指针。
- does_dispatch_bit：表示是否在模板范围内进行转发。
- calls_vm_bit：表示是否需要调用 JVM 函数。

- **wide_bit**：表示是否 wide 指令。

argument 是传给生成器函数的参数。清单 7-6 定义了生成器函数的原型。

清单 7-6
来源：hotspot/src/share/vm/interpreter/templateTable.hpp
描述：生成器函数原型
```
typedef void (*generator)(int arg);
```

现在，我们对 Template 的主要属性有了基本了解。这样的话，对于 Template 的初始化过程也就很容易理解了。初始化时，传入上述属性值给 Template 就可以了。清单 7-7 定义了 Template 的初始化函数。

清单 7-7
来源：hotspot/src/share/vm/interpreter/templateTable.cpp
描述：Template 的初始化例程
```
1  void Template::initialize(int flags, TosState tos_in, TosState tos_out, generator gen, int arg) {
2      _flags   = flags;
3      _tos_in  = tos_in;
4      _tos_out = tos_out;
5      _gen     = gen;
6      _arg     = arg;
7  }
```

Template 围绕生成器进行代码生成，具体操作过程如清单 7-8 所示。

清单 7-8
来源：hotspot/src/share/vm/interpreter/templateTable.cpp
描述：Template 的代码生成例程
```
1  void Template::generate(InterpreterMacroAssembler* masm) {
2      TemplateTable::_desc = this;
3      TemplateTable::_masm = masm;
4      _gen(_arg);
5      masm->flush();
6  }
```

2．创建模板表

模板表主要包括两部分：模板表数组和一组生成器。

- **模板表数组**：这表示模板表本身。表中每个元素都是一个 Template，元素按照 bytecode 值递增顺序排列，第 n 号元素表示的就是 bytecode 值为 n 的 Template，共有 2 个模板表数组，分别是 _template_table 和 _template_table_wide。
- **一组生成器**：所有与 bytecode 相配套的生成器，在初始化模板表时分别作为 generator 传给相应的 Template。

JVM 启动时，会初始化模板表模块。在该过程中，将对模板表数组的每个元素，按照相应的 bytecode，分别赋予 Template 不同的属性。

举例来说，对于字节码 _iconst_0，无标识位；tos_in=vtos，tos_out=itos；生成器为

TemplateTable::iconst()函数；参数为 0。而对于_iconst_<n>系列字节码，其他的几个字节码（n=1,2,3,4,5），与_iconst_0 配置几乎相同，仅生成器参数不同，分别为"1,2,3,4,5"。换句话说，它们的模板都基于相同的生成器 TemplateTable::iconst()，仅仅是传入参数不同而已。这样，我们也知道，Template 属性的作用是用来区分同一系列的字节码。

对于字节码_iinc，设置标志位 uses_bcp_bit 和 calls_vm_bit；tos_in=vtos，tos_out=itos；TemplateTable::iinc()函数；无参数。设置标志位 uses_bcp_bit 和 calls_vm_bit，表示 iinc 的生成器需要使用 bcp 指针函数 at_bcp()，且需要调用 JVM 函数，例如在此处使用了 locals_index()函数，清单 7-9 给出了生成器的定义。

清单 7-9
来源：hotspot/src/cpu/x86/vm/templateTable_x86_32.cpp
描述：iinc 指令的模板

```
1  void TemplateTable::iinc() {
2    __ load_signed_byte(rdx, at_bcp(2));
3    locals_index(rbx);
4    __ addl(iaddress(rbx), rdx);
5  }
```

3．创建转发表

这一过程同样是在 JVM 的启动过程中，由 generate_all()执行 gen，用 masm 根据这套汇编指令模板生成本地代码，写入 code buffer 中，这样就生成了 stub。然后将此 stub 节点插入到 Stub 队列（StubQueue）中。这就是 bytecode 的 code 生成过程。最后，如图 7-11 所示，在转发表中字节码对应的条目中建立到 StubQueue 的关联。这样，JVM 在需要使用该字节码的本地代码时，只需要通过转发表引用就可以了。

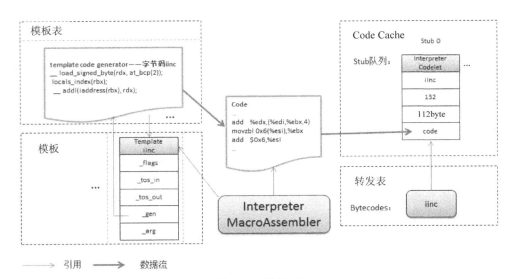

图 7-11 转发表

7.2 解释器如何工作

虚拟机提供了一些与解释器相关 VM 选项，供我们对解释器进行配置或调试跟踪使用，如表 7-4 所示。

表 7-4　　　　　　　　　　解释器相关 VM 选项

选　项	Build	默 认 值	描　述
-XX:UseInterpreter	product	true	为非编译的方法应用解释器
-XX:PrintInterpreter	diagnostic	false	打印生成的解释器代码
-XX:ProfileInterpreter	pd product	false	在解释期间提供字节码层性能分析
-XX:StopInterpreterAt		0	在指定的字节码编号处停止解释器执行
-XX:BackEdgeThreshold	pd product	100000	回边计数阈值，让达到该阈值时将触发 OSR 编译
-XX:VerifyDataPointer		true	验证方法数据指针
-YXX:IgnoreRewrites	false		忽略重写字节码（不安全）
-YXX:PrintRewrites	pd product	false	输出被重写的方法信息
-XX:RewriteBytecodes	pd product	true	允许重写字节码
-XX:UseOnStackReplacement	pd product	true	开启 OSR：若循环体的执行次数超过阈值，则应用 OSR

接下来，我们将以一个实战演练结束解释器的话题。

7.2.8 实战：InterpreterCodelet

这里以在日常应用中常见的自增语句为例，如清单 7-10 所示。

清单 7-10
```
1    for (int i=0;i<100000;i++){
2        ……
3    }
```

在任何类似清单 7-11 中所示的包含 i++ 的测试程序中，编译后得到的字节码类似如下：

清单 7-11
```
……
14: iload_1
15: ldc        #7;  //int 100000
17: if_icmpge  29
20: invokestatic  #8;  //Method inc:()V
23: iinc    1, 1
26: goto    14
……
```

使用 fastdebug 版本即可查看这些信息。打开选项"-XX:+PrintInterpreter"，该选项将把解释器生成的 Codelet 信息输出到控制台。在 HotSpot 中，由 InterpreterCodelet 实现了这个操作的函数 print_on()，如清单 7-12 所示。

清单 7-12
来源：hotspot/src/share/vm/interpreter/interpreter.cpp
描述：-XX:+PrintInterpreter 选项的输出函数

```
1    void InterpreterCodelet::print_on(outputStream* st) const {
2      if (PrintInterpreter) {
3        st->cr();
4        st->print_cr("----------------------------------------------------------------");
5      }
6      if (description() != NULL) st->print("%s ", description());
7      if (bytecode()         >= 0   ) st->print("%d %s   ", bytecode(), Bytecodes::name(bytecode()));
8      st->print_cr("[" INTPTR_FORMAT ", " INTPTR_FORMAT "] %d bytes",
9                    code_begin(), code_end(), code_size());
10     if (PrintInterpreter) {
11       st->cr();
12       Disassembler::decode(code_begin(), code_end(), st);
13     }
14   }
```

实际运行时，得到的日志如清单 7-13 所示。开头是一些统计信息：

清单 7-13

```
VM option '+PrintInterpreter'
----------------------------------------------------------------
Interpreter

code size          =      71K bytes
total space        =     671K bytes
wasted space       =     600K bytes

# of codelets      =     258
avg codelet size   =     283 bytes
----------------------------------------------------------------
```

其中 iinc 指令对应的字节码，可以通过文本编辑器查看，如图 7-12 所示。

```
000001d0h: 00 00 62 00 03 00 02 00 00 00 27 B2 00 02 14 00 ;
000001e0h: 03 B8 00 05 B6 00 06 03 3C 1B 12 07 A2 00 0C B8 ;
000001f0h: 00 08 84 01 02 A7 FF F4 B2 00 02 B2 00 09 B6 00 ;
00000200h: 06 B1 00 00 00 02 00 13 00 00 00 1A 00 06 00 00 ;
00000210h: 00 06 00 0C 00 07 00 14 00 09 00 17 00 07 00 1D ;
```

图 7-12 字节码：iinc 1,1

在 Class 文件中出现的字节码，在 HotSpot 中都有相应的 InterpreterCodelet。以字节码 iinc （将指定 int 型变量增加指定值）为例，它对应源程序中的一条自增语句 **i++**。其二进制表示如下：

```
----------------------------------------------------------------
iinc 132 iinc  [0x0279f830, 0x0279f8a0]   112 bytes
```

字节码 iinc 对应的字节编码是 0x84，转换成十进制是 132。对这行打印的格式进行以下说明。

7.2 解释器如何工作

- 第一个 iinc 表示 InterpreterCodelet 的描述，即 _description 域。
- 数字 132 表示十进制形式的字节码，即 _bytecode 域。
- 第二个 iinc 表示字符串形式描述的字节码 name，所有字节码都有自己的 name，在 hotspot 内部使用一个 name 数组表示（在 Bytecodes::_name 中），每个字节码对应 name 的数组索引就是字节码的十进制数字。
- [0x0279f830，0x0279f8a0] 表示该段 InterpreterCodelet 的地址范围，即通过方法 code_begin()、code_end() 得到的地址。
- 最后一个数字表示该字节码在转换成机器指令后，所占用的存储空间。如 iinc 指令转换成机器指令后，在目标机器（这里是 32 位的 x86 机器）上共计占用 112 个字节（0x0279f8a0-0x0279f830=0x70=112）。

在描述行后面，跟着一组指令，就是字节码 iinc 对应的完整机器指令，如清单 7-14 所示。

清单 7-14
```
[Disassembling for mach='i386']
0x0279f830: sub      $0x4,%esp
0x0279f833: fstps    (%esp)
0x0279f836: jmp      0x0279f854
0x0279f83b: sub      $0x8,%esp
0x0279f83e: fstpl    (%esp)
0x0279f841: jmp      0x0279f854
0x0279f846: push     %edx
0x0279f847: push     %eax
0x0279f848: jmp      0x0279f854
0x0279f84d: push     %eax
0x0279f84e: jmp      0x0279f854
0x0279f853: push     %eax
0x0279f854: movsbl   0x2(%esi),%edx
0x0279f858: movzbl   0x1(%esi),%ebx
0x0279f85c: neg      %ebx
0x0279f85e: add      %edx,(%edi,%ebx,4)
0x0279f861: movzbl   0x3(%esi),%ebx
0x0279f865: add      $0x3,%esi
0x0279f868: jmp      *0x8516710(,%ebx,4)
0x0279f86f: mov      0x4(%esi),%edx
0x0279f872: mov      0x2(%esi),%ebx
0x0279f875: bswap    %ebx
0x0279f877: shr      $0x10,%ebx
0x0279f87a: neg      %ebx
0x0279f87c: bswap    %edx
0x0279f87e: sar      $0x10,%edx
0x0279f881: add      %edx,(%edi,%ebx,4)
0x0279f884: movzbl   0x6(%esi),%ebx
0x0279f888: add      $0x6,%esi
0x0279f88b: jmp      *0x8516710(,%ebx,4)
0x0279f892: nop
0x0279f893: nop
0x0279f894: int3
……
0x027df89f: int3
```

另外，在 HelloWorld.class 中出现的每一个字节码，在输出日志中都可以找到对应的 InterpreterCodelet，读者可以自己动手试一试。

由 code_begin()、code_end()函数的定义（如清单 7-15 所示）可知，实际的 code 是伴随着 HotSpot 内部对象 InterpreterCodelet 一起存储的。这样一来，我们便可利用探测工具 HSDB 从 InterpreterCodelet 对象探测到实际的 code。

清单 7-15
来源：hotspot/src/share/vm/interpreter/interpreter.hpp
描述：InterpreterCodelet 获取 code 起止地址的函数
```
1    address code_begin(){ return (address)this + round_to(sizeof(InterpreterCodelet),
CodeEntryAlignment); }
2    address code_end(){ return (address)this + size(); }
```

感兴趣的读者不妨亲自动手 hack，以加深对相关内容的理解。

练习 5
利用 HSDB，探测运行时 InterpreterCodelet，并得到实际 code。

7.3 即时编译器

HotSpot 虚拟机能够完成字节码运行的组件包括编译器和解释器。一般来说，虚拟机默认以"编译器+解释器"模式协作完成字节码的执行，这种模式称为混合（mixed）模式。通过"java –version"命令可以查看当前虚拟机的执行模式。通过-Xint 选项可以让虚拟机以解释模式执行；通过-Xcomp 选项则可以让虚拟机以编译模式运行。

7.3.1 概述

HotSpot 虚拟机中常见的即时编译器包括客户端编译器和服务器端编译器。它们也分别被称为 C1 编译器和 C2 编译器。C1 编译器能够做一些快速的优化；而 C2 编译器所做的优化会耗费更多的时间，但能够产生更高效的代码。从 JDK 6 开始 HotSpot 加入了多级编译器，解释器可以和 C1、C2 编译器一起协同运行，在 JDK7 -server 模式下默认启用多级编译器。

清单 7-16 定义了虚拟机中的编译等级，具体如下所示。

- 第 0 级：CompLevel_none，采用解释器解释执行，不采集性能监控数据，可以升级到第 1 级。
- 第 1 级：CompLevel_simple，采用 C1 编译器，会把热点代码迅速的编译成本地代码，如果需要可以采集性能数据。
- 第 2 级：CompLevel_limited_profile，采用 C2 编译器，进行更耗时的优化，甚至可能根据第 1 级采集的性能数据采取激进的优化措施。
- 第 3 级：CompLevel_full_profile，采用 C1 编译器，采集性能数据进行优化措施

（level+MDO）。

- 第 4 级：CompLevel_full_optimization，采用 C2 编译器，进行完全的优化。

清单 7-16
来源：hotspot/src/share/vm/utilities/globalDefinitions.hpp
描述：编译等级

```
1   enum CompLevel {
2     CompLevel_any              = -1,
3     CompLevel_all              = -1,
4     CompLevel_none             = 0,       // Interpreter
5     CompLevel_simple           = 1,       // C1
6     CompLevel_limited_profile  = 2,       // C1, invocation & backedge counters
7     CompLevel_full_profile     = 3,       // C1, invocation & backedge counters + mdo
8     CompLevel_full_optimization = 4,      // C2 or Shark
9     ……
10  };
```

在第 0、2、3 级，定时向运行时通知调用计数器和回边计数器的当前值。编译策略模块基于这些值采取不同的编译选择，当然，不同等级的通知频率是不同的。

虚拟机在运行时，首先工作在第 0 级，即以解释器模式运行。编译策略模块可以决定对一个 Java 方法采用第 2 级还是第 3 级编译。影响编译策略模块决策的因素有两个。

- C2 队列的长度决定了下一个等级。据观察，第 2 级比第 3 级快约 30%，因此我们需要将一个 Java 方法花费在第 3 级上的时间尽可能地最小化。所以，若 C2 队列很长，直接选择第 3 级会导致排队，直到所提交的 C2 编译请求遍历整个队列。因此此时较为明智的做法是先使用第 2 级，待 C2 负载回落，再启动第 3 级重新编译并开始收集性能数据。
- C1 队列的长度用来动态调整阀值，从而在编译器过载时引入额外的过滤。

在第 3 级完成性能分析后，将向第 4 级过渡，此时 C2 的长度用作动态调整阀值。

经过第一次 C1 编译，往往就可以确定一些基本信息，如循环体中循环的数量。在此基础上，可以判断一个 Java 方法是否并不重要，对这些微不足道的方法将使用第 1 级编译，而不是第 4 级。

编译策略甚至也支持对第 0 级展开分析。若 C1 编译器在以十分缓慢的速度生成第 3 级代码时，而 C2 队列又很小，则完全可以选择对解释器展开性能分析。

编译队列实现为优先级队列：对于队列中的每个方法，JVM 计算事件的发生率（单位时间内计数器的数量和回边计数器的增长）。当从队列中取元素时，将挑出幅度最大的那个。通过计算事件发生率，能够删除那些过时的方法，它们虽然进入了队列中，但很快就不被使用了。

下文主要探讨的是关于 C1 编译器的话题。

7.3.2 编译器模块

编译器实现了 3 个模块，分别是 C1、Opto 和 Shark。C1 模块实现了 C1 编译器；Opto 模块实现了 C2 编译器；此外，在 Shark 模块中，实现了一个基于 LLVM 的编译器。本节以 C1 编译器为主要研究对象，限于篇幅，C2 与 Shark 内容不做进一步地展开，感兴趣的读者可以阅读相关源代码。

C1 模块主要由以下几个子模块构成，如图 7-13 所示。

- Compiler 模块：每个 CompilerThread 的编译器实例。
- Compilation 模块：记录编译过程的工具组件。
- MacroAssembler 模块：宏汇编器。
- CFGPrinter 模块：用来输出控制流图。
- CodeStubs 模块：用来管理生成的 code 片段。
- Instruction 模块：定义了指令的类型层次。
- IR 模块：实现中间描述 IR。
- LIR 模块：实现低级中间描述 LIR。
- LIRGenerator 模块：LIR 生成器。
- LIRAssembler 模块：LIR 汇编器。
- LinearScan 模块：实现线性扫描寄存器分配算法。
- Runtime1 模块：运行时模块。

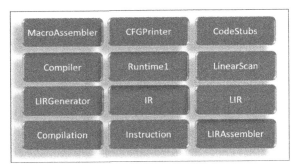

图 7-13　C1 模块的主要组成

接下来，我们将深入 C1 编译器内部，讨论编译器的基本结构。

7.3.3　编译器的基本结构

Client 编译器的主要特点是较低的启动耗时和较小的内存占用。C1 对方法的编译分为明显的三个阶段。各个阶段的所有的信息交换都存储在程序的中间表示环节。

图 7-14 描述了 C1 编译器的基本结构。首先，编译器前端将 Java 字节码解释成一种抽象格式 HIR（High-level Intermediate Representation，高级中间表示）。HIR 由一个 CFG 组成，其基本块（basic block）是一串联的指令序列。HIR 使用 SSA 格式，对于程序中同一个变量，在不

同的使用点上，转变成对不同变量的使用，使得每个变量都有唯一的定义。然后，编译器后端将 HIR 转换成 LIR，LIR 指令格式比较接近机器码，但是仍然是机器独立的。与 HIR 不同的是，LIR 使用虚拟寄存器代替 HIR 中的变量引用。最后，对完成底层优化后的 LIR，采用线性扫描寄存器分配算法，进行寄存器的分配。将物理寄存器替换掉 LIR 中的虚拟寄存器后，符合目标机体系结构的机器码就以一个简单、直观的形式生成了。编译器随后会选择合适的时机将机器码写入到 Code Buffer 中，这个过程也称为**发射**（emit）。

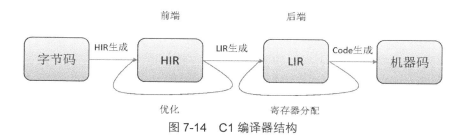

图 7-14　C1 编译器结构

1. IR

中间表示（Intermediate Representation，编译原理领域常简称为 IR），是由编译器前端产生的一种代码形态。编译器后端利用 IR 作为输入，在生成目标机代码时，充分利用目标机的体系结构生成最优的机器码，并提高了编译器的可移植性。

按照 IR 与目标机代码的接近程度，IR 可以分为**高级中间表示**（High-level Intermediate Representation，缩写 HIR）、**中级中间表示**（medium-level intermediate representation，缩写 MIR）和**低级中间表示**（low-level intermediate representation，缩写 LIR）。一般来说，IR 级别越低，其语法表现形式就越接近目标机代码。LIR 与目标机指令几乎是一一对应的，因此也经常与体系结构相关。

HotSpot 编译器利用了 HIR 和 LIR 两种形式。Hotspot LIR 接近三元式机器码。LIR 指令使用显式声明的操作数，如虚拟寄存器、物理寄存器、内存地址、栈空间或常量。LIR 比 HIR 更适合低级优化，如寄存器分配，这是因为所有需要使用物理寄存器的操作数都是显式可见的。在寄存器分配器（Register Allocator）将所有虚拟寄存器都替换成物理寄存器或栈 Slot 后，每一条 LIR 指令被翻译成一条或多条机器指令。

2. CFG

控制流图（Control Flow Graph，简称 CFG），是由编译器内部维护的抽象数据结构，它描述构成程序片段的指令序列块之间的跳转关系。

在非 Product 版本的 JVM 中，开启 VM 选项 PrintCFGToFile，可以输出 CFG 信息到文件"output.cfg"中。稍后将看到，利用一些 CFG 解析工具，可以解析 CFG 文件信息并以图形化方式呈现在我们面前。

3. SSA

静态单赋值（Static Single Assignment，简称 SSA）是指在 IR 表示中，对于每个变量，具有只分配一次的特征。

4. 寄存器分配

将以 IR 格式表示的变量替换成物理寄存器。稍后，我们将通过实战案例来讲解寄存器的分配算法。

5. 编译目标

JIT 编译器会选择 Java 方法或循环体作为编译目标。接下来，我们以编译 Java 方法为例，讲解 HotSpot 中编译过程的实现。

6. 编译过程实现

每次编译时，都将创建一个 Compilation，它根据 Compiler 传递的信息创建好编译环境后，开始真正的编译过程。Compilation 类定义了 compile_method() 函数，用作对编译目标执行编译过程，如清单 7-17 所示。

清单 7-17
来源：hotspot/src/share/vm/c1/c1_Compiler.cpp
描述：编译过程

```
1    void Compiler::compile_method(ciEnv* env, ciMethod* method, int entry_bci) {
2      // 编译器线程分配 Buffer Blob，仅初次启动时分配，不必每次编译时分配
3      BufferBlob* buffer_blob = CompilerThread::current()->get_buffer_blob();
4      if (buffer_blob == NULL) {
5        buffer_blob = build_buffer_blob();
6        CompilerThread::current()->set_buffer_blob(buffer_blob);
7      }
8      // 初始化，在 Compiler 运行期只需要初始化一次
9      if (!is_initialized()) {
10       initialize();
11     }
12     // 执行编译——compilation
13     {
14       // 调用 Compilation 执行真正的编译
15       ResourceMark rm;
16       Compilation c(this, env, method, entry_bci, buffer_blob);
17     }
18   }
```

Compilation 是编译过程的重要组件，因此，考查它的数据结构以及算法是很有必要的。图 7-15 描述了 Compilation 类的主要数据成员以及提供的算法。

在明确编译等级和准备好编译环境后，就可以对编译目标进行编译了。Compilation 调用 compile_method() 函数，开启编译步骤。

编译过程是前面介绍过的编译原理的具体实现，如 compile_java_method()、build_hir()、emit_lir() 和 install_code() 等函数的实现。对编译器实现细节感兴趣的读者，自然不能放过这个机会去阅读源代码了。

值得一提的是，若开启 VM 选项-XX:+PrintCFGToFile，系统会将记录编译过程的信息并输出到一个名为 "output.cfg" 的 CFG 文件中，以供调试和分析使用。稍后我们将学习如何阅读和分析 CFG 文件的具体方法。

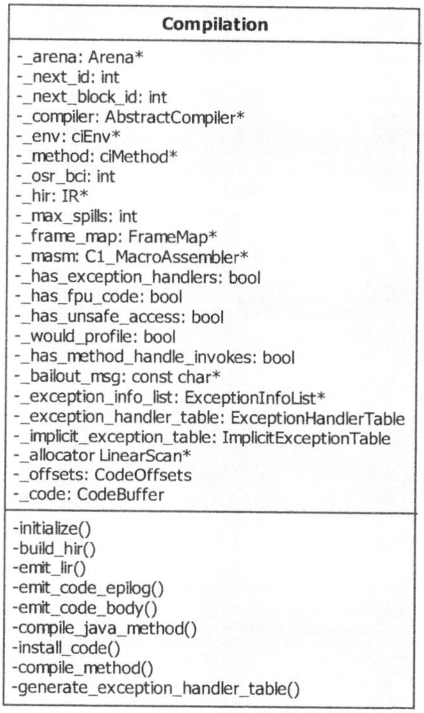

> **练习 6**
>
> 在 Compilation 中，使用了一些以 "ci" 为前最命名的类型，如 ciMethod 等。阅读这部分源代码，试比较 ciMethod 与 methodOop 的区别与联系？了解 ciObject 类层次体系与 oop-klass 类层次体系之间的关系？并体会设计 ci 模块的意义？

```
┌─────────────────────────────────────────────────┐
│                  Compilation                    │
├─────────────────────────────────────────────────┤
│ -_arena: Arena*                                 │
│ -_next_id: int                                  │
│ -_next_block_id: int                            │
│ -_compiler: AbstractCompiler*                   │
│ -_env: ciEnv*                                   │
│ -_method: ciMethod*                             │
│ -_osr_bci: int                                  │
│ -_hir: IR*                                      │
│ -_max_spills: int                               │
│ -_frame_map: FrameMap*                          │
│ -_masm: C1_MacroAssembler*                      │
│ -_has_exception_handlers: bool                  │
│ -_has_fpu_code: bool                            │
│ -_has_unsafe_access: bool                       │
│ -_would_profile: bool                           │
│ -_has_method_handle_invokes: bool               │
│ -_bailout_msg: const char*                      │
│ -_exception_info_list: ExceptionInfoList*       │
│ -_exception_handler_table: ExceptionHandlerTable│
│ -_implicit_exception_table: ImplicitExceptionTable│
│ -_allocator LinearScan*                         │
│ -_offsets: CodeOffsets                          │
│ -_code: CodeBuffer                              │
├─────────────────────────────────────────────────┤
│ -initialize()                                   │
│ -build_hir()                                    │
│ -emit_lir()                                     │
│ -emit_code_epilog()                             │
│ -emit_code_body()                               │
│ -compile_java_method()                          │
│ -install_code()                                 │
│ -compile_method()                               │
│ -generate_exception_handler_table()             │
└─────────────────────────────────────────────────┘
```

图 7-15　Compilation 类图

7.3.4　实战：编译原理实践，了解编译中间环节

对于大部分 Java 程序员来说，提到编译原理，都会觉得概念繁杂晦涩，难以理解，再加上难以动手操作，因此学习成本较为昂贵。

所幸的是，HotSpot 向我们大方的展示了它的编译过程，通过一些 VM 选项，它允许用户以一种轻松的方式追踪编译细节，这也为我们提供了一个深入研究编译原理的绝佳实践机会。对于 Java 程序员来说，这简直就是一种额外的馈赠。对于想深入了解即时编译器的读者，建议认真阅读本节内容并亲自动手操作。

前文中提到，在将 Java 方法编译为本地方法时，需要经历一些中间环节，首先将以方法为单位的 Java 字节码块依次转变成 HIR 和 LIR，最后经过优化才能成为本地代码。HIR 和 LIR 都是代码的中间表示形式。

在 HotSpot 中，定义了以下几个编译中间过程。

- 编译：compile，内部状态为_t_compile。
- 设置：setup，内部状态为_t_setup。

- IR 优化：optimizeIR，内部状态为_t_optimizeIR。
- IR 创建：buildIR，内部状态为_t_buildIR。
- LIR 发出：emit_lir，内部状态为_t_emit_lir。
- 线性扫描：linearScan，内部状态为_t_linearScan。
- LIR 生成：lirGeneration，内部状态为_t_lirGeneration。
- LIR schedule：lir_schedule，内部状态为_t_lir_schedule。
- 代码发射：codeemit，内部状态为_t_codeemit。
- 代码安装：codeinstall，内部状态为_t_codeinstall。

打开 VM 选项 PrintCFGToFile，我们就可以跟踪编译过程。为避免读者被枯燥的编译原理打消积极性，接下来我们将直接从 CFG 日志出发讲解 C1 的编译过程。

1. 如何跟踪编译过程

在 Debug 版或 FastDebug 版的 HotSpot JVM 中，允许配置跟踪编译过程的选项。例如，开启 VM 选项 PrintCFGToFile，便会得到一个名为 "output.cfg" 的文本文件，该文件记录了编译各个阶段的信息。我们甚至可以通过一些更为细致的 VM 选项，得到十分详细的编译细节，这些 VM 选项如表 7-5 所示。

表 7-5　　　　　　　　　　　C1 编译相关 VM 选项

选项	Build	默认值	描述
-XX:CITime	product	false	统计编译过程耗用时间
-XX:CITimeEach		false	在每次成功编译时输出时间信息
-XX:PrintCFGToFile	C1	false	输出 CFG 到文件
-XX:PrintCFG	C1 notproduct	false	输出 CFG 信息
-XX:PrintCFG0	C1 notproduct	false	
-XX:PrintCFG1	C1 notproduct	false	
-XX:PrintCFG2	C1 notproduct	false	
-XX:PrintIR	C1 notproduct	false	输出 IR 信息
-XX:PrintIR0	C1 notproduct	false	
-XX:PrintIR1	C1 notproduct	false	
-XX:PrintIR2	C1 notproduct	false	
-XX:PrintLIRWithAssembly	C1 notproduct	false	输出 LIR 及汇编信息
-XX:TraceLinearScanLevel	C1	0	配置线性扫描调试等级
-XX:PrintCompilation	product	false	输出编译信息
-XX:UseC1Optimizations	C1	true	开启 C1 优化
-XX:CICompileOSR	pd	true	编译 OSR 方法

2. 自己动手分析编译过程

现在，我们开始自己动手分析编译过程。首先，我们需要准备一个示例程序。由于演示的目的在于体会编译的过程，所以并没有必要准备一个十分复杂的程序。在这里，我们只需要准备一个简单的 Java 方法便可，如清单 7-18 所示，inc()方法对 int 型参数加 1 后返回。所谓"麻雀虽小，五脏俱全"，这个程序对于我们探秘编译过程来说已经足够了。

清单 7-18
来源：com.hotspotinaction.demo.chap7.CompilationDemo
描述：自增方法，用来演示编译过程

```
1   public int inc(int i)
2   {
3       i++;
4       return i;
5   }
```

将 inc()方法编译为字节码，如清单 7-19 所示。

清单 7-19

```
public int inc(int);
  Code:
   Stack=1, Locals=2, Args_size=2
   0:iinc 1, 1
   3:iload_1
   4:ireturn
  LineNumberTable:
   line 22: 0
   line 23: 3
```

打开 VM 选项后，运行程序得到 CFG 文件，如清单 7-20 所示。CFG 文件以一种结构化的文本形式，运用层次化标签格式来描述编译过程。例如，在编译过程中各个阶段的控制流图信息是由 "begin_cfg" 和 "end_cfg" 标签对描述的。在标签内部，允许继续嵌套标签，以描述更加细致的信息。这种结构化的文件格式，与 XML 格式比较相似。

清单 7-20

```
 1   begin_compilation
 2      name " CfgDemo::inc"
 3      method "virtual jint CfgDemo.inc(jint)"
 4      date 1377532785184
 5   end_compilation
 6   begin_cfg
 7      name "BlockListBuilder virtual jint CfgDemo.inc(jint)"
 8      begin_block
 9         name "B0"
10         from_bci 0
11         to_bci -1
12         predecessors
13         successors
14         xhandlers
15         flags "std"
16      end_block
17   end_cfg
```

在 CFG 文件的头部，是由第 1 行的"begin_compilation"标签，和第 5 行的"end_compilation"标签组成一组标签块。标签块中间的代码（第 2～4 行）描述文件的基本信息，如编译目标的名称、具体函数和时间戳。

在"end_compilation"标签后面的内容就是 CFG 文件体，文件体由若干组以{begin_cfg、end_cfg}标签块描述的控制流图信息构成。在编译中的各个环节，就是分别由这些标签块来描述的。以本例来说，主要包括以下几个编译环节。

- "After Generation of HIR"：生成高级中间表示代码 HIR。
- "Before Register Allocation"：准备寄存器分配。
- 线性扫描与寄存器分配。
- "Before Code Generation"：准备机器码生成。

接下来，我们将分别对这些编译环节进行详细的讲解。

（1）生成 HIR 环节："After Generation of HIR"。

HIR 可以看成是由一组**基本块**（Basic Block）组成的控制流图。基本块表示一段中间无跳转的最长指令序列。该编译环节的控制流示意图和数据流示意图如图 7-16 所示，其中图 7-16 （a）是控制流示意图，图 7-16（b）是数据流示意图。

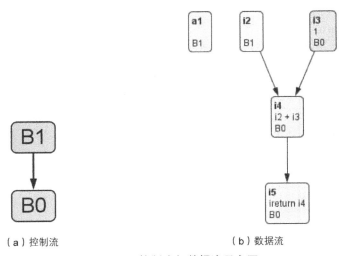

（a）控制流　　　　　　　　（b）数据流

图 7-16　控制流与数据流示意图

CFG 文件对此编译环节的描述，如清单 7-21 所示。

清单 7-21
```
1    begin_cfg
2      name "After Generation of HIR"
3      begin_block
4        name "B1"
5        from_bci 0
```

```
 6        to_bci 0
 7        predecessors
 8        successors "B0"
 9        xhandlers
10        flags
11        begin_states
12          begin_locals
13            size 2
14            method "virtual jint CfgDemo.inc(jint)"
15     0 a1
16     1 i2
17          end_locals
18        end_states
19        begin_HIR
20  .0 0  7 std entry B0 <|@
21        end_HIR
22      end_block
23      begin_block
24        name "B0"
25        from_bci 0
26        to_bci 4
27        predecessors "B1"
28        successors
29        xhandlers
30        flags "std"
31        begin_states
32          begin_locals
33            size 2
34            method "virtual jint CfgDemo.inc(jint)"
35     1 i2
36          end_locals
37        end_states
38        begin_HIR
39   0 0 i3 1 <|@
40   0 0 i4 i2 + i3 <|@
41  .4 0 i5 ireturn i4 <|@
42        end_HIR
43      end_block
44    end_cfg
```

第 2 行代码表示由{begin_cfg、end_cfg}标签块围起来代码体描述的是 "After Generation of HIR" 这一编译环节。

接下来的代码，是编译目标 inc()方法的所有的基本块：B1 块和 B0 块。其中，每一个基本块均由{begin_block、end_block}标签块描述。

如第 3～22 行代码所述，第一个基本块名为 "std entry B1"，它表示控制流图的入口（见图 7-14），称为入口块。第 4～10 行代码描述的是 B1 块的基本属性，包括以下几项内容：

- 名称；
- 字节码块起始 bci；
- 前置 Block 和后继 Block；
- Xhandlers；
- flags。

紧随基本属性的是 state、HIR 和 LIR 信息，分别由{begin_state、end_state}标签块、{begin_HIR、end_HIR}标签块和{begin_LIR、end_LIR}标签块描述。

state 描述了 Block 的局部变量状态，由子标签块{begin_locals、end_locals}描述。如代码第 15 和第 16 行所示，它们分别表示的 inc()方法参数"a1"和"i2"。其中，"a1"中的第一个字符是字母"a"，它表示变量类型为地址，第二个字符是数字"1"，它表示局部变量的编号为 1，"a1"指的变量就是 this 指针；相似的，"i2"指的是 int 类型的第 2 个局部变量，对应方法参数"int i"。

由{begin_HIR、end_HIR}标签块描述的是 HIR 格式指令。如代码第 19~21 行，描述了 B1 块中的一条 HIR 指令".0 0   7 std entry B0 <|@"。HIR 指令的基本格式是这样的：

```
格式： _p__bci__use__tid__instruction
取值：  .   0   0   v7  std entry B0
```

- "p"是指_pin_state 标识，若有该标识，则用一个"."表示。
- bci=0，是指字节码索引值，即方法内偏移为 0 的字节码处。
- "use"表示使用计数。
- tid 表示 type 和 id，type 即该指令的值类型（value type），共有 int、long、float、double、object、address、void 等类型，这些类型的首字母即表示 type。例如，v 表示为 void 类型。此外，id 是为该指令分配的唯一标识。
- instruction 表示指令类型。对于字符串"std entry B0"，前文已经介绍过，表示的是基本块 B0 的入口块。

注意到 B1 尚无 LIR 信息。这样，B1 基本块的描述就到此结束。

接下来，从第 23~43 行的代码，描述的是 B0 块。第 25~26 行代码，表示 B0 块中字节码的 bci 范围为从 0 到 4，即 B0 块指令是由长度为 5 个字节的指令组成。事实上，这对应下面 3 条指令

```
0:iinc 1, 1
3:iload_1
4:ireturn
```

这其实也是 inc()方法的主体（见清单 7-19）。如第 38~42 行代码所示，这 3 条指令对应的 HIR 格式如下：

```
格式： _p__bci__use__tid__instruction
取值：  0   0   i3   1
        0   0   i4   i2 + i3
        4   0   i5   ireturn i4
```

到现在为止，我们已经阅读了第一个编译环节的细节信息。接下来，我们将进入下一个编译环节。

（2）生成 LIR 环节："Before Register Allocation"。

通过这一编译环节，编译器生成了寄存器分配前的 LIR 代码。CFG 文件对此编译环节的描

7.3 即时编译器

述，如清单 7-22 所示。

清单 7-22

```
1  begin_cfg
2    name "Before Register Allocation"
3    begin_block
4      name "B1"
5      from_bci 0
6      to_bci 0
7      predecessors
8      successors "B0"
9      xhandlers
10     flags
11     first_lir_id 0
12     last_lir_id 8
13     begin_states
14       begin_locals
15         size 2
16         method "virtual jint CfgDemo.inc(jint)"
17   0  a1 "[R41|L]"
18   1  i2 "[R42|I]"
19       end_locals
20     end_states
21     begin_HIR
22  .0  0  7 std_entry B0 <|@
23     end_HIR
24     begin_LIR
25   0 label [label:0x48a4154] <|@
26   2 std_entry  <|@
27   4 move [ecx|L] [R41|L]  <|@
28   6 move [edx|I] [R42|I]  <|@
29   8 branch [AL] [B0]  <|@
30     end_LIR
31   end_block
32   begin_block
33     name "B0"
34     from_bci 0
35     to_bci 4
36     predecessors "B1"
37     successors
38     xhandlers
39     flags "std"
40     dominator "B1"
41     first_lir_id 10
42     last_lir_id 18
43     begin_states
44       begin_locals
45         size 2
46         method "virtual jint CfgDemo.inc(jint)"
47   1  i2 "[R42|I]"
48       end_locals
49     end_states
50     begin_HIR
51  0 1 i3 1 <|@
52  .0 2  "[R43|I]" i4 i2 + i3 <|@
53  .4 0 i5 ireturn i4 <|@
54     end_HIR
55     begin_LIR
56   10 label [label:0x48a3a94] <|@
```

```
57    12 move [R42|I] [R43|I]           <|@
58    14 add [R43|I] [int:1|I] [R43|I]  <|@
59    16 move [R43|I] [eax|I]           <|@
60    18 return [eax|I]                 <|@
61      end_LIR
62    end_block
63 end_cfg
```

与生成 HIR 编译环节相比，B1 块与 B0 块中所记录的信息有几处明显的变化。例如：

- 增加了 LIR 指令信息；
- 局部变量状态发生了微妙的变化，为变量名分配了虚拟寄存器。

在清单 7-22 中，LIR 指令由{begin_LIR、end_LIR}标签对描述。如代码第 25～29 行，描述了 B1 块中的 LIR 指令；代码第 56～60 行是编译器为 B0 块创建的 LIR 指令。LIR 指令中的变量，也使用了虚拟寄存器。

虚拟寄存器根据操作数的来源，可以表示如下几种类型。

- [R42|I]：表示索引为 42 的虚拟寄存器（数字低于 40 的为保留索引），其存储了一个整数类型的操作数，整数类型用 I 表示。
- [int:1|I]：表示整型常量 1。
- [eax|I]：表示物理寄存器 eax 存储着整形操作数。若是对象类型操作数，类型则用 L 表示。
- [stack:0|I]：表示编号为 0 的栈槽（stack slot）元素。

举例来说，在 HIR 指令中表示方法参数 i 的局部变量，在 LIR 中分配了虚拟寄存器"[R42|I]"。其中，"R42"表示编号为 42 的虚拟寄存器，"I"表示变量的数值类型为 int 型。

在第 57～60 行代码中，编译器为 B0 块生成的 LIR 指令含义如下。

- 第 57 行：move 指令将由虚拟寄存器 "[R42|I]" 存储的参数 i 传送至另一虚拟机寄存器 "[R43|I]" 中。这条指令实际上是读取参数 i。
- 第 58 行：add 指令执行加法运算，加法操作的两个操作数分别是 int 型整数 1，以及由虚拟寄存器 "[R43|I]" 表示的整数。这条指令实际上是执行 "i++" 语句。加法运算的结果，由虚拟寄存器 "[R43|I]" 存储。
- 第 59 行：move 指令用来保存计算结果。按照寄存器使用惯例，eax 寄存器常被用做返回值。move 指令将上一条指令计算得到的数据，由虚拟寄存器 "[R43|I]" 传送至 eax 寄存器中。在 LIR 指令中，eax 寄存器仍按照虚拟寄存器格式命名为 "[eax|I]"。
- 第 60 行：函数返回指令。将 eax 寄存器中 int 型数据作为返回值返回。

LIR 指令接近汇编语言描述，但是尚未进行寄存器分配，所以这里的寄存器还不是真实机器上的物理寄存器，暂时由 LIR 格式的虚拟寄存器表示。从编译过程的角度来看，LIR 已经明确了使用哪条机器指令，例如已经明确了指令名和寻址方式。只是对于每条机器指令的操作数的实际地址尚未明确,这还需要等待物理寄存器分配。

现在,看似距生成机器码只剩一步之遥了:寄存器分配。但是对于编译器来说,这只完成了一半路程而已。因为寄存器分配是一项十分精细的任务。

(3)线性扫描与寄存器分配。

寄存器分配是为局部变量和临时变量分配物理寄存器。寄存器分配通过将程序变量尽可能地分配到寄存器中,从而提高程序执行速度。它的终极目标就是充分利用资源稀缺的寄存器。为达到这一目的,编译器的设计者们要绞尽脑汁,用尽种种优化手段,尽量将有效数据长期地保存在寄存器中,而将被废弃数据所占用的寄存器及时回收并分配给有效数据。

寄存器分配的难点在于,如何在指令序列的运行过程中动态地标识出有效数据。

一般常见的寄存器分配实现是基于"图着色"算法。而 HotSpot 的设计者使用了**线性扫描算法**(Linear Scan Register Allocation)。这种算法最早由 Poletto 和 Sarkar 提出,目前在 GCC、LLVM 和 Java HotSpot 编译器中得到了实现[2]。线性扫描算法简化了基于"图着色"的分配问题,从而能够以线性速度完成对一个有序的生命期序列进行着色,因此能够在不过度降低寄存器利用率的前提下提高寄存器分配的速度。

该算法的基本思路是:若任意 2 个变量的生命区间存在着重叠区域,则不可将同一物理寄存器分配给这 2 个变量。

注意 在线性扫描寄存器分配中,若任意 2 个变量存在着重叠区域,则不可将同一物理寄存器分配给这 2 个变量。

线性扫描算法会尽可能地将物理寄存器分配给变量。在扫描程序中出现的一个新变量时,需要考虑如何分配这个变量,这时将那些**生命区间**(lifetime interval)与这个新变量没有重叠的变量所占用的寄存器释放掉。被释放掉的寄存器可以与其他可分配的寄存器一起,组成**可用存器集合**,等待分配。当有变量需要使用寄存器时,便从可用寄存器集合中分配一个寄存器给它。

图 7-17 阐述了 HashSet.add()方法经过线性扫描前后的寄存器分配情况:在寄存器分配前,通过线性扫描判断出变量[R41|L]与[R42|L]的生命区间中有重叠,因此二者绝对不能分配相同的物理寄存器。这里为[R41|L]分配了 ecx 寄存器,而为[R42|L]分配的是 edx 寄存器。当[R41|L]生命区间结束时,它占用的 ecx 寄存器将变为可用,编译器将其加入可用寄存器集合。此时发现一个新的变量[R43|L]开启了全新的生命区间,并等待寄存器的分配,编译器将 ecx 寄存器分配给它。同样地,编译器为两个变量[R44|L]和[R45|L]都分配了相同的物理寄存器 esi,而并不会导致冲突,这是因为它们的生命区间并无重叠。

现在回过头来,让我们继续分析示例程序。编译器通过线性扫描,得到了生命区间信息,如清单 7-23 所示。在 CFG 文件中,生命区间信息是由{begin_intervals、end_intervals}标签对描述的。

---

[2] 详见 C++类 LinearScan。

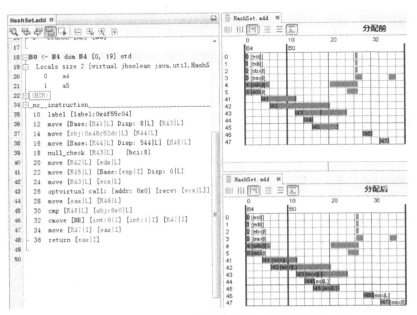

图 7-17　HashSet.add()线性扫描寄存器分配前后对比

清单 7-23

```
1  begin_intervals
2    name "Before Register Allocation"
3  3 fixed "[eax|I]" 3 43 [0, 1[ [16, 18[ "no spill store"
4  4 fixed "[edx|I]" 4 -1 [0, 6[ "no definition"
5  5 fixed "[ecx|I]" 5 -1 [0, 4[ "no definition"
6  41 object 41 5 [4, 5[ 4 M "no spill store"
7  42 int 42 4 [6, 12[ 6 M 12 S "no spill store"
8  43 int 43 42 [12, 16[ 12 M 14 M 16 S "no spill store"
9  end_intervals
10 begin_intervals
11   name "After Register Allocation"
12 3 fixed "[eax|I]" 3 43 [0, 1[ [16, 18[ "no spill store"
13 4 fixed "[edx|I]" 4 -1 [0, 6[ "no definition"
14 5 fixed "[ecx|I]" 5 -1 [0, 4[ "no definition"
15 41 object "[ecx|L]" 41 5 [4, 5[ 4 M "no spill store"
16 42 int "[edx|I]" 42 4 [6, 12[ 6 M 12 S "no spill store"
17 43 int "[edx|I]" 43 42 [12, 16[ 12 M 14 M 16 S "no spill store"
18 end_intervals
```

在 CFG 文件中，一般会有 2 个{begin_intervals、end_intervals}标签对，分别描述寄存器分配前、后的区间信息。

在清单 7-23 中，第 1~9 行描述了寄存器分配前，6 个变量的生命区间。在第 3~8 行中，每一行代码描述了一个变量的生命区间信息，主要包含以下几项信息。

- Number：寄存器号或变量号。
- Type：若是固定寄存器，则为"fixed"和寄存器名；或者为变量类型，如 int、object 等。

- From、To：整个生命区间的开始、结束（不考虑中断区间）。
- Register：分配的寄存器。
- Ranges：LIR 指令 ID 表示的生命区间。
- Use Posions：占据位置，位置类型包括 "N"、"L"、"S" 和 "M"。

如第 6~8 行代码所示，在分配物理寄存器之前，变量 41、42 和 43 只是分配一个表示类型的占位符。当分配完物理寄存器后，可以发现这部分信息发生了重要变化：变量 41、42 和 43 分别被指派了寄存器 ecx、edx 和 edx。而变量 42 和 43 之所以能够分配到相同的寄存器，则是因为按照线性扫描的结果，编译器已判断出变量 42 和 43 的生命区间没有重复，故可以为二者分配相同的物理寄存器 edx。

图 7-18 显示了它们的生命区间。

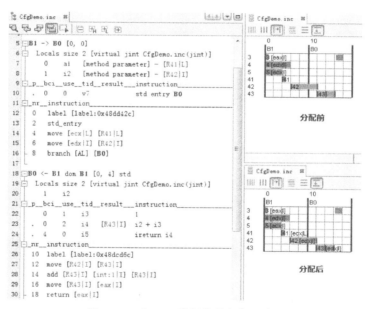

图 7-18　为 inc() 进行物理寄存器分配

（4）机器码生成："Before Code Generation"。

LIR 指令经过分配物理寄存器后，与计算机体系结构相关的汇编指令也就水到渠成了。

在清单 7-24 中，能够看到在机器码生成前的 LIR 指令，如第 30~33 行代码所示，这些 LIR 指令已经十分接近真实机器上的汇编指令了。

清单 7-24
```
1  begin_cfg
2    name "Before Code Generation"
3    begin_block
4      name "B1"
```

```
5       from_bci 0
6       to_bci 0
7       predecessors
8       successors "B0"
9       xhandlers
10      flags
11      first_lir_id 0
12      last_lir_id 8
13      begin_LIR
14        0 label [label:0x48a4154] <|@
15        2 std_entry             <|@
16      end_LIR
17    end_block
18    begin_block
19      name "B0"
20      from_bci 0
21      to_bci 4
22      predecessors "B1"
23      successors
24      xhandlers
25      flags "std"
26      dominator "B1"
27      first_lir_id 10
28      last_lir_id 18
29      begin_LIR
30       10 label [label:0x48a3a94] <|@
31       14 add [edx|I] [int:1|I] [edx|I] <|@
32       16 move [edx|I] [eax|I]           <|@
33       18 return [eax|I]                 <|@
34      end_LIR
35    end_block
36 end_cfg
```

在这里,我们还不能直接看到编译器生成的机器码。由于机器码是一串二进制数据,可读性较差,所以为了阅读机器码,还需要借助反汇编工具得到汇编代码才行。通过 VM 选项 XX:+PrintAssembly,可以得到一份由编译器生成的可读的机器码,如清单 7-25 所示。

清单 7-25

```
Code:
[Disassembling for mach='i386']
[Entry Point]
[Constants]
  # {method} 'inc' '(I)I' in 'CfgDemo'
  # this:     ecx       = 'CfgDemo'              // ecx 存放 this 指针
  # parm0:    edx       = int                    // edx 存放方法参数
  #          [sp+0x20]  (sp of caller)
;; block B1 [0, 0]
……
0x028ebb07: cmp    0x4(%ecx),%eax
0x028ebb0a: jne    0x028aad90           ; {runtime_call}
[Verified Entry Point]
0x028ebb10: mov    %eax,0xffff8000(%esp)      // 栈帧准备
0x028ebb17: push   %ebp                       // 上一栈帧帧指针
0x028ebb18: sub    $0x18,%esp          ;*iinc // 栈帧准备:新的栈帧空间从栈指针-0x18 处运动
                                       ; - CfgDemo::inc@0 (line 22)
;; block B0 [0, 4]
0x028ebb1b: inc    %edx
0x028ebb1c: mov    %edx,%eax
```

```
0x028ebb1e: add    $0x18,%esp                         // 栈帧恢复：返回至栈指针+0x18 位置
0x028ebb21: pop    %ebp                               // 恢复上一栈帧指针
0x028ebb22: test   %eax,0x280100  ; {poll_return}    // 用 1 条机器指令实现 safepoint 轮询
0x028ebb28: ret                                       // 返回
0x028ebb29: nop
0x028ebb2a: nop
……
```

查看 B0 块生成的机器码，编译器为寄存器分配后的 LIR 指令 "add [edx|I] [int:1|I] [edx|I]" 进行了优化，将其替换成一条 x86 硬件自增指令 inc。

此外，原本在清单 7-24 中的第 32 行 LIR 指令 "move [edx|I] [eax|I]"，在生成机器码后，则变为 "mov %edx,%eax" 指令。在 ret 指令返回之前，通过 test 指令完成 safepoint 的轮询。

至此，整个编译过程结束。

7.4 小结

本章介绍了运行时的两大组件——解释器和即时编译器。解释器以解释方式，对字节码进行解释操作。模板解释器对预定义的字节码能够使用对应的汇编版本，这种优化技术能够帮助提高解释器的性能。即时编译器能够直接将 Java 方法编译成机器代码，以更高的效率执行程序。

第 8 章 指令集

"善问者如攻坚木，先其易者，后其节目，及其久也，相说以解。"
——《礼记学记》

本章内容
- 虚拟机指令集设计的原则和思路
- 数据传送指令
- 数组越界检查的实现
- 类型转换指令
- 对象的创建和操作指令
- Java 程序流程控制机制
- 算数和逻辑操作的实现
- 函数的调用和返回指令
- 函数分发机制
- VTABLE 与 ITABLE 机制
- 异常、异常表和 handler

在本章中，主要讨论在 HotSpot 中是如何实现 JVM 指令集的。

8.1 再说栈式指令集

在本书前面章节介绍了几种类型的指令集结构。一般来说，**寄存器型**指令集有利于代码生成，但是操作数需要命名和显式的指定，因此指令较长。另一种是**堆栈型**指令集，它具有简洁直观、指令短小和易于实现的特点。但缺点也很明显，堆栈型指令不能随机访问堆栈元素，不利于代码优化。此外，还有一种**累加器型**指令集，机器内部状态较为简单，指令也很短小。累加器型指令利用累加器作为唯一的存储单元。在这三种类型指令集中，累加器型的存储器存取开销最大。

寄存器型指令集的优点是数据访问快，非常利于优化程序的运行速度。而堆栈型指令集因简洁、易实现的特点，深受虚拟机系统设计者的青睐。在 HotSpot 中的 JVM 指令集就是一款堆栈型指令集。

一般来说，在一条指令的执行周期内，需要经过以下几个周期，如图 8-1 所示。

- 取指（Instruction Fetch）；
- 指令译码（Instruction Decode）；
- 取操作数（Operatand Fetch）；
- 执行（Execute）；
- 存储结果（Result Store）；
- 获取下一条指令（Next Instruction）。

即使在最简单的指令集系统实现中，也至少需要包含**取指**、**译码**和**执行**这三个基本步骤。

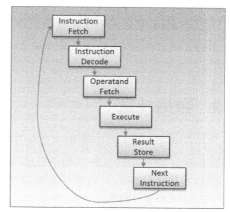

图 8-1　指令周期

指令集的设计是一门艺术，需要设计者考虑非常多的问题，还要克服一系列的实现困难，才能设计出一套高效的指令集出来。在设计时，往往需要考虑这些基本问题，诸如：

- 应当提供哪些操作？
- 如何安排操作数？指令需要几个操作数？操作数可以存储在哪些位置，除了存储器，是否还有其他介质？如何合理分配存储资源，让不同的操作数位于最合理的存储单元中？
- 如何安排指令格式？

在像 x86 这样的硬件指令集中，可直接操纵的硬件资源较为丰富，因此可以采用灵活的策略解决上述问题。x86 指令集的指令数目十分丰富，指令系统复杂庞大，提供了多种指令格式和寻址方式，并且允许指令长度可变，属于典型的**复杂指令集系统**（Complex Instruction Set Computer，缩写 CISC）。不同类型指令的使用频率差异较大，这是一个让设计者倍感头疼的问题，但同时也为创造出杰出的系统带来了机会。x86 指令集的设计者们利用非凡的技术保证：只有一些不常用的指令才被设计成具有较长的长度和较慢的执行性能。更重要的是，那些使用最为频繁的指令能够具有较短的长度和较快的执行性能。

而对于 Java 这类语言系统，或者说虚拟计算机系统，在设计 JVM 指令集时，并非直接面对像寄存器这样的硬件资源。因此设计者们更加注重怎样设计出格式简洁、易于实现和具有良好可移植性的指令集。所以，JVM 的指令集采用堆栈型指令集，具有指令数量少、格式简单、操作数少、易于理解和实现等明显特点。

在一个典型的指令集系统中，需要实现的操作可分为以下几类。

- 数据传送类。
- 运算类：包括算数运算、逻辑运算以及移位运算等。
- 流程控制类：包括控制转移、条件转移、无条件转移以及复合条件转移等。
- 中断、同步、图形处理（硬件）等。

对于 Java 虚拟机来说，除了硬件指令以外，它的指令集也需要实现诸如数据传送、算术逻辑运算以及流程控制等类型的指令。接下来，我们将研究这些指令在 HotSpot 中的设计和实现。

8.2 数据传送

在任何指令系统中，数据传送指令都是使用最为频繁的指令。因此，这类指令的性能好坏，将直接决定着整个指令集系统的性能高低。

数据传送的任务是将操作数从某个存储位置，"运输"到运算引擎所指定的另一个存储位置。在 JVM 中，能够存储操作数的空间主要包括局部变量和操作数栈，此外，还有一些常量数据允许是立即数，或者位于运行时常量池中。

8.2.1 局部变量、常量池和操作数栈之间的数据传送

用于在虚拟机的局部变量和操作数栈之间传送数据的指令主要有 3 类。

- Load 类指令（数据方向：局部变量 → 操作数栈），包括 iload、iload_<n>、lload、lload_<n>、fload、fload_<n>、dload、dload_<n>、aload、aload_<n>等。
- Store 类指令（数据方向：操作数栈 → 局部变量），包括 istore、istore_<n>、lstore、lstore_<n>、fstore、fstore_<n>、dstore、dstore_<n>、astore、astore_<n>等。
- 此外，还有一些指令能够将来自立即数或常量池的数据传送至操作数栈，这类指令包括 bipush、sipush、ldc、ldc_w、ldc2_w、aconst_null、iconst_ml、iconst_<i>、lconst_<l>、iconst_<i>、fconst_<f>和 dconst_<d>等。

表 8-1 归纳了各条指令的具体含义。

8.2 数据传送

表 8-1　　　　　　　　　　数据传送指令

编号	字节码	名称	用途
1	0x01	aconst_null	将 null 推送至栈顶
2	0x02	iconst_m1	将 int 类型-1 推送至栈顶
3~8	0x03~0x08	iconst_<n>	将 int 类型 n 推送至栈顶，n=0~5
9~10	0x09~0x0a	lconst_<n>	将 long 类型 n 推送至栈顶，n=0~1
11~13	0x0b~0x0d	fconst_<n>	将 float 类型 n 推送至栈顶，n=0~2
14~15	0x0e~0x0f	dconst_<n>	将 double 类型 n 推送至栈顶，n=0~1
16	0x10	bipush	将单字节的常量值（8 位，范围为-128~127）推送至栈顶
17	0x11	sipush	将一个短整型常量值（16 位，范围-32768~32767）推送至栈顶
18	0x12	ldc	将 int，float 或 String 类型常量值从常量池中推送至栈顶
19	0x13	ldc_w	将 int，float 或 String 类型常量值从常量池中推送至栈顶（宽索引）
20	0x14	ldc2_w	将 long 或 double 类型常量值从常量池中推送至栈顶（宽索引）
21	0x15	iload	将指定的 int 类型局部变量推送至栈顶
22	0x16	lload	将指定的 long 类型局部变量推送至栈顶
23	0x17	fload	将指定的 float 类型局部变量推送至栈顶
24	0x18	dload	将指定的 double 类型局部变量推送至栈顶
25	0x19	aload	将指定的引用类型局部变量推送至栈顶
26~29	0x1a~0x1d	iload_<n>	将第 n+1 个 int 类型局部变量推送至栈顶，n=0~3
30~33	0x1e~0x21	lload_<n>	将第 n+1 个 long 类型局部变量推送至栈顶，n=0~3
34~37	0x22~0x25	fload_<n>	将第 n+1 个 float 类型局部变量推送至栈顶，n=0~3
38~41	0x26~0x29	dload_<n>	将第 n+1 个 double 类型局部变量推送至栈顶，n=0~3
42~45	0x2a~0x2d	aload_<n>	将第 n+1 个引用类型局部变量推送至栈顶
54~58	0x36~0x3a	<T>store	将栈顶 T 类型数据存入指定局部变量。T：i、l、f、d 或 a，分别表示 int、long、float 或 double 类型
59~62	0x3b~0x3e	istore_<n>	将栈顶 int 类型数据存入第 n+1 个局部变量，n=0~3
63~66	0x3f~0x42	lstore_<n>	将栈顶 long 类型数据存入第 n+1 个局部变量，n=0~3
67~70	0x43~0x46	fstore_<n>	将栈顶 float 类型数据存入第 n+1 个局部变量，n=0~3
71~74	0x47~0x4a	dstore_<n>	将栈顶 double 类型数据存入第 n+1 个局部变量，n=0~3
75~78	0x4b~0x4e	astore_<n>	将栈顶引用型数值存入第 n+1 个局部变量，n=0~3
79~86	0x4f~0x56	<T>astore	将栈顶 T 类型数据存入指定数组的相应下标位置。T：i、l、f、d、a、b、c 或 s，分别表示 int、long、float、double、引用、boolean 或 byte、char、short 等类型
87	0x57	pop	弹出栈顶非 long/double 类型的数据

编号	字节码	名称	用途
88	0x58	pop2	弹出栈顶的一个 long/double 类型数据,或两个其他类型的数据
89	0x59	dup	复制栈顶元素并将复制数据入栈
90	0x5a	dup_x1	复制栈顶元素并将两个复制数据入栈
91	0x5b	dup_x2	复制栈顶元素并将三个(或两个)复制数据入栈
92	0x5c	dup2	复制栈顶一个 long/double 类型数据,或两个其他类型数据并将复制数据入栈
93	0x5d	dup2_x1	
94	0x5e	dup2_x2	
95	0x5f	swap	将栈最顶端的两个非 long/double 类型 s 数据进行交换

与 x86 相比,我们能感受到一个微妙的变化:HotSpot 似乎是将局部变量视作"寄存器"。换句话说,虚拟机使用局部变量来模拟物理寄存器,以仿真寄存器保存中间运算结果的作用。

8.2.2 数据传送指令

接下来,我们将目光转移到几条具有代表性的具体指令上来。通过演示指令的运行细节,来"近距离"地观察 JVM 指令的运作机制。

1. iload_<n>指令分析

通过前面一些知识的学习,我们已经知道指令模块的作用,它能帮助我们理解一条 JVM 指令是怎样实现和运行的。HotSpot 的指令模板,能够为我们揭示 JVM 指令是如何与底层机器指令一一对应的。现在,我们看看对于 iload_<n>指令,它的模板是怎样定义的,如清单 8-1 所示。

清单 8-1
来源:hotspot/src/cpu/x86/vm/templateTable_x86_32.cpp
描述:iload_<n>指令模板

```
1   void TemplateTable::iload(int n) {
2     transition(vtos, itos);
3     __ movl(rax, iaddress(n));
4   }
5   static inline Address iaddress(int n) {
6     return Address(rdi, Interpreter::local_offset_in_bytes(n));
7   }
```

显然,清单 8-1 中的第 3 行代码是实现的核心。它根据 iaddress(n)取得第 n 个局部变量。iaddress()函数则封装了获取指定索引位置局部变量的功能。在清单 8-2 中,定义了如何获取局部变量的实现过程:

清单 8-2
来源：hotspot/src/share/vm/interpreter/abstractInterpreter.hpp
描述：获取局部变量 locals[n]

```
1   static int local_offset_in_bytes(int n) {
2       return ((frame::interpreter_frame_expression_stack_direction() * n) * stackElementSize);
3   }
```

读者是否还记得，我们曾讨论过关于寄存器的用法。我们知道，此时局部变量地址应当是存放在 rdi 寄存器中。在前文中，也能够看到运行时 iload_<n>指令的 InterpreterCodelet 机器代码。在本例中，iload_0 指令的作用是将第 1 个 int 类型局部变量推送至栈顶，在执行这段 Codlet 时，从 rdi（或 edi）寄存器中取出局部变量首地址，即第 1 个局部变量地址，如清单 8-3 所示。局部变量地址获得后，访问该地址的内存，就得到了第 1 个局部变量值。

清单 8-3

```
mov   (%edi),%eax
```

最后，读取该值至 rax（或 edi）寄存器返回。

对于 iload_1、iload_2 和 iload_3，InterpreterCodelet 根据 rdi 中的基址加偏移量来寻址局部变量。必须指出的是，在计算偏移量时需要考虑栈的增长方向：栈的运动是按照内存地址变大还是变小。这与处理器架构有关，在 x86 和 sparc 架构上，栈都是向地址减少方向进行增长的。所以在 iload_1 计算第 2 个局部变量位置时，是用%edi 减去 4 来计算的（0xfffffffc(%edi)，即%edi+0xfffffffc，其效果等同于%edi-0x4），这里请读者务必注意。

图 8-2 描述了 iload_<n>指令获取局部变量的操作示意图。

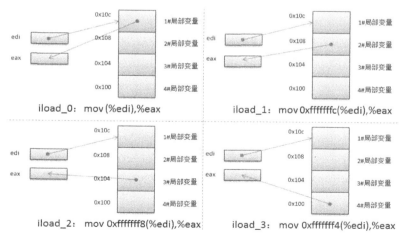

图 8-2　iload_<n>指令获取局部变量操作示意图

与 iload_0 指令操作相比，iload_1 获取第 2 个局部变量的操作区别仅在于所取得的局部变量地址不同。具体实现为：

```
mov    0xfffffffc(%edi),%eax
```

同理,iload_2 获取第 3 个局部变量的操作实现为:

```
mov    0xfffffff8(%edi),%eax
```

iload_3 获取第 4 个局部变量的操作实现为:

```
mov    0xfffffff4(%edi),%eax
```

最后补充一点,由于 HotSpot 使用了栈顶缓存技术,所以 iload_<n> 指令从局部变量取得数据后,正如清单 8-3 所示那样,按照 JVM 关于非 invoke 指令时使用寄存器方式的约定(请参考 6.2.4 小节),该数据将被写入 eax 寄存器中。

除了获取 int 型局部变量,JVM 指令集也对其他类型数据提供了专门的支持。对于 long 型整数,占用 64 位空间,那么 1 个 long 类型局部变量就需要使用 2 个元素表示。相应地,也需要使用 2 个 32 位寄存器%eax 和%edx 容纳该 long 型数值,如图 8-3 所示。

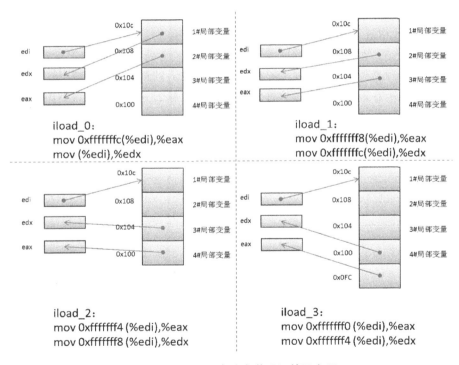

图 8-3　LoadIns 方法字节码运算示意图

对于 lload_0 指令,用 eax 和 edx 寄存器组合存放 64 位 long 型目的操作数。如清单 8-4(a) 所示,而源操作数则分别由 2 个局部变量元素保存,它们的内存位置分别"0xfffffffc(%edi)"和"(%edi)"表示。

8.2 数据传送

清单 8-4（a）
```
mov    0xfffffffc(%edi),%eax
mov    (%edi),%edx
```

对于 lload_1 指令，用 eax 和 edx 寄存器组合存放 64 位 long 型目的操作数。如清单 8-4(b) 所示，而源操作数则分别由 2 个局部变量元素保存，它们的内存位置分别"0xfffffff8(%edi)"和"0xfffffffc(%edi)"表示。

清单 8-4（b）
```
mov    0xfffffff8(%edi),%eax
mov    0xfffffffc(%edi),%edx
```

对于 lload_2 指令，用 eax 和 edx 寄存器组合存放 64 位 long 型目的操作数。如清单 8-4(c) 所示，而源操作数则分别由 2 个局部变量元素保存，它们的内存位置分别"0xfffffff4(%edi)"和"0xfffffff8(%edi)"表示。

清单 8-4（c）
```
mov    0xfffffff4 (%edi),%eax
mov    0xfffffff8 (%edi),%edx
```

对于 lload_3 指令，用 eax 和 edx 寄存器组合存放 64 位 long 型目的操作数。如清单 8-4(d) 所示，而源操作数则分别由 2 个局部变量元素保存，它们的内存位置分别"0xfffffff0%edi)"和"0xfffffff4(%edi)"表示。

清单 8-4（d）
```
mov    0xfffffff0 (%edi),%eax
mov    0xfffffff4 (%edi),%edx
```

2. iconst_<n>指令分析

常量-1、0、1、2、3、4、5 的取值利用了处理器的立即数寻址模式，这样只需一条机器指令就可实现取值，效率很高，如清单 8-5 所示。

清单 8-5
```
1    iconst_m1: mov    $0xffffffff,%eax
2    iconst_0:  xor    %eax,%eax
3    iconst_1:  mov    $0x1,%eax
4    iconst_2:  mov    $0x2,%eax
5    iconst_3:  mov    $0x3,%eax
6    iconst_4:  mov    $0x4,%eax
7    iconst_5:  mov    $0x5,%eax
```

代码第 1~7 行，分别表示获取常量值-1~5 的机器指令。

3. istore_<n>指令分析

istore_<n>指令的数据传送方向与 iload_<n> 正好相反。但局部变量地址仍然存放在 rdi（或 edi）寄存器中。指令操作示意图如图 8-4 所示。

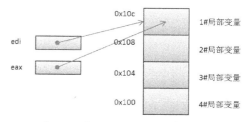

istore_0: mov %eax,(%edi)

图 8-4 istore_0 指令操作示意图

以 istore_0 指令为例，它将栈顶 int 类型数据存入第 1 个局部变量。如清单 8-6 所示，在执行该指令时，JVM 首先将 int 类型数据从栈顶弹出至 rax（或 eax 寄存器）中，然后将该寄存器值执行内存写指令，写入地址由 rdi（或 edi）寄存器表示的内存中，即第 1 个局部变量。

清单 8-6
```
pop    %eax
mov    %eax,(%edi)
```

而对于字节码 istore_1、istore_2 和 istore_3，与 istore_0 指令的唯一区别就是指定局部变量的地址不同。由于局部变量在内存中是连续存储的，因此指定的局部变量地址可以由局部变量首地址和偏移量来确定，如清单 8-7 所示。

清单 8-7
```
mov    %eax,0xfffffffc(%edi)    # istore_1
mov    %eax,0xfffffff8(%edi)    # istore_2
mov    0xfffffff4(%edi)         # istore_3
```

同样地，对于 long 类型整数，占用 64 位空间，那么 1 个 long 类型局部变量就使用 2 个元素表示。

首先，弹出栈顶值：

```
pop    %eax
pop    %edx
```

然后，执行内存写指令。

对于 lstore_0 指令，用 eax 和 edx 寄存器组合存放 64 位 long 型源操作数。如清单 8-8(a) 所示，目的操作数则分别由 2 个局部变量元素保存，它们的内存位置分别 "0xfffffffc(%edi)" 和 "(%edi)" 表示。

清单 8-8（a）
```
mov    %eax,0xfffffffc(%edi)
mov    %edx,(%edi)
```

对于 lstore_1 指令，用 eax 和 edx 寄存器组合存放 64 位 long 型源操作数。如清单 8-8(b) 所示，目的操作数则分别由 2 个局部变量元素保存，它们的内存位置分别 "0xfffffff8(%edi)" 和 "0xfffffffc(%edi)" 表示。

清单 8-8（b）
```
mov    %eax,0xfffffff8(%edi)
mov    %edx,0xfffffffc(%edi)
```

对于 lstore_2 指令，用 eax 和 edx 寄存器组合存放 64 位 long 型源操作数。如清单 8-8(c) 所示，目的操作数则分别由 2 个局部变量元素保存，它们的内存位置分别 "0xfffffff4(%edi)" 和 "0xfffffff8(%edi)" 表示。

清单 8-8（c）
```
mov    %eax,0xfffffff4(%edi)
mov    %edx,0xfffffff8(%edi)
```

对于 lstore_3 指令，用 eax 和 edx 寄存器组合存放 64 位 long 型源操作数。如清单 8-8(d) 所示，目的操作数则分别由 2 个局部变量元素保存，它们的内存位置分别"0xfffffff0(%edi)"和"0xfffffff4(%edi)"表示。

清单 8-8（d）
```
mov    %eax,0xfffffff0(%edi)
mov    %edx,0xfffffff4(%edi)
```

8.2.3 实战：数组的越界检查

Java 明确规定，数组访问时无须程序员进行越界检查，这也是相对于 C/C++的一个改进。在后者中，并没有在系统层面提供仔细的越界检查，程序的健壮性更多的时候是由程序员自己来保证。一旦程序员一时疏忽，那么造成的后果可能是无法估量的。

回忆第 6 章介绍的栈帧结构，在 C 栈中创建的缓存区（buffer 数组），与位于栈帧附近的某个保存 f()函数返回地址的位置均位于同一栈中。换句话说，在栈中，保存了函数返回地址的元素与缓存区之间仅相隔着若干地址空间。

如清单 8-9 所示，如果通过往缓冲区 buffer 数组中写入超出其长度的内容（这并不难，只要从外部传入长度超过 32 的字符串即可），造成**缓冲区溢出**，从而覆盖掉返回地址，那么将有可能造成程序崩溃，或者使程序跳转到其他位置执行相应指令，而不是回到原有的流程，达到控制程序流程的目的。甚至，黑客可以精心设计这部分写入的数据，在里面植入带有破坏性的非法程序，并将返回地址修改成指向该非法程序的地址，那么将达到难以置信的攻击目的。如果应用程序本身具有 root 权限，那么攻击者也就相应地提升了攻击程序的权限，接下来执行的攻击代码将对系统造成毁灭性的的打击。

读到这里，如果你觉得上述这一切设想只是异想天开的话，那么这个事实将让你大吃一惊：在当前网络攻击中，50%以上来自于缓冲区溢出。

清单 8-9
```
1    void f (char *str) {
2      char buffer[32];
3      strcpy(buffer,str);
4    }
```

造成缓冲区溢出的原因是程序中没有仔细检查用户输入的参数。但是，我们不能否认系统本身的漏洞为溢出提供了土壤：允许向数组长度以外的任意地址写入数据。

Java 不是原生语言，它借助虚拟机运行自己的指令集，这个特性为改善缓存区溢出问题提供了可能：它完全可以在虚拟机层面增加额外的数组越界检查。那么，越界检查这个任务隐藏到哪一个环节了呢？让我们动手去寻找答案。

如图 8-5 所示，实例程序在访问 int 类型数组元素 src[10]时，毫无疑问将会越界，但是编译器却能将 Java 程序顺利地编译为 Class 文件，且没有任何错误提示。只有在运行程序时，才会抛出 ArrayIndexOutOfBoundsException 异常，如图 8-6 所示。这个事实也从侧面反映出：数组越界检查是通过运行时完成的。

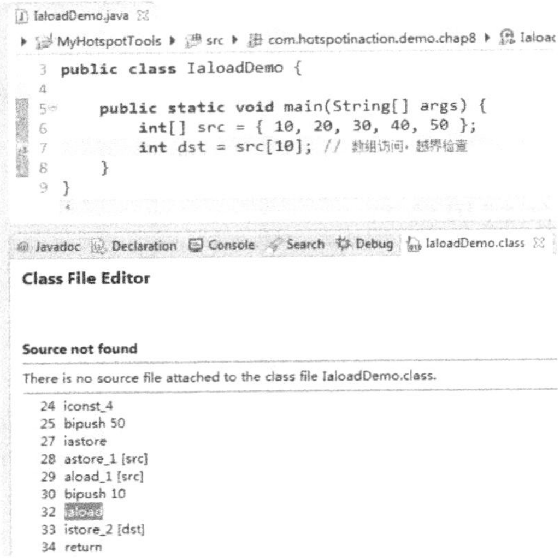

图 8-5 数组越界检查示例 ialoadDemo

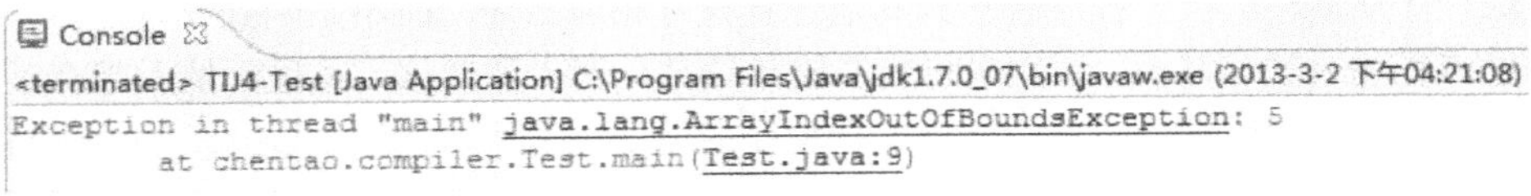

图 8-6 数组越界检查示例：运行时异常

下面来看一看这条语句翻译成字节码后做了什么操作。从图 8-5 可知，Java 表达式 "src[10]" 对应的字节码操作序列是：将数组引用 a 推送至栈顶、将数组索引 10 推送栈顶，然后调用 iaload 指令，试图读取 src[10]并送至栈顶，紧接着下面 istore_2，则是将将栈顶刚读取到的 src[10]存入局部变量 dst。通过这一简单过程可以看出，在字节码操作序列中，并没有专门的指令对数组是否越界做出显式的校验。调用 iaload 指令后，则完成了读取 src[10]。因此，我们要考察的 "越界检查" 任务可能就在 iaload 指令内部完成。

接下来，我们介绍 HotSpot "越界检查" 的具体实现机制。为简单起见，我们分析 iaload 在 32 位 x86 上解释器中的实现（可参见 templateTable_x86_32 模块），如清单 8-10 所示。

清单 8-10
来源：hotspot/src/cpu/x86/vm/templateTable_x86_32.cpp
描述：iaload 指令模板

```
1   void TemplateTable::iaload() {
2     transition(itos, itos);
3     // rdx: array
4     index_check(rdx, rax); // kills rbx,
5     // rax,: index
6     __ movl(rax, Address(rdx, rax, Address::times_4, arrayOopDesc::base_offset_in_
```

```
bytes(T_INT)));
 7  }
```

显然，iaload 在取数组元素（movl 指令）之前，首先进行 index_check，即"越界检查"。其中，寄存器 %rdx 指向内存中数组地址，rax 表示下标。index_check 最终会调用 index_check_without_pop 完成"越界检查"，定义如清单 8-11 所示。

清单 8-11
来源：hotspot/src/cpu/x86/vm/templateTable_x86_32.cpp
描述：越界检查

```
 1  void TemplateTable::index_check_without_pop(Register array, Register index) {
 2    // check array
 3    __ null_check(array, arrayOopDesc::length_offset_in_bytes());
 4    // check index
 5    __ cmpl(index, Address(array, arrayOopDesc::length_offset_in_bytes()));
 6    if (index != rbx) {
 7      assert(rbx != array, "different registers");
 8      __ mov(rbx, index);
 9    }
10    __ jump_cc(Assembler::aboveEqual,
         ExternalAddress(Interpreter::_throw_ArrayIndexOutOfBoundsException_entry));
11  }
```

当识别出越界，将抛出运行时异常 ArrayIndexOutOfBoundsException，如图 8-6 所示。

8.3 类型转换

类型转换指令是将两种 JVM 数值类型相互转换，这些操作一般用于实现用户代码的显式类型转换操作。类型转换方式有两种：宽化类型转换指令和窄化类型转换指令。根据转换类型，这些转换指令可以分为两类。

按照宽化类型转换方式，即将小范围类型数据向大范围类型数据转换，包括如下几种具体的类型转换方式：

- int 类型到 long、float 或 double 类型；
- long 类型到 float 或 double 类型；
- float 到 double 类型。

这类指令称为宽化类型指令，主要包括 i2l、i2f、i2d、l2f、l2d 和 f2d。宽化类型转换不会造成数值精度丢失。

按照窄化类型转换方式，即将大范围类型数据向小范围类型数据转换，包括如下几种具体的类型转换方式：

- int 类型到 byte、short 或 char 类型；
- long 类型到 int 类型；
- float 到 int 或 long 类型；

- double 到 int、long 或 float 类型。

这类指令称为**窄化类型**指令，主要包括 i2b、i2c、i2s、l2i、f2i、f2l、d2i、d2l 和 d2f。

窄化类型转换可能会导致转换结果产生不同的正负号。由于数量级不同，转换过程可能会导致数值丢失精度。如 int 或 long 类型转化 byte/char/short 类型时，转换过程是仅仅保留低位字节以外的信息。

从 double 到 float 的窄化数值转换按照 IEEE 754 标准中**最近舍入**（Round to Nearest）模式进行舍入。太小则不能作为 float 表示的值而被转换成类型 float 的正或者负零；太大则不能作为一个 float 表示的值而被转换成正或者负无穷。尽管可能发生溢出或精度丢失，但是窄化转换不会引起运行期异常。

表 8-2 归纳了类型转换指令及含义。

表 8-2　　类型转换指令

编号	字节码	名称	转换方式	用途
133	0x85	i2l	宽化	将栈顶 int 类型数据转换成 long 类型并入栈
134	0x86	i2f	宽化	将栈顶 int 类型数据转换成 float 类型并入栈
135	0x87	i2d	宽化	将栈顶 int 类型数据转换成 double 类型并入栈
136	0x88	l2i	窄化	将栈顶 long 类型数据转换成 int 类型并入栈
137	0x89	l2f	宽化	将栈顶 long 类型数据转换成 float 类型并入栈
138	0x8a	l2d	宽化	将栈顶 long 类型数据转换成 double 类型并入栈
139	0x8b	f2i	窄化	将栈顶 float 类型数据转换成 int 类型并入栈
140	0x8c	f2l	窄化	将栈顶 float 类型数据转换成 long 类型并入栈顶
141	0x8d	f2d	宽化	将栈顶 float 类型数据转换成 double 类型并入栈
142	0x8e	d2i	宽化	将栈顶 double 类型数据转换成 int 类型并入栈
143	0x8f	d2l	窄化	将栈顶 double 类型数据转换成 long 类型并入栈
144	0x90	d2f	窄化	将栈顶 double 类型数据转换成 float 类型并入栈
145	0x91	i2b	窄化	将栈顶 int 类型数据转换成 byte 型数值并入栈
146	0x92	i2c	窄化	将栈顶 int 类型数据转换成 char 类型数据并入栈
147	0x93	i2s	窄化	将栈顶 int 类型数据转换成 short 类型数据并入栈

HotSpot 利用 cltd 指令实现将 int 类型数据强制转换成 long 类型，根据 eax 寄存器中存放的 32 位 int 类型数据，将其转换成 64 位数值，分别由 edx 和 eax 寄存器存放高 32 位和低 32 位。

对于不同种类转换，其实现机制各不相同。感兴趣的读者可以阅读 TemplateTable::convert() 函数源代码。

8.4 对象的创建和操作

与普通的硬件指令集不同的是，为了向 Java 语言系统提供更好的底层支持，JVM 指令集中还加入了对象的创建和操作类型的指令，这些指令如表 8-3 所示，具体如下。

- 创建一个新的类实例：new 指令。
- 创建一个新的数组：newarray、anewarray 和 multianewarray。
- 访问类的域（static 域，称为**类变量**）和类实例的域（非 static 域，称为**实例变量**）：getfield、putfield、getstatic 和 putstatic。
- 把一个数组成员装载到操作数栈：iaload、laload、faload、daload、aaload、baload、caload 和 saload。
- 把一个值从操作数栈存储到数组成员：iastore、lastore、fastore、dastore、aastore、bastore、castore 和 sastore。
- 获取数组的长度：arraylength。
- 检查类实例或者数组的属性：instanceof 和 checkcast。

表 8-3　对象创建和操作指令

编　号	字节码	名　称	用　途
187	0xbb	new	创建一个对象，并将其引用值入栈
188	0xbc	newarray	创建一个指定原始类型（如 int、float、char…）的数组，并将其引用值入栈
189	0xbd	anewarray	创建一个引用型（如类、接口、数组）的数组，并将其引用值入栈
190	0xbe	arraylength	获得数组的长度并入栈
192	0xc0	checkcast	类型转换校验，失败则抛出 ClassCastException
193	0xc1	instanceof	判断对象是否属于指定类型，若是则将 1 入栈，否则将 0 入栈
197	0xc5	multianewarray	创建指定类型和指定维度的多维数组，并将引用入栈

关于对象的创建，已在第 3 章中详细叙述过了，此处不再赘述。接下来，我们看一个与对象密切相关的操作——instanceof 指令。instanceof 指令用做检验对象是否为指定类型。如果类型匹配，则将 1 压入栈顶，否则将 0 压入栈顶。

清单 8-12 描述了 instanceof 的实现过程。首先取得指定类型的 klassOop 和对象所属类型的 klassOop，然后比较 klassOop 是否相同，若相同则表明对象是指定类型的实例；若不相同，再比较对象所属类型是不是指定类型的子类，这也是通过对 klassOop 的比对来实现的。若符合上述两种条件之一，则表明表明对象是指定类型的实例，将 1 压入栈顶，否则将 0 压入栈顶。

清单 8-12
来源：hotspot/src/share/vm/interpreter/bytecodeInterpreter.cpp
描述：instanceof 指令实现

```
1    klassOop klassOf = (klassOop) METHOD->constants()->slot_at(index).get_oop();
2    klassOop objKlassOop = STACK_OBJECT(-1)->klass();
3    if ( objKlassOop == klassOf || objKlassOop->klass_part()->is_subtype_of(klassOf)) {
4        SET_STACK_INT(1, -1);
5    } else {
6        SET_STACK_INT(0, -1);
7    }
```

8.5 程序流程控制

到目前为止，我们陆续接触了数据的存取和操作指令。但是对于 Java 程序员来说，我们日常编写的代码很多并不是仅按照一个固定顺序来执行的。程序大多数是建立在一些业务判断及流程转移的基础上的。这也就意味着，程序可能将根据具体的业务打破顺序的执行结构，按照 if-else、switch、for 这些语句的控制，跳转到另外一个方向去执行。

8.5.1 控制转移指令

控制转移指令能够有条件性地或无条件性地使 JVM 从一条非控制转移指令后面的指令位置继续执行。这些控制指令分成以下 3 类，具体说明如表 8-4 所示。

- 条件转移：ifeq、iflt、ifle、ifne、ifgt、ifge、ifnull、ifnonnull、if_icmpeq、if_icmpne 和 if_icmplt 等。
- 无条件转移：goto、goto_w、jsr、jsr_w 和 ret。
- 复合条件转移：tableswitch 和 lookupswitch。

表 8-4 归纳了这些指令的具体含义。

表 8-4　　　　　　　　　　　控制转移指令

编号	字节码	名称	用途
153	0x99	ifeq	当栈顶 int 类型数据等于 0 时跳转
154	0x9a	ifne	当栈顶 int 类型数据不等于 0 时跳转
155	0x9b	iflt	当栈顶 int 类型数据小于 0 时跳转
156	0x9c	ifge	当栈顶 int 类型数据大于等于 0 时跳转
157	0x9d	ifgt	当栈顶 int 类型数据大于 0 时跳转
158	0x9e	ifle	当栈顶 int 类型数据小于等于 0 时跳转
159	0x9f	if_icmpeq	比较栈顶两个 int 类型数据大小，当结果等于 0 时跳转
160	0xa0	if_icmpne	比较栈顶两个 int 类型数据大小，当结果不等于 0 时跳转

续表

编号	字节码	名称	用途
161	0xa1	if_icmplt	比较栈顶两个 int 类型数据大小，当结果小于 0 时跳转
162	0xa2	if_icmpge	比较栈顶两个 int 类型数据大小，当结果大于等于 0 时跳转
163	0xa3	if_icmpgt	比较栈顶两个 int 类型数据大小，当结果大于 0 时跳转
164	0xa4	if_icmple	比较栈顶两个 int 类型数据大小，当结果小于等于 0 时跳转
165	0xa5	if_acmpeq	比较栈顶两个引用，当结果相等时跳转
166	0xa6	if_acmpne	比较栈顶两个引用，当结果不相等时跳转
167	0xa7	goto	无条件跳转
168	0xa8	jsr	跳转至指定 16 位 offset 位置，并将 jsr 下一条指令地址压入栈顶
169	0xa9	ret	返回至本地变量指定的 index 的指令位置（一般与 jsr, jsr_w 联合使用）
170	0xaa	tableswitch	用于 switch 条件跳转，case 值连续（可变长度指令）
171	0xab	lookupswitch	用于 switch 条件跳转，case 值不连续（可变长度指令）

接下来，我们将通过实例分别对条件转移、无条件转移和复合条件转移指令进行介绍。

8.5.2 条件转移

在如图 8-7 所示的例子中，演示了一个典型的 if-else 控制转移：如果条件满足，跳转到某个流程；若不满足，则跳转到另一个流程。在实例中，跳转到的目标流程都很简单：返回 true（bci 为 5、6 的字节码）或 false（bci 为 7、8 的字节码）。

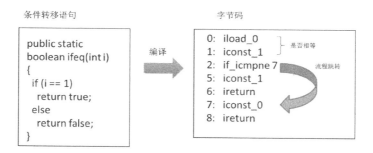

图 8-7 条件转移

说明 在 HotSpot 指令集中，boolean 型的返回值 false 和 true 是分别通过 int 类型数据 0 和 1 来表示的。

由编译后的字节码，可以清楚的了解程序是如何根据特定条件进行控制的转移的。首先将参数和 int 类型常量 1 依次推送至栈顶，接着，if_icmpne 指令比较栈顶这两个数值大小，当二者不相等的时候，流程跳转到 bci 为 7 的指令处继续执行，即返回 int 类型常量 0；当二者相等的时候，流程继续执行下一条指令，即 bci 为 5 和 6 的两条指令，返回 int 类型常量 1。

8.5.3 无条件转移

条件转移允许程序员根据程序的不同运行状态，将控制引导到不同的业务逻辑。这是一个有效程序的基本需求。有时，我们还需要一些更加灵活的控制转移方式，能让程序自由跳转，以实现更高级的语法。

清单 8-13 演示了 Java 的 for 循环语句。在每次迭代时，进行条件判断。当满足某个条件时（i>5），我们需要中断循环，这种无条件跳转到循环体外的方式在 Java 中对应着 break 关键字；当满足另外一个条件时（i==3），结束本次循环，进入下一次迭代。

清单 8-13

```
1   public static void doWhile(){
2     System.out.println("begin:");
3     for (int i = 0; i < 10; i++) {
4       if (i>5){
5         System.out.println("break it.");
6         break;
7       }
8       if (i==3){
9         System.out.println("to be continue...");
10        continue;
11      }
12      System.out.println(i);
13    }
14    System.out.println("the end.");
15  }
```

方法编译后的字节码，如清单 8-14 所示。

清单 8-14

```
Code:
 Stack=2, Locals=1, Args_size=0
 0:   getstatic       #3; //Field java/lang/System.out:Ljava/io/PrintStream;
 3:   ldc     #4; //String begin:
 5:   invokevirtual   #5; //Method java/io/PrintStream.println:(Ljava/lang/String;)V
 8:   iconst_0
 9:   istore_0
 10:  iload_0
 11:  bipush  10
 13:  if_icmpge       51
 16:  iload_0
 17:  iconst_5
 18:  if_icmple       32
 21:  getstatic       #3; //Field java/lang/System.out:Ljava/io/PrintStream;
 24:  ldc     #6; //String break it.
 26:  invokevirtual   #5; //Method java/io/PrintStream.println:(Ljava/lang/String;)V
 29:  goto    51
 32:  iload_0
 33:  iconst_3
 34:  if_icmpne       45
 37:  getstatic       #3; //Field java/lang/System.out:Ljava/io/PrintStream;
```

```
40: ldc          #7; //String to be continue...
42: invokevirtual #5; //Method java/io/PrintStream.println:(Ljava/lang/String;)V
45: iinc         0, 1
48: goto         10
51: getstatic    #3; //Field java/lang/System.out:Ljava/io/PrintStream;
54: ldc          #8; //String the end.
56: invokevirtual #5; //Method java/io/PrintStream.println:(Ljava/lang/String;)V
59: return
```

有一条字节码在无条件转移中扮演着举足轻重的作用，那就是 goto 指令。在 C 语言中保留了 goto 语句，允许 C 程序中将程序直接转移到自由位置。这位 C 程序员提供了较大的便利性，在操作系统内核、硬件驱动和编译器等系统级程序中，随处可见 goto 语句的身影。但是对于普通应用程序来说，滥用 goto 语句可能为程序可读性、可维护性和健壮性带来难以预料的麻烦。所以，才会有一句广为流传的名言"goto 有害"用来告诫程序员们不要滥用 goto 语句。在 Java 中，goto 仅作为保留字留了下来，而并没有提供 goto 语句。

但是，在字节码层，不得不为指令集设计一条 goto 指令。原因是显而易见的，它需要扮演类似 C 语言中的 goto 语句在系统程序中的角色。回到我们的例子中，可以看出，break 语句通过 goto 指令将程序流程无条件跳转至 bci 为 51 的指令继续执行，以实现跳出循环体；而对于 continue 语句，在对循环变量 i 自增 1 后，通过 goto 指令将程序流程无条件地跳转至 bci 为 10 的指令继续执行，以实现跳转至循环体开始处继续下一次循环。

> **练习 1**
> 编写 Java 程序，使用 break 和 continue 的带标签用法。
>
> **练习 2**
> 通过示例程序或你自己编写的程序，思考 break 和 continue 的实现机制。
>
> **练习 3**
> 选取一门你熟悉的编译型语言（如 C 或 C++）编写程序，查看汇编代码，试比较其 goto 指令与 HotSpot 的 goto 指令。

8.5.4 复合条件转移

除了 if-else 和 for 循环语句，Java 中也提供了 switch 语句用作一种更加复杂的条件转移控制。它能够支持一种比 if-else 语句块可读性更好的结构化条件选择方式。

在如图 8-8 所示的示例中，包括操作数在内的 tableswitch 指令共占用了 31 个字节（如图 8-9 所示）。第 1 条指令 iload_0 取得 int 类型参数 i，接着，tableswitch 指令计算出 i 取连续的不同数值时（−1、0、1、2 和其他情形），程序跳转目标分别是 bci 为 32、43、54、65 和 76 的指令。

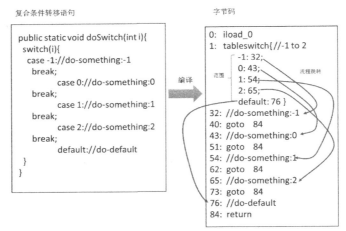

图 8-8　复合条件转移

```
000004c0h: 09 00 22 00 21 00 01 00 18 00 00 00 A3 00 02 00 ;
000004d0h: 01 00 00 00 55 1A AA 00 00 00 00 4B FF FF FF ;
000004e0h: FF 00 00 00 02 00 00 00 1F 00 00 00 2A 00 00 00 ;
000004f0h: 35 00 00 00 40 B2 00 03 12 12 B6 00 05 A7 00 2C ;
00000500h: B2 00 03 12 09 B6 00 05 A7 00 21 B2 00 03 12 0A ;
```

图 8-9　tableswitch 指令字节码

表 8-5 归纳了 tableswitch 指令中的所有字节码以及经翻译后的作用，为我们更好地理解 tableswitch 指令提供参考。

表 8-5　　　　　　　　　　　tableswitch 指令字节码翻译

字　节	数　值	翻　译
AA	170	tableswitch 指令
00 00	0	对齐填充（见 Jvm7 规范）
00 00 00 4B	75	默认的 case 取值对应的跳转目标 "default：76"
FF FF FF FF	-1	第一个 case 取值
00 00 00 02	2	最后一个 case 取值
00 00 00 1F	31	第 1 个 case 对应的跳转目标 "-1：32"
00 00 00 2A	42	第 2 个 case 对应的跳转目标 "0：43"
00 00 00 35	53	第 3 个 case 对应的跳转目标 "1：54"
00 00 00 40	64	第 4 个 case 对应的跳转目标 "2：65"

tableswitch 指令使用了一个数组来记录 case 条件与跳转目标的对应关系。在索引目标时，可以根据 case 取值与第一个 case 取值的差值来确定跳转目标在数组中的位置。这与在 Java 数组中按下标取元素一样简单高效。

8.5.5 实战：switch 语句如何使用 String

在开始本次实战主题之前，我们先花上少量时间对两种 switch 指令——tableswitch 与 lookupswitch，做一个简单的对比。在前面介绍 tableswitch 的示例程序中（见图 8-8），tableswitch 指令维护了一组连续数值的 case 条件，但这只是 switch 语句所支持的基本情形。即使面对非连续的 case 值，switch 语句也可以胜任。在清单 8-15 中，我们随意安排了一些在数值上并不连续的 case 条件。

清单 8-15
```
1   public static void doLookupswitch(int i){
2     switch(i){
3     case -1:
4       System.out.println("case is -1.");
5       break;
6     case 1:
7       System.out.println("case is 1.");
8       break;
9     case 5:
10      System.out.println("case is 5.");
11      break;
12    case 12:
13      System.out.println("case is 12.");
14      break;
15    default:
16      System.out.println("unkown case.");
17    }
18  }
```

如清单 8-16 所示，查看方法编译后的字节码，我们可以看到一些微妙的变化，tableswitch 指令换成了 lookupswitch 指令。

清单 8-16
```
Code:
 Stack=2, Locals=1, Args_size=1
 0:   iload_0
 1:   lookupswitch{ //4
             -1: 44;
              1: 55;
              5: 66;
             12: 77;
         default: 88 }
 44:  getstatic      #3; //Field java/lang/System.out:Ljava/io/PrintStream;
 47:  ldc            #18; //String case is -1.
 49:  invokevirtual  #5; //Method java/io/PrintStream.println:(Ljava/lang/String;)V
 52:  goto   96
 55:  getstatic      #3; //Field java/lang/System.out:Ljava/io/PrintStream;
 58:  ldc            #10; //String case is 1.
 60:  invokevirtual  #5; //Method java/io/PrintStream.println:(Ljava/lang/String;)V
 63:  goto   96
 66:  getstatic      #3; //Field java/lang/System.out:Ljava/io/PrintStream;
 69:  ldc            #20; //String case is 5.
 71:  invokevirtual  #5; //Method java/io/PrintStream.println:(Ljava/lang/String;)V
 74:  goto   96
```

```
 77: getstatic      #3; //Field java/lang/System.out:Ljava/io/PrintStream;
 80: ldc            #21; //String case is 12.
 82: invokevirtual  #5; //Method java/io/PrintStream.println:(Ljava/lang/String;)V
 85: goto 96
 88: getstatic      #3; //Field java/lang/System.out:Ljava/io/PrintStream;
 91: ldc            #19; //String unkown case.
 93: invokevirtual  #5; //Method java/io/PrintStream.println:(Ljava/lang/String;)V
 96: return
```

在本例中，lookupswitch 指令包括操作数共计占用了 43 个字节（如图 8-10 所示）。第 1 条指令 iload_0 取得 int 类型参数 i，接着，lookupswitch 指令计算出 i 取非连续的不同数值时（−1、1、5、12 和其他情形），程序跳转目标分别是 bci 为 44、55、66、77 和 88 的指令。

```
000005a0h: 0A 07 00 09 00 25 00 23 00 01 00 1A 00 00 00 AF ;
000005b0h: 00 02 00 01 00 00 00 61 1A AB 00 00 00 00 00 57 ;
000005c0h: 00 00 00 04 FF FF FF FF 00 00 00 2B 00 00 00 01 ;
000005d0h: 00 00 00 36 00 00 00 05 00 00 00 41 00 00 00 00 ;
000005e0h: 00 00 00 4C B2 00 03 12 12 B6 00 05 A7 00 2C B2 ;
000005f0h: 00 03 12 0A B6 00 05 A7 00 21 B2 00 03 12 14 B6 ;
```

图 8-10　lookupswitch 指令字节码

表 8-6 归纳了 lookupswitch 指令中的所有字节码以及经翻译后的作用，为我们更好地理解 lookupswitch 指令提供参考。

表 8-6　　　　　　　　　　　lookupswitch 指令字节码翻译

字　节	数　值	翻　译
AB	171	lookupswitch 指令
00 00	0	对齐填充（见 JVM7 规范）
00 00 00 57	87	默认的 case 取值对应的跳转目标 default: 88
00 00 00 04	4	共计 4 种 case 取值
FF FF FF FF	−1	第 1 个 case 取值 −1
00 00 00 2B	43	第 1 个 case 对应的跳转目标 −1: 44
00 00 00 01	1	第 2 个 case 取值 1
00 00 00 36	54	第 2 个 case 对应的跳转目标 1: 55
00 00 00 05	5	第 3 个 case 取值 5
00 00 00 41	65	第 3 个 case 对应的跳转目标 5: 66
00 00 00 0C	12	第 4 个 case 取值 12
00 00 00 4C	76	第 4 个 case 对应的跳转目标 12: 77

与 tableswitch 指令类似，lookupswitch 指令使用了一个索引数组来记录 case 条件域跳转目标的对应关系。所不同的是，在表中还需要保存 case 取值。虚拟机规范规定索引表必须按 key 值进行排序，这样利于 JVM 实现能够采用高效的查找算法，而不是只能使用性能低下的线性扫描算法。

在比较两种 switch 指令时，我们可以很容易地看到：lookupswitch 指令查找目标时，是通过查找和匹配 key 值的方式来确定跳转目标的；而 tableswitch 指令只需进行一次越界检查和按表索引，便完成了任务。因此，若不考虑空间开销，使用 tableswitch 指令会比 lookupswitch 指令在性能上具有略微优势。

读者是否还记得在第 1 章中，我们曾介绍了一些 Java 7 的新语法。其中一个特性就是在 switch 语句使用 String 类型 case 条件（见清单 1-1）。接下来，我们将要分析它的实现机制。

如图 8-11 所示的字节码，为我们演示了清单 1-1 中的示例背后的运行机制。出乎意料的是：从编译后的字节码中，可以清楚地看到，为支持在 switch 语句中使用 String，Java 指令集实际上并没有做出改动。也就是说，编译源程序时仅仅通过对字节码的重新组织，就实现了语法的增强。我们常以术语**语法糖**来描述这种语法增强方式。

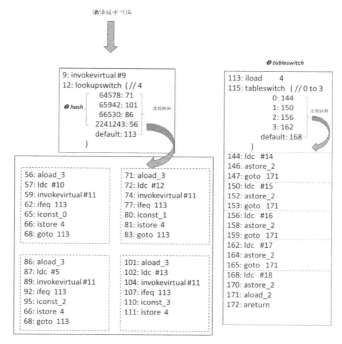

图 8-11　switch 语句使用 String

在这里，需要明确地指出一点：switch 语句的 case 条件取值，仍然是 int 型。在编译成字节码时，首先获得 String 数据对应的 hashcode 值，这些 hashcode 值是以 int 类型表示的，当然，这些 hashcode 值本身并不是连续的；接下来，根据这些 hashcode 值重新构建了一个 lookupswitch 语句块，并将该语句块中每一个 hashcode 值关联上一个从 0 开始的连续整数。最后，在流程控制上，也需要做一些小的调整。此时，我们再次看到 goto 指令仍然能够派上用场。当 goto 到 hashcode 时，流程再做一次 goto，将控制转移到一个全新 switch 语句块——重构的 tableswitch 指令块。在这个 tableswitch 指令块中，流程控制以从 0 开始的连续整数为条件进行复合条件转移判断。

> **练习 4**
> 编写 Java 程序，switch 语句使用字符串形式 case，试分析字符串 case 的实现机制。

8.6 运算

与处理器能够直接利用硬件单元处理算术和逻辑运算相比，JVM 只是一个软件平台，没有办法直接面对处理器内部资源。为了使 JVM 能够借助系统底层资源获得运行时性能的提升，虚拟机优化了运行时的实现方式，通过调用平台相关的机器指令完成运算，以达到间接利用硬件资源的目的。

在 JVM 的指令集中，运算过程一般是这样：将操作数按特定的顺序放置在栈顶，运算指令取得操作数按具体指令的要求进行运算后，再将结果压回操作数栈中。一般来说，按照操作数的数据类型，可以分为两类运算指令，即**整数运算指令**和**浮点数运算指令**，常用的运算指令如下。

- 加：iadd、ladd、fadd 和 dadd。
- 减：isub、lsub、fsub 和 dsub。
- 乘：imul、lmul、fmul 和 dmul。
- 除：idiv、ldiv、fdiv 和 ddiv。
- 余数：irem、lrem、frem 和 drem。
- 取负：ineg、lneg、fneg 和 dneg。
- 移位：ishl、ishr、iushl、lshl、lshr 和 lushr。
- 位或：ior 和 lor。
- 位与：iand 和 land。
- 位异或：ixor 和 lxor。
- 递增：iinc。

接下来，我们以 iadd 指令和 ineg 指令为例，来看一下它们是如何在 HotSpot 中实现的。两个具体的运算指令是如何实现的。

8.6.1 加法：iadd

首先，我们将要接触到的是最为常用的算数运算——加法。清单 8-17 给出了一个执行整数加法运算的简单示例。

清单 8-17
来源：com.hotspotinaction.demo.chap8.IaddDemo
描述：iadd 指令

```
1   public static int IaddIns(int i) {
```

```
2     return i + 1;
3   }
```

Java 方法 iaddIns() 的功能十分简单：将传入的 int 型参数 i 进行加 1 后返回。通过 iaddIns() 编译后的字节码，我们能够更清楚地考查运算过程，如清单 8-18 所示。

清单 8-18
```
public static int LoadIns(int);
  Code:
  Stack=2, Locals=1, Args_size=1
  0:   iload_0
  1:   iconst_1
  2:   iadd
  3:   ireturn
```

图 8-12 演示了 iaddIns() 的运算过程，其具体运算步骤如下。

（1）iload_0：将第 1 个 int 类型局部变量推送至栈顶。
（2）iconst_1：将 int 常量 1 推送至栈顶。
（3）iadd：将栈顶两 int 类型数据相加并将结果压入栈顶。
（4）ireturn：从当前方法返回 int。

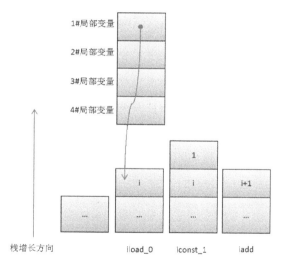

图 8-12　iaddIns() 方法字节码运算示意图

在这个例子中，iadd 指令围绕操作数栈顶处理操作数和返回值。在下一个示例中，我们将换一种思路来考查运算指令的实现。

8.6.2　取负：ineg

接下来，我们继续分析的指令叫做取负指令 ineg。为更深入地考查指令的运算细节，我们将看到它在 x86 系统上的具体实现。

在模板解释器中，ineg 指令将被解释成一条宏语句"__negl(rax)"，具体定义如清单 8-19 所示。

清单 8-19
来源：hotspot/src/cpu/x86/vm/templateTable_x86_32.cpp
描述：ineg 指令在 x86_32 系统的指令模板

```
1   void TemplateTable::ineg() {
2     transition(itos, itos);
3     __ negl(rax);
4   }
```

negl 方法实际生成的机器码为 0xF7 0xD8，如清单 8-20 所示。

清单 8-20
来源：hotspot/src/cpu/x86/vm/assembler_x86.cpp
描述：ineg 指令在 x86_32 系统中的生成的机器码

```
1   void Assembler::negl(Register dst) {
2     int encode = prefix_and_encode(dst->encoding());
3     emit_byte(0xF7);
4     emit_byte(0xD8 | encode);
5   }
```

机器码 0xf7 0xd8 实际对应 x86 汇编代码[1] "neg %eax"，如图 8-13 所示。我们可以写一个简单程序来验证。

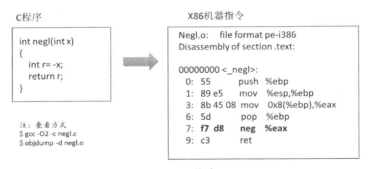

图 8-13　x86 指令：neg

图 8-13 中的验证程序 negl.c，通过编译和反汇编，可以看到的确是使用了处理器取负指令 neg。neg 指令在 x86 指令集中对应的编码为 **f7 d8**。这与指令模板的定义也是一致的。

8.7　函数的调用和返回

在虚拟机中，实现函数调用的指令是以 invoke 开头命名的指令，这些指令包括以下几项。

---

[1] 关于 x86 汇编指令的详细内容，可以参考《Intel 系列微处理器体系结构、编程与接口》，巴里.B.布雷（美）著。

- **invokevirtual**：调用普通实例方法，运行时根据对象的实际类型进行分发（类似 C++ 中的"虚函数"）。这是 Java 语言中的普通函数分发方式。
- **invokeinterface**：调用由接口实现的方法，搜索由特定的运行时对象实现的合适的方法。
- **invokespecial**：调用需要特殊处理的实例方法，即实例初始化方法 init、private 方法或者超类方法。
- **invokestatic**：调用类的 static 方法，这种方法常称为类方法。
- **invokedynamic**：用于动态语言支持，这是 Java 7 新增指令。

其中，函数返回指令由返回类型进行区分，它们是 ireturn、lreturn、freturn、dreturn 和 areturn。指令名首字母代表了返回类型。值得一提的是，ireturn 指令既可以返回 int 类型的值，还可以返回 byte、char 以及 short 类型的值。此外，return 指令用于从声明为 void 的方法、实例初始化方法或类初始化方法中返回。

在表 8-7 中，归纳了常用的函数调用和返回的指令。

表 8-7　　　　　　　　　　方法调用和返回指令

编 号	字节码	名 称	用 途
172～176	0xac～0xb0	<T>return	从当前方法返回 T 类型数据，T：int、long、float、double 或引用类型
177	0xb1	return	从当前方法返回 void
178	0xb2	getstatic	获取指定类的静态域，并将其值压入栈顶
179	0xb3	putstatic	为指定的类的静态域赋值
180	0xb4	getfield	获取指定类的实例域，并将其值压入栈顶
181	0xb5	putfield	为指定的类的实例域赋值
182	0xb6	invokevirtual	调用实例方法
183	0xb7	invokespecial	调用超类构造方法、实例初始化方法或私有方法
184	0xb8	invokestatic	调用静态方法
185	0xb9	invokeinterface	调用接口方法
186	0xba	invokedynamic	动态语言支持。需要开启 EnableInvokeDynamic 开关

练习 5

编写 Java 程序，方法返回类型分别为 int、long、boolean 等 Java 基本类型和返回对象类型，查看字节码，验证在不同类型返回时，分别使用了哪种 return 指令。

8.7.1　Java 函数分发机制：VTABLE 与 ITABLE

多态性是面向对象程序设计语言中除数据抽象和继承之外的第三个基本特征。多态性的出现，在语言层面为程序员提供了这种设计方式：在约定基类接口以及实现具体子类时，保持两种行为的相对独立性。多态性还允许子类彼此之间表达一定的差异性。利用多态性，可以降低程序的耦合度、改善代码的可读性以及利于程序的扩展。

在 Java 中，虚拟机利用 VTABLE 实现多态性。VTABLE 的作用类似于 C++中虚函数表。此外，为支持 Java 接口的函数分发，虚拟机还另外提供了类似 VTABLE 的接口表——ITABLE。

说明 C++利用 VPTR 和 VTABLE[2] 实现多态性。C++通过 virtual 关键字创建虚函数能引发晚绑定（late binding）或运行时绑定（runtime binding），编译器在幕后完成了实现晚绑定的必要机制。它对每个包含虚函数的类创建一个表，称为 VTABLE，用于放置虚函数的地址。在每个包含虚函数的类实例中，编译器秘密地放置了一个称为 vpointer（缩写为 VPTR）的指针，指向这个对象的 VTABLE。所以无论这个对象包含一个还是多个虚函数，编译器都只放置一个 VPTR 即可。VPTR 由编译器在构造函数中秘密地插入的代码来完成初始化，指向相应的 VTABLE，这样对象就"知道"自己是什么类型了。VPTR 都在对象的相同位置，常常是对象的开头。这样，编译器可以容易地找到对象的 VPTR 和 VTABLE 并获取函数体的地址。每当创建一个包含虚函数的类或从包含虚函数的类派生一个类时，编译器就为这个类创建一个唯一的 VTABLE。在 VTABLE 中，放置了这个类中或基类中所有虚函数的地址，这些虚函数的顺序都是一样的，所以通过偏移量可以容易地找到所需的函数体的地址。假如在派生类中没有对在基类中的某个虚函数进行覆盖，那么还使用基类的这个虚函数的地址。

类似地，在 Java 中，VTABLE 用来表示该类自有函数（static、final 函数除外）和父类的虚函数表；itable 用来表示类实现接口的函数列表。在内存中，VTABLE 和 ITABLE 位于 instanceKlass 对象的末尾，其数据结构如图 8-14 所示。

图 8-14　VTABLE 和 itable

---

[2] 更多关于 C++的 VPTR 和 VTABLE 的内容，可以参考《C++编程思想》一书。

8.7 函数的调用和返回

在 HotSpot 中,VTABLE 用一个 klassVtable 类型表示。klassVtable 对象提供了一种对 VTABLE 较为便捷的访问途径,并未实际持有 VTABLE 数据,其成员如清单 8-21 所示。

清单 8-21
来源:hotspot/src/share/vm/oops/klassVtable.hpp
描述:klassVtable 成员变量

```
1    KlassHandle   _klass;
2    int           _tableOffset;
3    int           _length;
```

其中,_klass 指向所在类;_tableOffset 表示 VTABLE 在 klass 中的地址偏移量;_length 表示 VTABLE 的长度,数值表示 vtableEntry 元素的个数。

VTABLE 表是由一组变长连续的 vtableEntry 元素构成的数组。其中每个 vtableEntry 指向类的一个函数,该函数在虚拟机内部用 methodOop 表示。在类初始化 VTABLE 表时,虚拟机将复制父类的虚函数表,然后根据自己的函数定义更新 vtableEntry,或向 VTABLE 表增加新的元素。

若 Java 方法是**覆盖**(override,**方法名及参数签名相同**)父类方法,虚拟机将更新虚函数表中相同顺序的元素,使其指向覆盖后的实现方法;若遇到**重载**(overload,**方法名相同,但参数签名不同**)方法,或者自身新增的方法,虚拟机将按顺序添加到虚函数表中。

此外,还有一类特殊的 Java 接口方法,称为 miranda 方法,它表示尚未提供具体实现的接口方法。例如,对于接口 I 和类 C,在类 C 及其继承的超类层次中,尚未提供 I 中某个方法 m 的实现,则称 m 是类 C 的 miranda 方法。miranda 方法并没有被安排放到 ITABLE 中,而是放在了 VTABLE 中。当遇到 miranda 方法时,虚拟机也在类 C 的 VTABLE 中为它分配一个 vtableEntry,视 miranda 方法与其他覆盖方法一样,并按顺序添加到虚函数表中。不过,由于该方法并没有具体实现,仍是一个抽象方法,因此,虚拟机只是在 VTABLE 中为其保留了一个位置,而并没有为这个 vtableEntry 分派具体的函数。这一点与 C++中的纯虚函数类似。

当子类继承自父类时,虚拟机自动为子类复制了一份来自父类的 VTABLE。在遇到子类覆盖父类方法时,虚拟机只是对 VTABLE 中相同位置的 vtableEntry 进行更新,这样一来,VTABLE 机制能够保证对于相同的方法,出现在父类和子类的 vtable 中的顺序是一样的。理解这一点是很重要的,毕竟在虚拟机中实现覆盖函数的分发时,是通过在 VTABLE 中的顺序定位具体的函数的。在 C++中,编译器在编译阶段就将方法的 VTABLE 中顺序明确下来了,并自动插入了函数定位的汇编语句。在 HotSpot 中,这个信息利用常量池 Cache 机制实现。在 ConstantPoolCacheEntry 的 f2 成员中,保存了函数在 vtable 中的索引,虚拟机通过 f2,可以快速地定位函数。这也是常量池 Cache 的主要用途之一。

在 Java 中,类的继承模型是单继承的。VTABLE 机制很好地解决了单继承的系统中函数的分发问题。但在实际应用中,有时我们又不得不面临这种"is-a"情形:一个 A,是一个 B,一个 C 和一个 D。在 C++中,可以利用类的多重继承机制直观地表达这种关系,可是在 Java 中,由于受限于类的单继承模型,Java 并不能直接利用类的继承关系表达出这种关系。庆幸得是，Java 支持继承多个接口，每个接口都可以视作为一个独立的类型，类可以实现多个接口。通过这个特性，可以解决这种问题。

而在一个并不支持类多重继承的系统中，设计多层接口继承机制显然要复杂一些。单独依靠 VTABLE 机制并不能解决这个问题。在继承关系中，一个类只能继承自一个父类，子类只要从父类那里获得 VTABLE，并且与父类共享部分函数的相同顺序，就可以使用父类的函数顺序找到对应子类的实现函数。而一个 Java 类允许实现多个接口，而每个接口都有自己的函数顺序。单个 VTABLE 不能解决多个接口的函数顺序问题，因此，虚拟机另外提供了一套 ITABLE 机制解决这个问题。

ITABLE 表由一组**偏移表**（offset table）和**方法表**（method table）组成，这两组表的元素都是变长的。其中，每个偏移表元素（offset table entry）保存的是类实现的一个接口，以及该接口的方法表所在的偏移位置；方法表元素中保存的是实现的接口方法。方法在方法表中的偏移位置，同样也是利用 ConstantPoolCacheEntry 的 f2 成员进行保存的。

在初始化 ITABLE 时，虚拟机将类实现的接口及实现的方法信息填写在上述两张表中。接口中若有 abstract 以及非 public 的方法，则不加入到 ITABLE 中。当需要调用接口方法时，虚拟机在 ITABLE 的偏移表中查到对应的接口以及它的方法表位置，然后在方法表中找到实现的接口方法，完成 Java 接口方法的分发。

在 invokeinterface 指令定位函数调用目标（即 callee，表示一个 methodOop 类型 Java 方法）时，将按照如下步骤操作，如清单 8-22 所示。

（1）定位常量池项。根据索引获取常量池项目 ConstantPoolCacheEntry：

清单 8-22
来源：hotspot/src/share/vm/interpreter/bytecodeInterpreter.cpp
描述：case(_invokeinterface)

```
ConstantPoolCacheEntry* cache = cp->entry_at(index);
```

（2）定位函数调用目标。在缓存中，f2 表示目标所在 vtable 的索引位置，那么从 vtable 中定位 callee 的方式如下：

```
callee = (methodOop) rcvrKlass->start_of_vtable()[cache->f2()];
```

（3）对于接口方法，则与步骤（2）有些区别，它不是从 vtable 中定位 callee，而是从 itable 中定位 callee。从 itable 中查找 interface_klass()：

```
int mindex = cache->f2();
itableMethodEntry* im = ki->first_method_entry(rcvr->klass());
callee = im[mindex].method();
```

理解了函数分发机制，接下来，我们将讨论 JVM 中 invoke 家族的指令是如何实现 Java 方法的调用的。

8.7.2 invoke 系列指令

在清单 8-23 中，我们实现了实例方法 callInvokevirtual()，它将调用另一个实例方法 add()，来完成整数的求和。

清单 8-23
来源：com.hotspotinaction.demo.chap8.dispatch.PrepareInvokeDemo
描述：invoke 家族指令

```
1  public void callInvokevirtual(){
2      add(3, 5);
3  }
4  public int add(int i, int j){
5      return i+j;
6  }
```

编译后的字节码如清单 8-24 所示。

清单 8-24

```
1  public void callInvokevirtual();
2    Code:
3     Stack=3, Locals=1, Args_size=1
4     0:   aload_0
5     1:   iconst_3
6     2:   iconst_5
7     3:   invokevirtual  #2; //Method add:(II)I
8     6:   pop
9     7:   return
10 public int add(int, int);
11   Code:
12    Stack=2, Locals=3, Args_size=3
13    0:   iload_1
14    1:   iload_2
15    2:   iadd
16    3:   ireturn
```

在 callInvokevirtual() 中，首先，将常量 3 和 5 推送至栈顶，准备好调用 add() 方法的参数；接着，在第 7 行，编译器依靠常量池编号为 #2 的索引项表示的符号引用定位到目标方法。在运行时，虚拟机会自动将符号引用转换成直接引用。在前文中提到，编译器产生方法的符号引用并保存在运行时常量池中，这些常量池项将在运行时转换成调用方法的实际地址。这样，虚拟机通过这个符号引用，便可以准确地定位到目标方法在虚拟机内的二进制信息，如方法名和方法描述符等。

最后，虚拟机执行 invokevirtual 指令，便可准确地跳转到目标方法去执行。在我们的例子中，类 PrepareInvokeDemo 并没有继承自其他类，而 callInvokevirtual() 也只是类中自有函数，而非覆盖父类的方法，按照函数分发机制，它将在虚函数表中占据一个位置，指向运行时环境中表示 callInvokestatic() 方法的内部地址。在执行 invokevirtual 指令时，可以轻松找到目标方法，完成方法调用。

在如清单 8-25 所示的示例中，我们将方法改成成了 static 类型，见 callInvokestatic()方法。

清单 8-25
来源：com.hotspotinaction.demo.chap8.dispatch.PrepareInvokeDemo
描述：invoke 家族指令

```
1    public static void callInvokestatic(){
2        staticAdd(3, 5);
3    }
4    public static int staticAdd(int i, int j){
5        return i+j;
6    }
```

这时，虚拟机再去执行 invoke 指令时，将会出现一些变化。编译后的字节码如清单 8-26 所示。

清单 8-26
来源：com.hotspotinaction.demo.chap8.dispatch.PrepareInvokeDemo
描述：字节码

```
1    public static void callInvokestatic();
2      Code:
3       Stack=2, Locals=0, Args_size=0
4       0:   iconst_3
5       1:   iconst_5
6       2:   invokestatic    #3; //Method staticAdd:(II)I
7       5:   pop
8       6:   return

9    public static int staticAdd(int, int);
10     Code:
11      Stack=2, Locals=2, Args_size=2
12      0:   iload_0
13      1:   iload_1
14      2:   iadd
15      3:   ireturn
```

现在，在清单 8-26 的字节码实现中，出现两处变化。首先，虚拟机函数调用指令由 invokevirtual 指令换成了 invokestatic 指令。此外，还有一处细微的变化：在 invokestatic 指令前面少了一条 aload_0 指令。其实，在编译 callInvokvirtual()方法时，在开始编译任何一条 Java 代码之前，编译器会立即插入一条 aload_0 指令，编号为 0 的局部变量存储的是对象自身引用 "this"，aload_0 指令将 "this" 推送至操作数栈中，作为 add()方法的局部变量。这便是实例方法与类方法的一点微妙区别。

接下来的操作，callInvokvirtual()与 callInvokestatic()则是相似的：首先推送 2 个参数至栈顶，准备好接下来调用其他方法需要传递的参数。然后，调用 add()或 staticAdd()方法，此时虚拟机将为被调用方法创建一个新的栈帧。方法参数作为新栈帧的局部变量，add()方法拥有索引为 0、1 和 2 的三个局部变量（见 "Locals=3, Args_size=3"），分别表示 this 引用和两个方法参数。而 staticAdd()方法则拥有索引为 0 和 1 的两个局部变量（Locals=2, Args_size=2），分别表示两个方法参数。callInvokvirtual()方法使用 invokevirtual 指令，而 callInvokestatic()使用 invokestatic，两者的主要区别在于调用者是否需要传递 this 参数。

由于 this 表示的是当前对象的引用，因此在类方法中尝试使用 this 引用总会报错。如图 8-15 所示，IDE 提示了错误信息"Cannot use this in a static context"。显然，编译器不会允许你这样做。

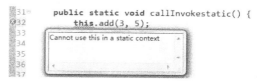

图 8-15　在类 static 方法中尝试使用 this 引用

在 Java 7 中，Java 语言还不能直接支持 invokedynamic。不能通过 javac 产生带有 invokedynamic 指令的字节码。事实上，invokedynamic 是为其他动态语言而生的。通过 ASM 类库，可以构造出含有 invokedynamic 指令的字节码。限于本章主题，这里不再进一步展开，留作扩展问题，对动态语言感兴趣的读者可以自行尝试构造包含 invokedynamic 指令的字节码。

练习 6
阅读和调试 HotSpot 源代码，分析 invokevirtual 和 invokespecial 指令是如何从运行时常量池符号引用定位到被调用方法（callee）的，并比较二者的异同。

提示　invokevirtual 使用 vtable，invokespecial 直接调用。

练习 7
阅读和调试 HotSpot 源代码，分析 invokeinterface 指令是如何根据运行时常量池中的符号引用定位到被调用方法的。

8.7.3　动态分发：覆盖

函数的覆盖和重载是**多态性**（polymorphism）的不同表现。覆盖是父类与子类之间多态性的一种表现，而重载是一个类中多态性的一种表现。

注意　**覆盖**描述的是父类与子类之间的多态性，而**重载**描述的是一个类中多个函数之间的多态性。

如果在子类中定义某函数与其父类有相同的名称和参数，我们说该函数被覆盖。子类的对象使用这个方法时，将调用子类中的定义，对它而言，父类中的定义如同被屏蔽了。如果在一个类中定义了多个同名的函数，它们或有不同的参数个数或有不同的参数类型或有不同的参数次序，则称为函数的重载。不能通过访问权限、返回类型、抛出的异常进行重载。

覆盖的特点如下：

- 覆盖的函数的标志必须要和被覆盖的函数的标志完全匹配，才能达到覆盖的效果；
- 覆盖的函数的返回值必须和被覆盖的函数的返回一致；
- 覆盖的函数所抛出的异常必须和被覆盖函数的所抛出的异常一致，或者是其子类；
- 函数被定义为 final 不能被覆盖；

- 对于继承来说，如果某一函数在父类中是访问权限是 private，那么就不能在子类对其进行覆盖，如果定义的话，也只是定义了一个新函数，而不会达到覆盖的效果（通常存在于父类和子类之间）。

清单 8-27 演示了覆盖。类 B 和类 C 是继承自类 A 的子类，并分别覆盖了 printit()方法。

清单 8-27
来源：com.hotspotinaction.demo.chap8.dispatch.OverrideDemo
描述：演示覆盖

```
1   public class OverrideDemo {
2     public static void main(String[] args) {
3       OverrideDemo demo = new OverrideDemo();
4       A a = demo.new A();
5       A b = demo.new B();
6       A c = demo.new C();

7       a.printit();
8       b.printit();
9       c.printit();
10    }

11    class A {
12      public void printit() {
13        System.out.println("AAAA.");
14      }
15    }

16    class B extends A {
17      public void printit() {
18        System.out.println("BBBB.");
19      }
20    }

21    class C extends A {
22      public void printit() {
23        System.out.println("CCCC.");
24      }
25    }
26  }
27  /*
28  output:
29  AAAA.
30  BBBB.
31  CCCC.
```

执行反编译命令"javap -v OverrideDemo"，得到 OverrideDemo 类主方法编译后的字节码片段，如清单 8-28 所示。

清单 8-28
```
  public static void main(java.lang.String[]);
    Code:
     Stack=4, Locals=5, Args_size=1
     0:    new         #2; //class OverrideDemo
     3:    dup
     4:    invokespecial   #3; //Method "<init>":()V
     7:    astore_1
```

8.7 函数的调用和返回

```
 8:   new           #4; //class OverrideDemo$A
11:   dup
12:   aload_1
13:   dup
14:   invokevirtual #5; //Method java/lang/Object.getClass:()Ljava/lang/Class;
17:   pop
18:   invokespecial #6; //Method OverrideDemo$A."<init>":(LOverrideDemo;)V
21:   astore_2
22:   new           #7; //class OverrideDemo$B
25:   dup
26:   aload_1
27:   dup
28:   invokevirtual #5; //Method java/lang/Object.getClass:()Ljava/lang/Class;
31:   pop
32:   invokespecial #8; //Method OverrideDemo$B."<init>":(LOverrideDemo;)V
35:   astore_3
36:   new           #9; //class OverrideDemo$C
39:   dup
40:   aload_1
41:   dup
42:   invokevirtual #5; //Method java/lang/Object.getClass:()Ljava/lang/Class;
45:   pop
46:   invokespecial #10; //Method OverrideDemo$C."<init>":(LOverrideDemo;)V
49:   astore 4
51:   aload_2
52:   invokevirtual #11; //Method OverrideDemo$A.printit:()V
55:   aload 3
56:   invokevirtual #11; //Method OverrideDemo $A.printit:()V
59:   aload 4
61:   invokevirtual #11; //Method OverrideDemo $A.printit:()V
64:   return
```

执行反编译命令"javap -v OverrideDemo$A",得到 A 类的 printit 方法。采用同样的方法,分别得到 B 类和 C 类的 printit 方法,如清单 8-29 所示。

清单 8-29

```
// javap -v OverrideDemo$A
public void printit();
  Code:
   Stack=2, Locals=1, Args_size=1
   0:   getstatic     #3; //Field java/lang/System.out:Ljava/io/PrintStream;
   3:   ldc           #4; //String AAAA.
   5:   invokevirtual #5; //Method java/io/PrintStream.println:(Ljava/lang/String;)V
   8:   return

public void printit();
  Code:
   Stack=2, Locals=1, Args_size=1
   0:   getstatic     #3; //Field java/lang/System.out:Ljava/io/PrintStream;
   3:   ldc           #4; //String BBBB.
   5:   invokevirtual #5; //Method java/io/PrintStream.println:(Ljava/lang/String;)V
   8:   return

//javap -v OverrideDemo$B
public void printit();
  Code:
   Stack=2, Locals=1, Args_size=1
   0:   getstatic     #3; //Field java/lang/System.out:Ljava/io/PrintStream;
   3:   ldc           #4; //String BBBB.
```

```
  5:    invokevirtual    #5; //Method java/io/PrintStream.println:(Ljava/lang/String;)V
  8:    return
//javap -v OverrideDemo$C
public void printit();
 Code:
  Stack=2, Locals=1, Args_size=1
  0:    getstatic        #3; //Field java/lang/System.out:Ljava/io/PrintStream;
  3:    ldc    #4; //String CCCC.
  5:    invokevirtual    #5; //Method java/io/PrintStream.println:(Ljava/lang/String;)V
  8:    return
```

读者可能会觉得困惑，在 main 方法中，对于 A、B、C 方法 println 的调用，在编译器实现上，都统一使用了相同的 invokevirtual 指令。更让人觉得意外的是，指令名相同，指令的参数常量池索引也相同#11），仅仅是 aload_<n>取得的对象引用不同，被调用方法都是 A 类方法 printit。那如何实现分别调用的是 override 方法呢？原因在于 invokevirtual 指令根据对象的 vtable 在运行时定位 method。

如果 is_vfinal，则从 f2 直接得到 callee。而一般情况下，则需要在 vtable 中查找 callee，此时在 ConstantPoolCacheEntry 中，_f2 表示 callee 在 vtable 表中的索引。首先，从操作数栈特定位置中保存的对象引用（示例程序中 aload_<n>操作将对象引用推送至栈顶）找到实例对象（receiver）：

```
instanceKlass* rcvrKlass = (instanceKlass*) STACK_OBJECT(-parms)->klass()->klass_part();
```

然后，根据 ConstantPoolCacheEntry 中表示 callee 在 vtable 表中索引的成员_f2，找到 callee：

```
callee = (methodOop) rcvrKlass->start_of_vtable()[ cache->f2()];
```

> **练习 8**
> 比较 Java 和 C++的覆盖实现机制。

8.7.4 静态分发：重载

重载是指定义一些函数，其名称相同，通过定义不同的输入参数来区分这些函数。重载的特点如下：

- 在使用重载时只能通过不同的参数样式，例如，不同的参数类型，不同的参数个数，不同的参数顺序（当然，同一函数内的几个参数类型必须不一样，例如可以是 fun(int, float)，但是不能为 fun(int, int)）；
- 不能通过访问权限、返回类型、抛出的异常进行重载；
- 函数的异常类型和数目不会对重载造成影响；
- 重载通常发生在同一个类中，表现的是函数之间的关系；
- 存在于同一类中，但是只有虚函数和抽象函数才能被覆盖。

清单 8-30 演示了重载。在 OverloadDemo 类中，实现了 3 个同名函数 printit()。但对于虚拟机来说，由于方法签名（参数和返回值）有所区别，因此它们是 3 个完全不同的方法。

清单 8-30
来源：com.hotspotinaction.demo.chap8.dispatch.Overload
描述：演示重载

```
1   public class OverloadDemo {
2     public static void main(String[] args) {
3       OverloadDemo demo = new OverloadDemo();
4       demo.printit(100);
5         demo.printit(100, 200);
6         demo.printit("This is a string.");
7     }
8     public void printit(int i) {
9       System.out.println("int value is: " + i);
10    }
11    public int printit(int i, int j) {
12      System.out.println("int value is: " + i + " and " + j);
13        return 0;
14    }
15    public void printit(String s) {
16      System.out.println("string is: " + s);
17    }
18  }
19  /*
20  output:
21  int value is: 100
22  int value is: 100 and 200
23  string is: This is a string.
24  */
```

执行反编译命令 "javap -v OverloadDemo"，得到 OverloadDemo 类主方法编译后的字节码片段，如清单 8-31 所示。

清单 8-31

```
public static void main(java.lang.String[]);
  Code:
   Stack=3, Locals=2, Args_size=1
   0:   new         #2; //class OverloadDemo
   3:   dup
   4:   invokespecial   #3; //Method "<init>":()V
   7:   astore_1
   8:   aload_1
   9:   bipush  100
   11:  invokevirtual   #4; //Method printit:(I)V
   14:  aload_1
   15:  bipush  100
   17:  sipush  200
   20:  invokevirtual   #5; //Method printit:(II)I
   23:  pop
   24:  aload_1
   25:  ldc         #6; //String This is a string.
   27:  invokevirtual   #7; //Method printit:(Ljava/lang/String;)V
   30:  return
```

与覆盖相似，重载也是使用 invokevirtual 指令实现方法的调用。然而，与覆盖时 invokevirtual

指令索引相同的运行时常量池不同，重载使用了不同的索引以区别不同的方法。在 OverloadDemo 类的运行时常量池中，索引为#4、#5 和#7 的项定义如清单 8-32 所示。

清单 8-32

```
Constant pool:
    const #2 = class        #32;     // OverloadDemo
    const #4 = Method       #2.#33;  // OverloadDemo.printit:(I)V
    const #5 = Method       #2.#34;  // OverloadDemo.printit:(II)I
    const #7 = Method       #2.#36;  // OverloadDemo.printit:(Ljava/lang/String;)V
    const #25 = Asciz       printit;
    const #26 = Asciz       (I)V;
    const #27 = Asciz       (II)I;
    const #28 = Asciz       (Ljava/lang/String;)V;
    const #32 = Asciz       OverloadDemo;
    const #33 = NameAndType #25:#26;// printit:(I)V
    const #34 = NameAndType #25:#27;// printit:(II)I
    const #36 = NameAndType #25:#28;// printit:(Ljava/lang/String;)V
```

这样一来，重载方法 printit:(I)V、printit:(II)I 和 printit:(Ljava/lang/String;)V 在编译时已经被表示为不同的符号引用。当虚拟机运行期对类解析时，会在常量池中获得相应的符号引用，并将符号引用翻译为运行时的内存地址。

下面介绍一下在常量池中如何表示符号引用，图 8-16 描述了 OverloadDemo 类的 Class 文件片段。

```
          0  1  2  3  4  5  6  7  8  9  a  b  c  d  e  f
00000000h: CA FE BA BE 00 00 00 32 00 3B 0A 00 12 00 1F 07 ;
00000010h: 00 20 0A 00 02 00 1F 0A 00 02 00 21 0A 00 02 00 ;
00000020h: 22 08 00 23 0A 00 02 00 24 09 00 25 00 26 07 00 ;
00000030h: 27 0A 00 09 00 1F 08 00 28 0A 00 09 00 29 0A 00 ;
00000040h: 09 00 2A 0A 00 09 00 2B 0A 00 2C 00 2D 08 00 2E ;
00000050h: 08 00 2F 07 00 30 01 00 06 3C 69 6E 69 74 3E 01 ;
00000060h: 00 03 28 29 56 01 00 04 43 6F 64 65 01 00 0F 4C ;
00000070h: 69 6E 65 4E 75 6D 62 65 72 54 61 62 6C 65 01 00 ;
00000080h: 04 6D 61 69 6E 01 00 16 28 5B 4C 6A 61 76 61 2F ;
00000090h: 6C 61 6E 67 2F 53 74 72 69 6E 67 3B 29 56 01 00 ;
000000a0h: 07 70 72 69 6E 74 69 74 01 00 04 28 49 29 56 01 ;
000000b0h: 00 05 28 49 49 29 49 01 00 15 28 4C 6A 61 76 61 ;
000000c0h: 2F 6C 61 6E 67 2F 53 74 72 69 6E 67 3B 29 56 01 ;
000000d0h: 00 0A 53 6F 75 72 63 65 46 69 6C 65 01 00 11 4F ;
000000e0h: 76 65 72 6C 6F 61 64 44 65 6D 6F 2E 6A 61 76 61 ;
000000f0h: 0C 00 13 00 14 01 00 0C 4F 76 65 72 6C 6F 61 64 ;
00000100h: 44 65 6D 6F 0C 00 19 00 1A 0C 00 19 00 1B 01 00 ;
00000110h: 11 54 68 69 73 20 69 73 20 61 20 73 74 72 69 6E ;
00000120h: 67 2E 0C 00 19 00 1C 07 00 31 0C 00 32 00 33 01 ;
00000130h: 00 17 6A 61 76 61 2F 6C 61 6E 67 2F 53 74 72 69 ;
```

图 8-16　常量池的字节码描述

将清单 8-29 中与重载方法相关的字节码进行翻译后，得到的信息如表 8-8 所示。

表 8-8　　　　　　　　　　　常量池项翻译

Index	类型	解释	字面量	字节
#2	class	OverloadDemo	#32	07| 00 20
#4	Method	OverloadDemo.printit:(I)V	#2.#33	0A| 00 02| 00 21
#5	Method	OverloadDemo.printit:(II)I	#2.#34	0A| 00 02| 00 22
#7	Method	OverloadDemo.printit:(Ljava/lang/String;)V	#2.#36	0A| 00 02| 00 24
#25	Asciz	printit		01 |00 07| 70 72 69 6E 74 69 74
#26	Asciz	(I)V		01 |00 04| 28 49 29 56
#27	Asciz	(II)I		01 |00 05| 28 49 49 29 29
#28	Asciz	(Ljava/lang/String;)V		01 |00 15| 28 4C 6A 61 76 61 2F 6C 61 6E 67 2F 53 74 72 69 6E 67 3B 29 56
#32	Asciz	OverloadDemo		01 |00 0C| 4F 76 65 72 6C 6F 61 64 44 65 6D 6F
#33	NameAndType	printit:(I)V	#25:#26	0C |00 19| 00 1A
#34	NameAndType	printit:(II)I	#25:#27	0C |00 19| 00 1B
#36	NameAndType	printit:(Ljava/lang/String;)V	#25:#28	0C |00 19| 00 1C

练习 9

比较 Java 和 C++的重载实现机制。

练习 10

联系练习 7 和练习 8，比较 Java 和 C++的多态实现机制。

8.8 异常

如果程序字节码序列在运行过程中若抛出异常，则 JVM 将在表中查找异常，然后跳转到实现 catch 子句的字节码序列。每个捕获异常的方法都与异常表相关联。

8.8.1 异常表

每个捕获到的异常的方法都与一张异常表建立了对应关系,该异常表在 Java 源代码级将随着字节码序列一起送到 Class 文件中。具体来说，与每个被 try 语句捕获的异常相对应的是位于异常表中的一个项目。在异常表中，每一项都由一个四元组{beg_bci、end_bci、handler_bci、klass_index}构成，元祖描述了 4 种不同的信息：

- 起点；
- 终点；

- 将要跳转的字节码序列中的 PC 指针偏移量；
- 被捕获的异常类的常量池索引。

利用 Javap 工具查看 Class 文件的异常表，这 4 类信息分别对应另一个四元祖{from、to、target、type}。

8.8.2 创建异常

一般来说，在程序抛出异常时，对于捕获者来说，需要定位异常发生位置，也就是异常所在的方法调用链位置。如果不能知道这些信息，那么异常的抛出和捕获就失去了意义。显然，我们需要异常对象向程序员提供接口输出这些信息。

1. 创建异常对象

有趣的是，一方面，我们期待异常对象本身能够知道它所在的位置；另一方面，实际应用中，我们又能够在程序的任意位置抛出异常。换句话说，即使对于同一个异常类型，由于创建者（Java 方法）处在不同的位置，其记录的调用链是不尽相同的。显然，异常对象不可能在编译期就能提供一个"放之四海而皆准"的接口功能，让每次创建对象时调用接口就可以实现我们预期的功能。

事实上，Java 通过运行期间 new 异常对象时的额外开销，"及时"地向调用者提供了方法调用链信息，或称栈回溯信息，如清单 8-33 所示。

清单 8-33
来源：jdk/src/share/classes/java/lang/Throwable.java
描述：fillInStackTrace

```
1   public synchronized Throwable fillInStackTrace() {
2       if (stackTrace != null ||
3           backtrace != null /* Out of protocol state */ ) {
4           fillInStackTrace(0);
5           stackTrace = UNASSIGNED_STACK;
6       }
7       return this;
8   }
```

Java 异常类 Exception 在初始化时会自动执行基类 Throwable 方法 fillInStackTrace，为异常对象建立栈回溯（stack trace）信息，这些信息记录了当前执行线程的栈帧状态。填充 stack strace 的过程与运行时调用环境有关，当前方法位于调用栈的深度有关，填充的过程就越长。

fillInStackTrace 需要 JVM 的支持，所以这里实际调用的是 native 方法 JVM_FillInStackTrace，如清单 8-34 所示。

清单 8-34
来源：jdk/src/share/classes/java/lang/Throwable.java
描述：native fillInStackTrace

```
    private native Throwable fillInStackTrace(int dummy);
```

在讲解 HotSpot 实现 JVM_FillInStackTrace 之前，先介绍一些基本知识。

8.8 异常

- HotSpot 提供了开关 StackTraceInThrowable（默认开启），用来判断异常发生时是否搜集栈回溯信息。
- HotSpot 提供了开关 MaxJavaStackTraceDepth（默认 1024），用来配置 JVM 内部最大栈深度。
- 利用 BacktraceBuilder 记录栈回溯信息：BacktraceBuilder 提供一个 objArrayOop 类型成员，在回溯时将每个方法调用链上追溯到的方法（methodOop）逐一添加进来。

HotSpot 填充栈帧回溯信息的实现过程如图 8-17 所示。

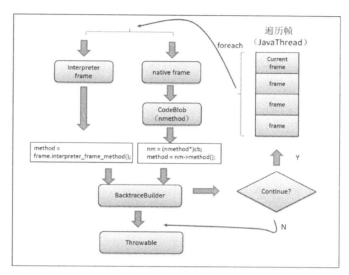

图 8-17　fillInStackTrace 示意图

首先，创建了一个 BacktraceBuilder 类型的对象用来在本方法遍历的过程中，记录异常栈回溯信息。方法中循环的主体就是遍历方法栈，将栈调用链上的方法（method）逐一 push 到 bt 中。遍历过程将首先从上一个栈帧开始回溯，直到满足下述条件之一退出循环：

- 回溯的栈深达到了系统的最大值（MaxJavaStackTraceDepth）；
- 栈帧回溯至第一层。

在遍历到每层栈帧时，通过栈帧 frame 可以轻松获得本层方法 methodOop，将其 push 进 BacktraceBuilder，最后将 BacktraceBuilder 搜集得到的所有信息交给 Java Throwable，整个栈回溯构建完毕。

注意　虚拟机在内部创建一个异常对象并不会花费较大开销。在堆上分配一个对象所耗费的开销我们不必关心，只是在 Throwble 对象的初始化方法中为了得到记录异常信息而遍历了栈。换句话说，异常生成所在的方法位于调用层次越深，其开销就越大。但这是不是可以说我们在实际应用中对于异常使用需要小心翼翼呢？其实，只要不是滥用异常，这也是没有必要的。对于实际应用程序来说，这些性能损失相较于网络请求、文件读写、数据库连接等开销来说，可以忽略不计。

2. athrow

Java 程序在编译期，为每个能够 catch 异常的 Java 方法各关联一张异常表。当 JVM 遇到 athrow 指令时，将创建一个异常对象并将引用置与栈顶，接下来，JVM 需要引导程序流程跳转到异常处理 handler。

如图 8-18 所示，首先在当前方法中查找异常表，如果 PC 出现在异常表的范围之内，则在该异常表中进行 handler 匹配，遍历异常表中所有项，若指定的 from-to 范围之内，且 target 与该异常类型或其子类匹配，则该项 handler 即为查找目标。接下来，JVM 将 PC 设置为 handler 所在偏移量，程序跳转到该位置继续执行。若未发现匹配 handler，JVM 将弹出当前栈帧并终止当前方法的执行，线程退回上一栈帧的同时上层调用方法成为新的当前方法，JVM 在新的当前方法中再次设置相同的异常，触发 JVM 在该方法中继续查找异常表。如此反复，直至返回程序主方法，如果在线程整个方法调用链中都没有找到 hanler，则线程退出。

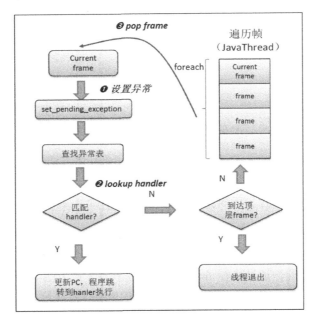

图 8-18　athrow 运行示意图

由于有了这个查找过程，因此会有一定的性能损失。但是，正如上一节提到的 new 异常开销一样，如果不是滥用异常，这些额外开销在实际的应用程序中是可以忽略不计的。

8.8.3 try-catch

编写一个普通的使用 throw-try-catch 异常的 main 方法，如清单 8-35 所示。

清单 8-35
来源：com.hotspotinaction.demo.chap8.SimpleException.java & SimpleThrowException
描述：演示异常

```
1   public class SimpleException extends Exception {
2     private static final long serialVersionUID = -8983381128076107849L;
3     public SimpleException(String message) {
4       super(message);
5     }
6     @Override
7     public String toString() {
8       return "SimpleException [" + super.getMessage() + "]";
9     }
10  }

11  public class SimpleThrowException {
12    public static void main(String[] args) {
13      SimpleThrowException ste = new SimpleThrowException();
14      try {
15        ste.throwIt();
16      } catch (SimpleException e) {
17        System.out.println(e);
18      }
19    }
20    public void throwIt() throws SimpleException {
21      throw new SimpleException("This is a simple exception.");
22    }
23  }
24  /**
25   * output: SimpleException [This is a simple exception.]
26   */
```

反编译后，SimpleThrowException.main()方法字节码片段如清单 8-36 所示。

清单 8-36

```
Code:
  stack=2, locals=3, args_size=1
    0: new           #1   // class com/HotSpotinaction/demo/chap8/SimpleThrowException
    3: dup
    4: invokespecial #16  // Method "<init>":()V
    7: astore_1
    8: aload_1
    9: invokevirtual #17  // Method throwIt:()V
   12: goto          34
   15: astore_2
   16: getstatic     #20  // Field java/lang/System.out:Ljava/io/PrintStream;
   19: aload_2
   20: invokevirtual #26 // Method java/io/PrintStream.println:(Ljava/lang/Object;)V
   23: goto          34
   26: astore_2
   27: getstatic     #20  // Field java/lang/System.out:Ljava/io/PrintStream;
   30: aload_2
   31: invokevirtual #26 // Method java/io/PrintStream.println:(Ljava/lang/Object;)V
```

```
        34: return
Exception table:
    from    to  target  type
      8     12    15    Class com/HotSpotinaction/demo/chap8/SimpleException
      8     12    26    Class java/lang/Exception
```

反编译后，SimpleException.throwIt()方法字节码片段如清单 8-37 所示。

清单 8-37
```
Code:
     stack=3, locals=1, args_size=1
        0: new     #32 // class com/HotSpotinaction/demo/chap8/SimpleException
        3: dup
        4: ldc     #42 // String This is a simple exception.
        6: invokespecial #44
//      Method    com/HotSpotinaction/demo/chap8/SimpleException."<init>":(Ljava/lang/String;)V
        9: athrow
```

可以看出，在 SimpleException.throwIt()方法的 bci 为 9 的指令为 athrow 指令，在客户端程序 SimpleThrowException.main()方法中，try-catch 块字节码的最下面是**异常表**（Exception table）。

我们知道，JVM 在执行方法时，会新建一个栈帧进行执行，一个栈帧包括数据栈，当前操作栈，以及维持的常量表的引用，还有就是异常表。从清单 8-36 中可以看到，异常表中包括两行，其中 from 和 to 表示从 bci 为 8（含 8）的到 bci 为 12（不含 12）的指令间如果发生异常，程序流程将转向 target 指向的 bci 位置去执行代码，若发生的异常类型为 SimpleException，则转向 target=15（即 bci 为 15）的指令去执行；若发生的异常类型是 Exception，则转向 target=26（即 bci 为 26）的指令去执行。异常表中每一条这样的记录，称为为 handler。

在 throwIt 方法中，当程序运行到 bci 为 9 的字节码时，遇到了 athrow 指令。首先，检查操作栈顶（实际上，栈顶元素是 message，异常类型引用是栈顶-1 元素），这时栈顶必须存着类型为 java.lang.Throwable 子类的引用。如果是 null，JVM 抛出 NullPointerException。然后把这个引用出栈，接着搜索当前栈帧的异常表，查找该方法中是否有能处理这个异常的 handler。如果能找到合适的 handler 就会初始化 PC 寄存器指针为此异常 handler 的 target 的偏移地址，接着把当前栈帧的操作栈清空，再把刚刚出栈的引用重新入栈。

如果在当前方法中找不到 handler，那只好把当前方法的栈帧出栈。这意味着程序流程退出当前方法，那么该方法的调用者的栈帧就自然成为当前栈帧了。然后，再对这个新的栈帧重复一次 handler 搜索过程，如果仍然找不到 handler，则继续退出当前栈帧。JVM 就这样一直找下去，如果最终能够找到一个匹配的 handler，则将程序流程转到该 handler 的 target 位置继续执行；否则，直到退出了所有栈帧之后，JVM 仍然没有找到期望的 handler，那么线程就只能终止运行。

在本例中，我们打开 VM 选项 TraceExceptions 跟踪，可以见到如清单 8-38 所示的虚拟机日志。

清单 8-38
```
Exception <a 'SimpleException'> (0x10058270)
 thrown in interpreter method <{method} 'throwIt' '()V' in 'SimpleThrowException'>
 at bci 9 for thread 0x007ee000
Exception <a 'SimpleException'> (0x10058270)
    thrown    in    interpreter    method    <{method}    'main'    '([Ljava/lang/String;)V'    in
```

```
'SimpleThrowException'>
    at bci 9 for thread 0x007ee000
```

虚拟机首先在异常被抛出的方法 throwIt 中寻找 handler，最后在 main 中查找找到了 SimpleThrowException 异常的 hanler。

> **练习 11**
> 打开 VM 选项 TraceExceptions 跟踪异常表 handler 查找过程。
> （提示：分别使用解释模式-Xint 和编译模式-Xcomp）。

> **练习 12**
> 试分析 finally 的实现机制。

> **练习 13**
> 试分析 try-with-resources 的实现机制。

8.8.4 finally

一般来说，如果程序中使用到了资源，且要求在程序使用完毕后释放资源，则可以使用 try-finally 语句块。将资源释放任务放在 finally 代码块中，这样一来，当资源使用完毕后，程序将进入 finally 语句块中，执行自定义的资源释放代码。在 try-finally 语句块中，程序有以下多种路径进入 finally 语句块执行，如图 8-19 所示。

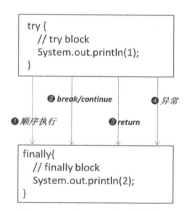

图 8-19 进入 finally 的路径

- 路径❶：try 语句块顺利执行完毕。
- 路径❷：try 语句块中遇到流程跳转语句如 break 或 continue，将程序流程跳转出 try 语句块范围。
- 路径❸：try 语句块中遇到 return。
- 路径❹：try 语句块中遇到异常。

Java 通过组合两种机制，保证程序通过上述所有路径都必须进入 finally 语句块。

- 编译期植入 finally 语句：将 finally 中的语句块复制一份插入 try 语句块字节码后面，保证 try 执行完毕后立即执行 finally 语句块代码。
- 异常表：Java 编译器会为 finally 语句块生成一个 handler，用来捕获 try 语句块范围内的所有类型异常（异常表项 type 为 any，），当 try 语句块中抛出异常时，hanler 捕获到该异常，执行 handler 的处理程序——finally 语句块。

如果是路径❶，编译器将 finally 中的语句块复制一份插入 try 语句块字节码后面，保证 try 执行完毕后立即执行 finally 语句块代码。如图 8-20 所示，编译后的字节码中，在 try 语句块中自动多了一份来自 finally 语句块的字节码拷贝。

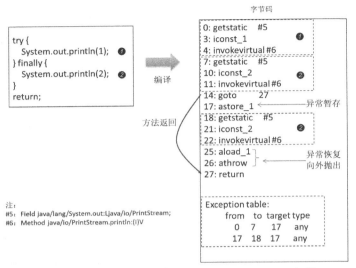

图 8-20　try 语句块顺利执行完毕，进入 finally 语句块

如果是路径❷、路径❸，Java 编译器在 break、continue 或 return 语句之前，植入一份 finally 语句块代码，保证在流程跳转前先执行 finally 语句块代码。

如果是路径❹，hanler 捕获到异常，程序流程跳转到 finally 语句块代码中执行。但是，在执行 finally 语句块之前，handler 先将异常临时保存到局部变量的某个位置中，待执行完 finally 语句块后，再将该异常取出并通过 athrow 指令抛出该异常。异常表中捕获了 try 语句块内的异常后（见图 8-20 中❶），即字节码偏移量范围为 "[0,7]" 内的异常后，程序流程将跳转到偏移量为 17 的位置执行，该处在执行 finally 中 Java 语句之前，通过 astore_1 将异常对象引用暂时存至第 2 个局部变量中，在执行 finally 语句（见图 8-20 中❷）后，aload_1 指令从局部变量中恢复该异常对象引用，并置于栈顶，以便 athrow 指令重新向外抛出该异常。

8.9　小结

本章深入分析了 HotSpot 指令集的架构与设计。并在指令集、语法实现、语言现象这三个层面逐渐展开，引导读者探究指令集的内部原理。

在指令集层面，本章对指令集系统的基础指令进行了细致的分析，例如数据传送指令、类型转换、算数逻辑运算指令和方法的调用和返回指令等。在语法现象层面，分析了诸如程序流程控制、数组访问等方面。在语言现象或面向对象特性方面，我们考察了多态性、异常等方面。通过本章内容的学习和实战练习，读者将具备独立分析虚拟机指令和一些 Java 语言特性的实现机制的能力。

第 9 章　虚拟机监控工具

"仁者见之谓之仁，知者见之谓之知。百姓日用而不知，故君子之道鲜矣。"

——《周易·系辞上》

本章内容
- 虚拟机进程查看工具 jps 的实现
- 虚拟机配置工具 jinfo 的实现
- 堆内存转储工具 jmap 的实现
- 堆内存分析工具 jhat 的实现
- 图形化堆转储文件分析工具 MAT
- 虚拟机统计信息监视工具 jstat 的实现
- Attach、HPROF、Agent、PerfData 等机制
- 线程转储工具 jstack
- 利用 jstack 对程序进行监测和分析

在开发和维护 Java 应用程序时，开发、测试、运维等技术人员常会使用一些 JDK 命令行工具对 JVM 进行配置，或者对 JVM 运行状况展开监控以及故障分析工作。这些 JDK 工具是随着 JDK 自动安装到系统中去的，位于安装目录 JDK/bin 下。

对于 Hotspot 虚拟机来说，这些命令行工具的主要功能是基于 tools.jar 类库实现的。tools.jar（位于安装目录 JDK/lib 下）中的类库并不属于 Java 的标准 API，如果引入这个类库，就意味着程序只能应用在 Oracle HotSpot 或与其兼容的虚拟机上。

除了直接使用这些命令行工具外，我们也可以将这些功能集成到自己的系统中去，甚至可

以扩展原有功能，满足我们的个性化定制需求。本章将展示这种技术，并深入浅出地讲解这些工具的功能、用法、实现原理以及扩展方式，以促进读者熟练掌握虚拟机监控工具。

在介绍具体的工具之前，我们需要先了解一些支撑技术。

9.1 Attach 机制

回忆一下，我们在使用 jconsole、jstack、jmap、jinfo 等工具时，是否曾思考过：原本与 JVM 毫不相干的外部独立程序，它们为何可以从 JVM 中获取运行时信息？或许，这背后有一套连接机制在默默地发挥作用。此外，外部程序在连接时，应用程序仍处于运行状态，因此，这套连接机制还具有一些动态性质。

虚拟机通过一种称为**连接机制**（Attach Mechanism）的技术为监控程序访问虚拟机进程提供了可能。从本质上来说，连接（Attach）到目标 JVM 上的过程，就是建立一个进程间通信通道，通过通道，由客户进程向 JVM 进程下发命令，JVM 进程向客户进程返回数据的过程，如图 9-1 所示。

图 9-1　Hotspot Attach VM 机制示意图

在不同操作系统平台上，某些细节实现可能会有些差别，但连接机制的总体思路是一致的：由虚拟机本身提供连接接口，一旦有外部程序连接进来，则在双方之间建立通信通道。外部进程可以向虚拟机进程下发命令，待虚拟机执行完命令，再通过这个通道返回结果。

接下来，我们以 Windows 平台上的具体实现为例，来讨论一下连接机制的实现。

9.1.1　AttachProvider 与 VirtualMachine

AttachProvider 是连接功能的提供者。当与目标 JVM 建立连接后，由 VirtualMachine 向目标 JVM 发送命令。

在 Oracle JDK 的实现中，AttachProvider 是由抽象类 AttachProvider 表示的。一个 AttachProvider 是拥有无参构造器并实现了抽象方法的 AttachProvider 类的具体子类。在实现上，它通常依赖于 Java 虚拟机的具体实现版本。也就是说，一个特定的 AttachProvider 通常只能够连接到一个特定实现版本的 Java 虚拟机上。例如，Oracle JDK 实现的 AttachProvider，只能连接到 Oracle 提供的 HotSpot 虚拟机。一般情况下，如果环境包含的 Java 虚拟机来自不同的版本或供应商，那应当有一个适配各种实现版本的 AttachProvider。

AttachProvider 有自己的名称和类型。该名称通常对应一个虚拟机厂商，但这并不是必需的。名称和类型的作用在于，在安装了多个 AttachProvider 的环境中起到区分作用。在 Oracle JDK 的实现中，名称统一为 "sun"。类型通常对应于不同的连接机制。例如，在 Solaris 平台上，使用了由 Solaris 系统提供的进程间通信机制 "doors"，故其连接类型为 "doors"；在 Windows 平台上，其连接类型为"windows"；在 Linux 平台上，其连接类型为"socket"。

AttachProvider 类实现加载并实例化在第一次调用 providers()方法。此方法尝试加载平台上已安装的所有 attach provider。在 AttachProvider 类中的所有方法都是线程安全的。

AttachProvider 定义了抽象方法 attachVirtualMachine()，用来实现连接到 JVM。它需要在具体子类中实现，如清单 9-1 所示。

清单 9-1
来源：jdk/src/share/classes/com/sun/tools/attach/VirtualMachine.java
描述：VirtualMachine 抽象类

```
1   public abstract VirtualMachine attachVirtualMachine(String id)
2       throws AttachNotSupportedException, IOException;
```

参数 id 是标识虚拟机进程的标识符。如果此标识符不能被具体的 AttachProvider 正确解析，attachVirtualMachine()方法将抛出 AttachNotSupportedException 异常。当 id 被正确解析后，如果 AttachProvider 检测到与 id 对应的目标 JVM 不存在，或者目标 JVM 的类型或版本并不支持此 AttachProvider 的连接机制，该方法将抛出 AttachNotSupportedException 异常。

Windows 平台上的 AttachProvider 具体实现为 WindowsAttachProvider。当程序试图连接目标 JVM 时，将执行 attachVirtualMachine()方法达到这一目的。

在连接时必须考虑的一点是，目标 JVM 是否支持 attach 机制。这可以通过辅助类 MonitoredVmUtil 的 isAttachable()方法进行判断。若目标 JVM 并不支持连接，那么连接尝试将以失败告终，应用程序将抛出 AttachNotSupportedException 异常，异常描述信息为：

```
The VM does not support the attach mechanism
```

若目标 JVM 支持连接机制，那么将顺利创建一个 VirtualMachine 对象供程序使用。VirtualMachine 的作用是向目标 JVM 发送命令。图 9-2 描述了 VirtualMachine 类层次结构图。VirtualMachine 类是抽象类，定义了一些公共的虚拟机操作。而在具体的 HotSpot 虚拟机实现中，则在抽象类 HotSpotVirtualMachine 中定义了大部分功能，如下所示。

- loadAgentLibrary：加载代理库。
- getSystemProperties：获取系统属性。
- getAgentProperties：获取代理属性。
- localDataDump：获取本地数据。
- remoteDataDump：获取远程数据。
- dumpHeap：获取堆转储。
- heapHisto：获取堆直方图。
- setFlag：设置命令行 VM 选项。
- printFlag：打印命令行 VM 选项。

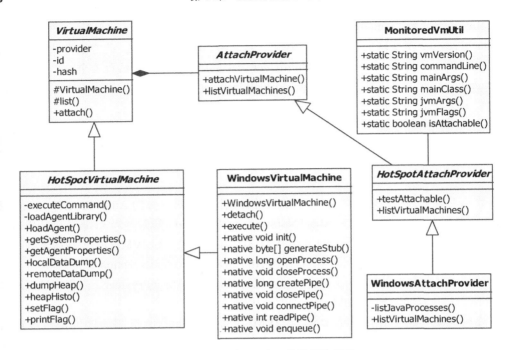

图 9-2　VirtualMachine 类图层次结构

HotSpotVirtualMachine 类的具体实现依赖于特定的操作系统平台，因此在不同的操作系统平台上，分别实现了具体的子类<OSType>VirtualMachine。其中，<OSType>表示操作系统类型。如图 9-2 所示，在 Windows 平台上，具体子类为 WindowsVirtualMachine。

HotSpotVirtualMachine 实现的各项功能具有一个共同点：均是通过调用 execute()函数向目标 JVM 发送命令，让 JVM 进程执行这些命令。这些功能函数只是下发命令，稍后我们将看到这些命令在何时何地得到真正的执行。

在 HotSpotVirtualMachine 类中声明了 execute()抽象方法，它的实现依赖具体的操作系统平台。在 Windows 平台上，是在 HotSpotVirtualMachine 子类 WindowsVirtualMachine 中实现的。

在 WindowsVirtualMachine 的构造函数中，将依次调用 openProcess()、enqueue()等函数。值得注意的是，在 WindowsVirtualMachine 中定义了一段加载 attach.dll 的静态函数，即调用下面这行代码：

```
System.loadLibrary("attach");
```

这暗示了加载 attach.dll 的时机：在创建 WindowsVirtualMachine 的实例对象的同时，便会将动态链接库 attach.dll 加载进来。类似地，在 LinuxVirtualMachine 和 SolarisVirtualMachine 中也是用相同方式加载了 attach 库。

9.1.2 命令的下发：execute()

除了构造器，WindowsVirtualMachine 类中最主要的是实现了 execute()函数。execute()函数通过**管道**（pipe）与 JVM 进程进行通信。我们可以看一下 execute()函数的定义，如清单 9-2 所示。

清单 9-2
来源：jdk/src/windows/classes/sun/tools/attach/WindowsVirtualMachine.java
描述：WindowsVirtualMachine 类

```java
 1    InputStream execute(String cmd, Object ... args)
 2      throws AgentLoadException, IOException
 3    {
 4      assert args.length <= 3;          // includes null
 
 5      // create a pipe using a random name
 6      int r = (new Random()).nextInt();
 7      String pipename = "\\\\.\\pipe\\javatool" + r;
 8      long hPipe = createPipe(pipename);
 
 9      // check if we are detached - in theory it's possible that detach is invoked
10      // after this check but before we enqueue the command.
11      if (hProcess == -1) {
12        closePipe(hPipe);
13        throw new IOException("Detached from target VM");
14      }
 
15      try {
16        // enqueue the command to the process
17        enqueue(hProcess, stub, cmd, pipename, args);
 
18        // wait for command to complete - process will connect with the
19        // completion status
20        connectPipe(hPipe);
 
21        // create an input stream for the pipe
22        PipedInputStream is = new PipedInputStream(hPipe);
 
23        // read completion status
24        int status = readInt(is);
25        if (status != 0) {
26          // special case the load command so that the right exception is thrown
27          if (cmd.equals("load")) {
28            throw new AgentLoadException("Failed to load agent library");
29          } else {
30            throw new IOException("Command failed in target VM");
31          }
32        }
 
33        // return the input stream
34        return is;
 
35      } catch (IOException ioe) {
36        closePipe(hPipe);
37        throw ioe;
38      }
39    }
```

execute()函数接收两个参数：表示具体虚拟机命令的 String 类型参数 cmd，以及变长参数列表 args。函数返回 InputStream。下面列出了常见的虚拟机命令，如表 9-1 所示。

表 9-1　　　　　　　　　　　　　虚拟机命令

方　　法	命令（cmd）	执　行　功　能
loadAgentLibrary	"load"	加载 agent 库
getSystemProperties	"properties"	发送 properties 命令
getAgentProperties	"agentProperties"	发送 properties 命令
localDataDump	"datadump"	SIGQUIT
remoteDataDump	"threaddump"	远程 ctrl-break
dumpHeap	"dumpheap"	远程 heap dunp
heapHisto	"inspectheap"	堆直方图
setFlag	"setflag"	设置命令行 flag
printFlag	"printflag"	输出命令行 flag

execute()函数执行以下几个步骤。

- 创建管道：调用 native 函数 createPipe()创建管道。在本地实现中，这是依靠调用 Windows 系统调用 CreateNamedPipe 创建一个命名管道的。
- 命令入队列：调用 native 函数 enqueue()将命令传给目标 JVM 进程，并将其插入队列尾部。
- 连接管道：调用 native 函数 connectPipe()等待目标进程完成执行命令。
- 读取返回信息：从管道中读取返回的字节流（命名管道提供了两种通信模式：字节模式和消息模式，WindowsVirtualMachine 使用了字节模式）。首先从管道中读取首字节，这是一个返回码，若是 0，则表示通信成功，服务器返回正常信息，将这个输入流返回给上层。上层调用者通过输入流继续读取管道中剩余的字节流，即得到了目标 JVM 执行指定命令后返回的信息。以 jstack 工具为例，JStack 读取输入流中的信息并以字符串的形式输出，即得到了 JVM 执行命令 "threaddump" 的结果——线程转储数据。

execute 函数所依赖的一些本地方法，位于动态链接库 attach.dll 中。在编译 JDK 时，这些方法将被编译到动态链接库 attach.dll 中。JDK 安装时，attach.dll 将被安装到 JRE 路径的 bin 目录下，以供运行时加载调用。

通过一些查看动态库的工具，我们也可以直接看到这些函数，如图 9-3 所示。对于想深入底层一探究竟的读者来说，可以在 WindowsVirtualMachine.c 中找到这些 native 函数的实现，源代码位于 jdk/src/windows/native/sun/tools/attach/WindowsVirtualMachine.c。另外，Linux 和 Solaris 的实现源文件均位于 jdk/src/solaris/native/sun/tools/attach 目录下，分别为 LinuxVirtualMachine.c 和 SolarisVirtualMachine.c。

9.1　Attach 机制

函数名称	偏移地址	顺序数
Java_sun_tools_attach_WindowsAttachProvider_enumProcesses	0x6d121150	1 (0x1)
Java_sun_tools_attach_WindowsAttachProvider_isLibraryLoadedByProcess	0x6d1211d8	2 (0x2)
Java_sun_tools_attach_WindowsAttachProvider_tempPath	0x6d121000	3 (0x3)
Java_sun_tools_attach_WindowsAttachProvider_volumeFlags	0x6d1210bc	4 (0x4)
Java_sun_tools_attach_WindowsVirtualMachine_closePipe	0x6d121444	5 (0x5)
Java_sun_tools_attach_WindowsVirtualMachine_closeProcess	0x6d121444	6 (0x6)
Java_sun_tools_attach_WindowsVirtualMachine_connectPipe	0x6d121450	7 (0x7)
Java_sun_tools_attach_WindowsVirtualMachine_createPipe	0x6d1218f8	8 (0x8)
Java_sun_tools_attach_WindowsVirtualMachine_enqueue	0x6d12199c	9 (0x9)
Java_sun_tools_attach_WindowsVirtualMachine_generateStub	0x6d1213d4	10 (0xa)
Java_sun_tools_attach_WindowsVirtualMachine_init	0x6d1213a8	11 (0xb)
Java_sun_tools_attach_WindowsVirtualMachine_openProcess	0x6d12175c	12 (0xc)
Java_sun_tools_attach_WindowsVirtualMachine_readPipe	0x6d121494	13 (0xd)

图 9-3　动态链接库 attach.dll 中的 native 方法

9.1.3　命令的执行：Attach Listener 守护线程

Attach Listener 线程的创建：在 JVM 启动时创建守护线程 "Signal Dispatcher"，当我们执行 attach 方法时，会向目标 JVM 进程发出 SIGQUIT 信号，虚拟机收到这个信号之后就会创建 Attach Listener 线程了。

当目标 JVM 启动了 Attach Listener 线程后，线程将从**虚拟机命令队列**（VMOperatioQueue，或称为**虚拟机操作队列**）的队头取命令并解析，然后将命令分发给指定的命令处理函数去执行。这些命令如清单 9-3 所示。

清单 9-3
来源：hotspot/src/share/vm/services/attachListner.cpp
描述：AttachOperationFunctionInfo

```
1   // Table to map operation names to functions.
2   static AttachOperationFunctionInfo funcs[] = {
3     { "agentProperties",  get_agent_properties },
4     { "datadump",         data_dump },
5     { "dumpheap",         dump_heap },
6     { "load",             JvmtiExport::load_agent_library },
7     { "properties",       get_system_properties },
8     { "threaddump",       thread_dump },
9     { "inspectheap",      heap_inspection },
10    { "setflag",          set_flag },
11    { "printflag",        print_flag },
12    NULL,                 NULL }
13  };
```

待 JVM 执行完毕后，将返回相应的信息给调用方。最终，由外部程序得到期望的数据。

接下来，我们将进一步了解一些虚拟机监控工具，看一看它们是如何获取和处理期望的数据的。

9.2 查看 JVM 进程

与 UNIX 命令 ps 类似，jps 工具用来列举系统中正在运行的 Java 进程。从 JDK 1.5 开始，jps 工具随 Oracle JDK 发布。

9.2.1 用 jps 查看 Java 进程

相较于后面将看到的一些工具，jps 算是一个入门的基本命令。由于可提供的功能有限，因此 jps 命令使用起来也格外简单。它的命令格式如下：

```
jps [ option ] [ hostid ]
```

其中，option 表示命令选项，可以是以下几个选项。

- -q 选项：不输出类名称、JAR 文件名称和应用程序主方法的参数，仅列出本地虚拟机标识符。
- -m 选项：输出传递到应用程序主方法的参数。
- -l 选项：输出应用程序主类的完整包名，或 JAR 文件的完整路径。
- -v 选项：输出虚拟机参数。
- -V 选项：输出通过标识文件传递给虚拟机的参数。标识文件（flags file）为 .hotspotrc 文件或者在虚拟机参数中指定的文件名（-XX:Flags=<filename> argument）。

另外，hostid 即主机标识符（host identifier），是用来定位目的主机位置的一串字符。hostid 字符串的语法类似 URI 的语法，其形式如下：

```
[ protocol: ][[ // ] hostname ][ :port ][ /servername ]
```

对以上这些参数进行一下说明。

- protocol：表示通信协议。如果省略 protocol，且不指定 hostname，则默认采用一个依赖于平台的本地协议。如果省略 protocol，但指定 hostname，那么默认采用 RMI 协议。
- hostname：指定主机名，一个主机名或 IP 地址指示目标主机。如果省略 hostname，则默认目标主机为本地主机。
- port：指定端口号，与远程服务器通信的默认端口。如果省略 hostname 或者 protocol 指定为本地协议，则端口号将被忽略，否则，端口号依赖于特定实现。对于默认 RMI 协议，端口号为远程主机上注册 RMI 服务的端口号。如果省略端口，且协议指定为 RMI，那么默认 RMI 服务注册端口为 1099。
- servername：这个参数依赖于具体实现。对于本地协议，该参数被忽略。对于 RMI 协议，该参数是一个以字符串表示的在远程主机上的 RMI 远程对象。详情请参考 jstatd 命令（-n 选项）。

值得留意的是，jps 命令在不同版本的 JDK 中，它的选项及参数的含义可能会有所区别，请读者以实际版本的帮助说明为准。

事实上，jps 仅仅是利用了辅助工具类 MonitoredVmUtil，便可以轻松地获得上述信息。

MonitoredVmUtil 实现了一系列获得虚拟机监视器（monitor）信息的接口方法，这些方法通过读取并解析共享内存 PerfMemory 的命名变量，能够捕获虚拟机监视器信息。这些监视器包括以下几项。

- 虚拟机版本（vmVersion）：对应 monitor 名字 "java.property.java.vm.version"。
- 命令行（commandLine）：对应 monitor 名字 "sun.rt.javaCommand"。
- 主程序参数（mainArgs）：通过解析 "sun.rt.javaCommand" 得到的命令行细分信息。
- 主程序（mainClass）：通过解析 "sun.rt.javaCommand" 得到的命令行细分信息。
- 虚拟机参数（jvmArgs）：对应 monitor 名字 "sjava.rt.vmArgs"。
- 虚拟机选项（jvmFlags）：对应 monitor 名字 "java.rt.vmFlags"。
- 虚拟机功能集（jvmCapabilities）：对应 monitor 名字 sun.rt.jvmCapabilities。在虚拟机内部表示中，sun.rt.jvmCapabilities 是由一串 64 位的二进制串表示的，其格式形如 "1000000000000000000000000000000000000000000000000000000000000000"。其中每一位均为有特定含义的标志位，例如，通过检测第 0 号位置的标志位，就可以判断目标 JVM 是否允许连接。

MonitoredVmUtil 能够查询上述监视器，通过解析监视器内容，获得 jps 所关心的主要数据。获取监视器的实现步骤如下。

（1）获得 MonitoredVm。通过 MonitoredHost 的具体实现类可以得到 MonitoredVm。MonitoredHost 是一个抽象类，定义了一些抽象函数成员，包括 getMonitoredHost()、getMonitoredVm() 等函数。根据目标虚拟机的 host 类型，系统提供了三种不同的 MonitoredHostProvider。这三种 MonitoredHostProvider 虽然同名，但分别位于不同的包中以作区分。

根据 host 的三种类型（RMI、local 和 file），这三个 MonitoredHostProvider 类分别位于包 sun.jvmstat.perfdata.monitor.protocol.<ProtocolType> 中（<ProtocolType> 分别为 RMI、local 和 file）。依次调用 MonitoredHostProvider 对象的 getMonitoredHost 和 getMonitoredVm 方法，可以分别获得特定 host 类型的 MonitoredHost 和 MonitoredVm。

（2）创建 PerfData 缓存。在创建具体类型的 MonitoredVm 的同时，也会创建一个具体类型为 local、RMI 或 file 的 PerfDataBuffer 对象实例。

PerfDataBuffer 继承自 AbstractPerfDataBuffer，拥有其继承自父类的成员变量 impl。impl 将在运行期绑定具体类型（例如 sun.jvmstat.perfdata.monitor.v2_0.PerfDataBuffer）。impl 继承了父类 PerfDataBufferImpl 的一些成员，如 buffer、monitors、lvmid、aliasMap、aliasCache 等，围绕这些成员，impl 拥有 buildMonitorMap、findByName 和 findByPattern 等方法，可以提供监

视器 map 的创建、数据据获取和查找功能。

在 PerfDataBuffer 的构造函数中，将调用抽象类 AbstractPerfDataBuffer 实现的公用函数 createPerfDataBuffer，创建出一个 PerfDataBufferImpl 对象实例 impl。这个过程对于 RMI、local 或 file 类型，都是一样的，区别在于 createPerfDataBuffer 入参 bb（ByteBuffer）的赋值来源不一样，这个与目标 JVM 的 PerfData 数据共享的机制差异有关。

图 9-4 描述了 createPerfDataBuffer 方法的调用层次。PerfDataBuffer 在构造函数中调用 createPerfDataBuffer 函数前，将首先创建 bb。bb 的来源根据目标主机的类型不同，其实现机制也有所区别。以 local 类型 PerfDataBuffer 为例，对于本地 JVM，可以通过客户端程序连接到其 PerfData 内存区域。具体来说，客户端程序通过调用其成员 perf 的连接函数，连接到目标 JVM 的 PerfData 内存区。连接通过 native 函数实现，native 函数最终调用虚拟机 jni 接口函数 jin_NewDirectByteBuffer 向上层返回 buffer 地址。对于 RMI 和 file 类型的 bb 参数，可以参考源代码 sun.jvmstat.perfdata.monitor.protocol.<ProtocolType>.PerfDataBuffer.java。

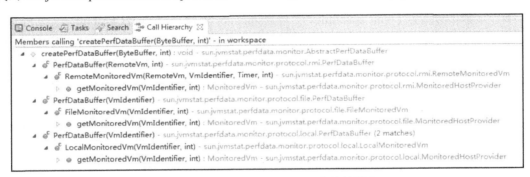

图 9-4　createPerfDataBuffer 方法的层次

（3）创建 MonitorMap。MonitoredVm 通过解析目标主机的 PerfData 共享数据，将 PerfData 中数据按名称写入一个 Map<String, Monitor>，这个 map 称为 moniters（PerfDataBufferImpl 类中成员）。这样，后续如果需要查找 monitor，只需要以名字为 key 在 monitor 中查找即可。

注意　由于在新老不同版本的 JDK 中，同一个 monitor 可能具有不同的名字，为保持兼容，在 buildMonitorMap 的同时，PerfDataBufferImpl 也创建了另外一张别名表（aliasMap）。aliasMap 里面存放了一些 monitor 的别名，这样在按名称查找 monitor 的时候，先在 monitors 表查找指定名字的 monitor。若在 monitors 表中没找到，则再去 aliasMap 里查找，看该 monitor 是否还有其他别名，若能找到别名，则用此别名作为 key，再次去 monitors 中寻找。别名表是预配置在一个文件中的，位于的包 sun.jvmstat.perfdata.resources 中（见 tools.jar），文件命名为 aliasmap，aliasmap 文件中包含有大量的别名对应关系。在 PerfDataBufferImpl 类进行 buildAliasMap 时，将读取并解析该文件的别名关系，存放到 aliasMap 中。

（4）根据监视器名称获取指定监视器。有两种查找方式，分别是 findByName()和 findBy

Pattern() 函数。顾名思义，前者通过完整的 monitor 名称查找，而后者通过正则表达式匹配。

除了上述监视器之外，还有一些隐藏的监视器也可以供我们使用。在下一节中，我们将利用这些隐藏的监视器，尝试扩展 jps 的功能，获取更多信息。

9.2.2 实战：定制 jps，允许查看库路径

现在，我们想扩展 jps 的功能：新增"-p"选项，允许用户查看 JVM 的库路径（library path）；另外，再新增"-c"选项，允许用户查看 JVM 的完整的 jvmCapabilities；最后，我们还想知道那些对我们"隐藏"的监视器。那么，我们再添加"-A"选项，允许用户列出所有监视器。

接下来，需要对 OpenJDK 源代码做些小的改动。我们现在要实现 3 个 Java 类，它们分别是表示参数的 MyArguments 类、工具类 MyMonitoredVmUtil 和主程序类 MyJps。

1. 新增参数

由于程序新增了 3 个选项，那么参数解析代码也需要支持这 3 个新参数，如清单 9-4 所示。

清单 9-4
来源：com.hotspotinaction.demo.chap9.myjps.MyArguments
描述：为 MyJps 新增参数

```
1    ……
2    public class MyArguments {
3      ……
4      private boolean libPath;
5      private boolean jvmCapabilities;
6      private boolean listMonitors;
7      ……
8      public static void printUsage(PrintStream ps) {
9        ps.println("usage: jps [-help]");
10       ps.println("       jps [-q] [-mlvVpcA] [<hostid>]");
11       ps.println();
12       ps.println("Definitions:");
13       ps.println("    <hostid>:      <hostname>[:<port>]");
14     }
15     public MyArguments(String[] args) throws IllegalArgumentException {
16       ……
17       for (int j = 1; j < arg.length(); j++) {
18         switch (arg.charAt(j)) {
19           case 'm':
20             mainArgs = true;
21             break;
22             ……
23           case 'p':
24             libPath = true;
25             break;
26           case 'c':
27             jvmCapabilities = true;
28             break;
39           case 'A':
30             listMonitors = true;
31             break;
32           default:
```

```
33              throw new IllegalArgumentException("illegal argument: "   + args[argc]);
34         }
35      ……
37      }
38    ……
39 }
   /**
    * 查看VM的 library path
    */
40 public boolean showLibPath() {
41    return libPath;
42 }
   /**
    * 查看VM的 jvmCapabilities
    */
43 public boolean showJvmCapabilities() {
44    return jvmCapabilities;
45 }
   /**
    * 列出VM的 monitors
    */
46 public boolean listMonitors() {
47    return listMonitors;
48 }
49 }
```

以上清单中加粗的程序段即为在Jps.java的基础上新增的代码。

2．新增工具方法

模仿MonitoredVmUtil，我们在工具类MyMonitoredVmUtil中新增3个自定义方法libraryPath()、capabilities()和listMonitors()，这3个方法分别对应于"-p"、"-c"和"-A"选项的实现。

在MonitoredVmUtil的基础上进行适当扩展，调整后的程序如清单9-5所示。

清单9-5
来源：com.hotspotinaction.demo.chap9.myjps.MyMonitoredVmUtil
描述：为MyJps新增工具方法

```
1  ……
2  public class MyMonitoredVmUtil {
3     ……
      /**
       * 获得指定虚拟机支持的所有监视器 (Monitor:StringMonitor)
       */
4     public static List listMonitors(MonitoredVm vm) throws MonitorException {
5        List<Monitor> listMonitors = vm.findByPattern(".+");
6        for (int i = 0; i < listMonitors.size(); i++) {
7           Monitor m = listMonitors.get(i);
8           if (m instanceof StringMonitor) {
9              System.out.println(((StringMonitor) m).getName() + ": "
                                  + ((StringMonitor) m).stringValue());
10          } else if (m instanceof LongMonitor) {
```

```
11          System.out.println(((LongMonitor) m).getName() + ": "
                    + ((LongMonitor) m).longValue());
12      } else if (m instanceof IntegerMonitor) {
13          System.out.println(((IntegerMonitor) m).getName() + ": "
                    + ((IntegerMonitor) m).intValue());
14      } else if (m instanceof ByteArrayMonitor) {
15          System.out.println(((ByteArrayMonitor) m).getName() + ": "
                    + ((ByteArrayMonitor) m).byteArrayValue());
16      }
17    }
28    return listMonitors;
29  }

20  ……

    /**
     * 获得动态链接库路径 java.property.java.library.path=
     */
21  public static String libraryPath(MonitoredVm vm) throws MonitorException {
22    StringMonitor libraryPath = (StringMonitor) vm
                .findByName("java.property.java.library.path");
23    return (libraryPath == null) ? "Unknown" : libraryPath.stringValue();
24  }

    /** 获得JVM能力集 */
25  public static String capabilities(MonitoredVm vm) throws MonitorException {
26    StringMonitor libraryPath = (StringMonitor) vm
                .findByName("sun.rt.jvmCapabilities");
27    return (libraryPath == null) ? "Unknown" : libraryPath.stringValue();
28  }
29  }
```

3. 实现主程序

待上述工具方法准备就绪后，就可以编写客户端程序实现功能了。MyJps 程序的骨干代码，如清单 9-6 所示。

清单 9-6
来源：com.hotspotinaction.demo.chap9.myjps.MyJps
描述：MyJps 主程序

```
1   ……
2   public class MyJps {
3     ……
4     public static void main(String[] args) {
5       ……
6       if (myArguments.showVmArgs()) {
7         errorString = " -- jvm args information unavailable";
8         String jvmArgs = MyMonitoredVmUtil.jvmArgs(vm);
9         if (jvmArgs != null && jvmArgs.length() > 0) {
10          output.append(" " + jvmArgs);
11        }
12      }
13      if (myArguments.showLibPath()) {
14        errorString = " -- library path information unavailable";
15        String jvmFlags = MyMonitoredVmUtil.libraryPath(vm);
16        if (jvmFlags != null && jvmFlags.length() > 0) {
17          output.append(" " + jvmFlags);
```

```
18        }
19      }
20      if (myArguments.showJvmCapabilities()) {
21        errorString = " -- Jvm Capabilities information unavailable";
22        String jvmFlags = MyMonitoredVmUtil.capabilities(vm);
23        if (jvmFlags != null && jvmFlags.length() > 0) {
24          output.append(" " + jvmFlags);
25        }
26      }
27      if (myArguments.listMonitors()) {
28        errorString = " -- listMonitors information unavailable";
29        List<Monitor> list = MyMonitoredVmUtil.listMonitors(vm);
30        for (Monitor m : list) {
31          StringMonitor s = (StringMonitor) m;
32          output.append(" " + s.stringValue());
33        }
34      }
35      ……
36 }
```

4．运行查看

程序准备妥当，便可指定新选项，运行主程序，便可以得到我们期望的信息。

9.3 查看和配置 JVM

当 JVM 出现故障时，我们需要查看它的参数配置情况，甚至希望在不重启程序的前提下修改 JVM 的配置。这个时候，可以使用 jinfo 工具来达到目的。

9.3.1 用 jinfo 查看 JVM 参数配置

使用 jinfo 可以查看 JVM 参数和系统属性配置，并允许动态调整 VM 选项。jinfo 的命令格式如下：

```
jinfo [ option ] < pid >
jinfo [ option ] <executable <core>
jinfo [ option ] [server_id@]<远程debug服务器 IP 或主机名>
```

其中，option 表示命令选项，可以是以下这些选项。

- -flag <name>：输出指定名称的 VM 选项。
- -flag [+|-] <name>：启动或关闭指定名称的 VM 选项。
- -flag <name>=<value>：将指定名称的 VM 选项设置成传入的值。
- -flags：输出 VM 选项值。
- -sysprops：输出虚拟机系统属性值。
- <未指定选项>：输出虚拟机参数值和 Java 系统属性值。

值得注意的是，在较低版本的 JDK 中并没有提供 jinfo，这是因为这些版本的 JVM 不支持 attach 机制。如果强制连接，会报这样的错误：

```
The VM does not support the attach mechanism
```

在 HotSpot 的 runtime 模块中，C++类 Arguments 用来传递 JVM 参数和选项信息。jinfo 的目标便是读取到这些信息。在设计上，应用程序 jinfo 利用连接机制连接到 JVM 进程，通过相应接口读取 C++类 Arguments 信息，并将数据成员镜像映射到 Java 同名类 Arguments 中（位于 sun.jvm.hotspot.runtime 包中）。

在 Java 镜像类 Arguments 中定义了以下几个数据成员：

- jvmFlagsField，映射 C++类的_jvm_flags_array 成员；
- jvmArgsField，映射 C++类的_jvm_args_array 成员；
- javaCommandField，映射 C++类的_java_command 成员；
- jvmArgsCount，映射 C++类的_num_jvm_args 成员；
- jvmFlagsCount，映射 C++类的_num_jvm_flags 成员。

实现 jinfo 的主体程序如下所示。

- 主程序，见/jdk/src/share/classes/sun/tools/jinfo/JInfo.java;
- 基础类，见/hotspot/agent/src/classes/sun/jvm/hotspot/tools/JInfo.java。

启动 jinfo 后，连接到正在运行的目标 JVM 上，通过读取和解析映射过来的指定的 Arguments 成员，便可得到相应的 JVM 配置信息。

例如，数据成员 jvmFlagsCount 和 jvmFlagsField 分别表示虚拟机的 flags 的数量和值；jvmArgsCount 和 jvmArgsField 则分别表示虚拟机参数的数量和值；而 javaCommandField 表示的则是虚拟机命令行参数。

正如上面看到的那样，jinfo 利用 Arguments 实现-flags。此外，jinfo 利用 SysPropsDumper 实现了另一个选项-sysprops。

1. -flags 选项

我们知道，jinfo 只需读取上述 Arguments 成员变量值，便可获取虚拟机相应参数值。这些成员是在 Java 类 Arguments 初始化时得到赋值的。初始化方法如清单 9-7 所示。

清单 9-7
来源：sun.jvm.hotspot.runtime.Arguments
描述：jinfo 的实现

```
1    private static synchronized void initialize(TypeDataBase db) {
2      Type argumentsType = db.lookupType("Arguments");
3      jvmFlagsField = argumentsType.getAddressField("_jvm_flags_array");
4      jvmArgsField = argumentsType.getAddressField("_jvm_args_array");
5      javaCommandField = argumentsType.getAddressField("_java_command");
6      jvmArgsCount = argumentsType.getCIntegerField("_num_jvm_args")   .getValue();
```

```
7      jvmFlagsCount = argumentsType.getCIntegerField("_num_jvm_flags").getValue();
8    }
```

数据成员得到初始化后，jinfo 的-flags 选项即可调用 Arguments 的 get()方法向用户呈现期望得到的信息，如清单 9-8 所示。

清单 9-8
来源：sun.jvm.hotspot.runtime.Arguments
描述：jinfo 的实现
```
1    private void printVMFlags() {
2      String str = Arguments.getJVMFlags();
3      if (str != null) {
4        System.out.println(str);
5      }
6      str = Arguments.getJVMArgs();
7      if (str != null) {
8        System.out.println(str);
9      }
10   }
```

getJVMFlags()和 getJVMArgs()分别输出 jvmFlagsField 和 jvmArgsField，即虚拟机 flags 值和虚拟机参数值。

2．-sysprops 选项

事实上，除了 jinfo 程序，还有一个工具程序 SysPropsDumper 用做实现-sysprops 选项。

与 jinfo 的实现类 JInfo 一样，SysPropsDumper 也继承自抽象类 Tool。Tool 为减轻客户端程序（即这些工具程序）开发难度，将那些必要工作封装好，这样客户端程序只需要关注自身的业务即可。这些公共工作包括：输出命令帮助信息、attach 到目标（JVM 进程、核心文件或远程服务器）以及断开目标。

事实上，attach/detach 功能是由一个代理组件实现的，即 Tool 的 BugSpotAgent 类型成员 agent。在 Tool.start()中，首先会利用这个 agent 实现进程的连接（第 6、10、14 行），然后启动客户端的 run()方法（第 19 行）。客户端通过自定义 run()方法的代码，实现程序自身的业务逻辑，如清单 9-9 所示。

Tool 实现自 Runnable 接口，这意味着客户端程序将启动线程执行自身的 run()方法。一般来说，客户端程序需要实现 run()方法，用于实现自身的业务逻辑；另外，需要在 main()方法中完成调用父类的 start()和 stop()方法，以启动 run()方法和断开连接。

清单 9-9
来源：sun.jvm.hotspot.tools.Tool
描述：Tool.start()的部分实现
```
1    agent = new BugSpotAgent();
2    try {
3      switch (debugeeType) {
4        case DEBUGEE_PID:
5          err.println("Attaching to process ID " + pid + ", please wait...");
6          agent.attach(pid);
7          break;
```

```
 8      case DEBUGEE_CORE:
 9        err.println("Attaching to core " + coreFileName +
                      " from executable " + executableName + ", please wait...");
10        agent.attach(executableName, coreFileName);
11        break;
12      case DEBUGEE_REMOTE:
13        err.println("Attaching to remote server " + remoteServer + ", please wait...");
14        agent.attach(remoteServer);
15        break;
16    }
17  }
18  ……
19  run();
```

当客户端程序运行时,将会启动 Tool.start()函数,创建 BugSpotAgent 对象,并根据连接目标类型触发相应的重载 attach()函数,使客户端进程连接到目标 JVM 进程、核心文件或是远程服务器。

SysPropsDumper 通过调用 JVM(位于 sun.jvm.hotspot.runtime 包中)的 getSystemProperties 方法,可以列出 JVM 的系统属性。SysPropsDumper 的 run 方法如清单 9-10 所示。

清单 9-10
来源:sun.jvm.hotspot.tools.SysPropsDumper
描述:jinfo -sysprops 的实现

```
 1  package sun.jvm.hotspot.tools;
 2  import java.io.PrintStream;
 3  import java.util.*;
 4  import sun.jvm.hotspot.runtime.*;
 5  public class SysPropsDumper extends Tool {
 6    public void run() {
 7      Properties sysProps = VM.getVM().getSystemProperties();
 8      PrintStream out = System.out;
 9      if (sysProps != null) {
10        Enumeration keys = sysProps.keys();
11        while (keys.hasMoreElements()) {
12          Object key = keys.nextElement();
13          out.print(key);
14          out.print(" = ");
15          out.println(sysProps.get(key));
16        }
17      } else {
18        out.println("System Properties info not available!");
19      }
20    }
21    public static void main(String[] args) {
22      SysPropsDumper pd = new SysPropsDumper();
23      pd.start(args);
24      pd.stop();
25    }
26  }
```

getJVMFlags 和 getJVMArgs 输出的分别是 jvmFlagsField 和 jvmArgsField,即虚拟机标识值和虚拟机参数值。

9.3.2 实战：扩展 flags 选项，允许查看命令行参数

本次实战将扩展-flags 选项功能，在输出虚拟机标识和参数的基础上，增加输出更多的信息。

1. 增加输出 Java 命令行参数

首先，我们想获得 Java 命令行参数。这个需求很容易实现，只需要在 printVMFlags() 方法中增加一个方法调用即可，调整后的 printVMFlags() 方法如清单 9-11 所示（见粗字体部分）。

清单 9-11
来源：sun.jvm.hotspot.runtime.Arguments
描述：MyJInfo 的实现

```
1   private void printVMFlags() {
2     String str = Arguments.getJVMFlags();
3     if (str != null) {
4       System.out.println(str);
5     }
6     str = Arguments.getJVMArgs();
7     if (str != null) {
8       System.out.println(str);
9     }
10    str = Arguments.getJavaCommand();
11    if (str != null) {
12      System.out.println(str);
13    }
14  }
```

新增的代码实际上是读取了 Arguments 类的_java_command 成员变量，它持有外界传递给 class 或 jar 程序的命令行参数。

2. 输出更加丰富的信息

接下来，我们则希望输出更多的命令行参数信息。这可以通过在 JInfo 主程序中植入一个新的工具来达到目的。

这时，需要对 run() 方法做一些小的调整，修改后的 run() 方法如清单 9-12 所示。

清单 9-12
来源：sun.jvm.hotspot.tools.jinfo
描述：MyJInfo 的实现

```
1   public void run() {
2     Tool tool = null;
3     switch (mode) {
4       case MODE_FLAGS:
5         printVMFlags();
6         tool = new Tool() {
7           public void run() {
8             VM.Flag[] flags = VM.getVM().getCommandLineFlags();
9             PrintStream out = System.out;
10            if (flags == null) {
11              out.println("Command Flags info not available! (use 1.4.1_03 or later)");
12            } else {
```

```
13              for (int f = 0; f < flags.length; f++) {
14                out.print(flags[f].getName());
15                out.print(" = ");
16                out.println(flags[f].getValue());
17              }
18            }
19          }
20        };
21        break;
23      case MODE_SYSPROPS:
24        tool = new SysPropsDumper();
25        break;
26      case MODE_BOTH: {
27        tool = new Tool() {
28          public void run() {
29            Tool sysProps = new SysPropsDumper();
30            sysProps.setAgent(getAgent());
31            System.out.println("Java System Properties:");
32            System.out.println();
33            sysProps.run();
34            System.out.println();
35            System.out.println("VM Flags:");
36            printVMFlags();
37            System.out.println();
38          }
39        };
40      }
41        break;
42      default:
43        usage();
44        break;
45      }
46      tool.setAgent(getAgent());
47      tool.run();
48    }
```

这时, 再运行程序 "jinfo -flags <pid>"。可以看到输出了更加丰富的命令行信息, 如图 9-5 所示。

图 9-5　程序输出: jinfo -flags

事实上，这次扩展，为我们得到了十分丰富的信息，除了一些我们显式通过命令行传递给程序的参数，还包括了很多我们并未指定的 JVM 选项。在本书前面很多章节，都提供了 JVM 选项的配置及说明，因此，对于需要进一步了解这些配置信息的读者，一定不能错过这个实践机会。

> **练习 1**
> 扩展 jinfo 程序，让它输出更加丰富的信息。

9.4 堆内存转储工具

在开始探讨本节主题之前，请读者注意这两种转储的区别：Java Core 与 Heap Dump。Java Core 是描述 CPU 信息的文件，而 Heap Dump 则是描述内存信息的文件。Java Core 文件主要保存的是 Java 应用各线程在某一时刻运行的位置，即 JVM 执行到哪一个类、哪一个方法、哪一个行上。它是一个文本文件，打开后可以看到每一个线程的执行栈，以 stack trace 的方式呈现出来。通过对 Java Core 文件的分析可以得到应用是否卡在某一环节上，即在该环节运行的时间是否太长，例如数据库查询长期得不到响应，这有可能导致像系统崩溃这样的情况出现。

9.4.1 Heap Dump

Heap Dump 文件是一个二进制文件，它保存了某一时刻 JVM 堆中对象的内存使用情况，这种文件需要相应的工具进行分析，如 MAT 或 IBM Heap Analyzer 这类工具。Heap Dump 文件最重要的作用之一，就是用做分析系统中是否存在内存溢出等情况。

开启一些 VM 选项允许在系统出现问题时自动生成 Heap Dump：

- -XX:+HeapDumpOnOutOfMemoryError
- -XX:HeapDumpPath=/path/file.hprof
- -XX:+HeapDumpOnCtrlBreak）

在 Oracle JDK 6.0 版本中，HotSpot 去掉了 VM 选项 HeapDumpOnCtrlBreak，如果需要产生 DUMP 文件，建议采用 jmap 命令，例如：

```
jmap -dump:format=b,file=filename.hprof <pid>
```

其中 filename.hprof 表示生成的 DUMP 文件名称，pid 表示 Java 进程号。完整的 jmap 命令用法如下所示：

```
jmap [ option ] pid
jmap [ option ] executable core
jmap [ option ] [server-id@]remote-hostname-or-IP
```

若指定 pid，则 jmap 对本地进程进行转储。如果是做离线分析或连接远程服务器，则可以指定 core dump 文件作为参数；如果要分析的目标位于服务器，则可以选择最后一种格式命令，指定远程服务器的主机信息。

option 表示命令选项，有以下几项可选的选项。

- <无>：若没有指定选项，则输出空间快照。对于目标 JVM 加载的每个共享对象，输出开始地址、映射空间大小及共享对象文件的全路径名。这与 Solaris 工具 pmap 的作用类似。
- -heap：输出堆空间概览。包括 GC 使用、堆配置及各个 generation 耗用情况。
- -histo[:live]：输出堆空间的直方图。对每个 Java 类，都能输出它的全限定类名、创建的实例对象数量以及耗用内存大小等。若指定 live 子选项，将只统计存活的对象。
- -permstat：输出类加载器内 Java 堆内 PermGen 统计信息。对于每个类加载器，将输出类加载器的名字、活跃度、地址、父加载器及它加载的类的数量和大小。此外，内部字符串的数量和大小也将一起输出。
- -finalizerinfo：输出等待终结的对象信息。
- -dump:[live,]format=b,file=<filename>：以 HPROF 二进制文件格式输出堆 dump 快照。其中若指定 live 子选项，则只 dump 活跃对象，若不指定，将 dump 堆内所有对象；format=b，表示二进制格式；file=<filename>，将 dump 堆快照输出至指定 filename 的文件。
- -F：强制执行。应用在-dump:<dump-options> <pid>或–histo，当 pid 没有响应时强制执行堆 dump 或直方图。在这种模式下，不支持 live 子选项。
- -J<flag>：将 flag 直接传给正在运行的虚拟机。

9.4.2 原理

jmap 实际是一套工具的集合，jmap 通过组合这些工具类，实现 jmap 的各个选项功能。这些工具程序包括 HeapSummary、ObjectHistogram、PermStat、FinalizerInfo 和 Pmap 等。

顾名思义，这些工具分别对于 jmap 的-heap、-histo、permstat、finalizerinfo 和无选项，它们均继承自 Tool。

1. 无选项

如果 jmap 没有指定选项，则输出目标 JVM 加载进来的每个共享对象信息，这些信息包括开始地址、映射空间大小及共享对象文件的全路径名，如清单 9-13 所示。

清单 9-13
来源：sun.jvm.hotspot.tools.PMap
描述：PMap 的实现

```
1    public void run(PrintStream out, Debugger dbg) {
2        CDebugger cdbg = dbg.getCDebugger();
3        if (cdbg != null) {
```

```
 4      List l = cdbg.getLoadObjectList();
 5      for (Iterator itr = l.iterator() ; itr.hasNext();) {
 6        LoadObject lo = (LoadObject) itr.next();
 7        out.print(lo.getBase() + "\t");
 8        out.print(lo.getSize()/1024 + "K\t");
 9        out.println(lo.getName());
10      }
11    }
12 }
```

在 PMap 程序的主体方法 run() 中，首先获取与操作系统平台相关的本地调试器，然后利用本地调试器读取运行时信息，这个过程是需要目标进程暂停运行的，如果目标进程仍然处于运行状态，或者调试器读取失败，则将抛出 DebuggerException 异常。在本例中，利用本地调试器对象读取已加载的对象列表（第 4 行），并迭代这些对象并将基址、大小、名字等信息逐一输出出来。

2．"-heap" 选项

该选项主要输出以下几种类型信息：堆配置信息和堆使用情况统计。

其中堆配置信息是通过调用 VM.getVM().getCommandLineFlags() 得到；堆使用情况统计则是通过调用 VM.getVM().getUniverse().heap() 得到。

对于前者，我们在上一节便利用 VM.getVM().getCommandLineFlags() 实现了对 jinfo 功能的扩展，使其输出更加丰富的信息。而此处是从 VM.getVM().getCommandLineFlags() 得到的结果集中选择了部分信息，即筛选出那些仅与堆配置相关的几个选项，具体如下所示。

- UseParNewGC：对新生代使用并行线程收集，以配合 CMS 老年代收集。即使不开启该选项，当选择 CMS 后新生代默认也会使用 ParNew（见表 5-11）。
- UseTLAB：开启 TLAB。
- UseConcMarkSweepGC：对老年代使用并发标记-清除（CMS）收集器（见表 5-11）。
- UseParallelGC：并行回收，充分利用多 CPU 的优势来提高吞吐量（见表 5-9）。
- MinHeapFreeRatio：为避免空间扩展，GC 后保留的空闲空间所占比例的下限。
- MaxHeapFreeRatio：为避免空间扩展，GC 后保留的空闲空间所占比例的上限。
- MaxHeapSize：堆空间最大值（字节）。
- NewSize：新生代空间初始大小（字节）（见表 5-10）。
- MaxNewSize：新生代空间最大值（字节）。
- OldSize：老年代空间初始大小（字节）（见表 5-10）。
- NewRatio：新生代/老年代的大小比例（见表 5-10）。
- SurvivorRatio：新生代 Eden/Survivor 空间大小比例（见表 5-1）。
- PermSize：PermGen 空间初始大小（字节）（见表 5-10）。
- MaxPermSize：PermGen 空间最大值（字节）（见表 5-10）。

对于后者，VM.getVM().getUniverse()返回 VM 内部 C++类 Universe 的 Java 镜像类，如清单 9-14 所示。这种映射关系与上一节提到的 Arguments 是相同的机制。

清单 9-14
来源：hotspot/agent/src/share/classes/sun/jvm/hotspot/memory/Universe.java
描述：Universe 的 Java 镜像类

```java
1   private static synchronized void initialize(TypeDataBase db) {
2     Type type = db.lookupType("Universe");

3     collectedHeapField = type.getAddressField("_collectedHeap");

4     heapConstructor = new VirtualConstructor(db);
5     heapConstructor.addMapping("GenCollectedHeap", GenCollectedHeap.class);
6     heapConstructor.addMapping("ParallelScavengeHeap", ParallelScavengeHeap.class);

7     mainThreadGroupField   = type.getOopField("_main_thread_group");
8     systemThreadGroupField = type.getOopField("_system_thread_group");

9     boolArrayKlassObjField = type.getOopField("_boolArrayKlassObj");
10    byteArrayKlassObjField = type.getOopField("_byteArrayKlassObj");
11    charArrayKlassObjField = type.getOopField("_charArrayKlassObj");
12    intArrayKlassObjField = type.getOopField("_intArrayKlassObj");
13    shortArrayKlassObjField = type.getOopField("_shortArrayKlassObj");
14    longArrayKlassObjField = type.getOopField("_longArrayKlassObj");
15    singleArrayKlassObjField = type.getOopField("_singleArrayKlassObj");
16    doubleArrayKlassObjField = type.getOopField("_doubleArrayKlassObj");

17    systemObjArrayKlassObjField = type.getOopField("_systemObjArrayKlassObj");

18    narrowOopBaseField = type.getAddressField("_narrow_oop._base");
19    narrowOopShiftField = type.getCIntegerField("_narrow_oop._shift");
20  }
```

在 initialize()函数中，镜像类将从 HotSpot 得到虚拟机内部信息，并映射到镜像成员中，供 Java 程序读取。这样，通过 VM.getVM().getUniverse()得到这个镜像类后，便可利用 Universe 的接口进一步读取期望的数据。

3. "-histo"选项

通过 VM.getVM().getObjectHeap()得到堆使用情况统计信息。

4. "-permstat"选项

该选项分别调用了 printInternStringStatistics()方法和 printClassLoaderStatistics()方法，如清单 9-15 所示。

清单 9-15
来源：sun.jvm.hotspot.tools.PermStat
描述：PermStat 的实现

```java
1   public void run() {
2     printInternStringStatistics();
3     printClassLoaderStatistics();
4   }
```

其中，printInternStringStatistics()用来输出 String 内部 value 字段，方法实现如清单 9-16 所示。

清单 9-16
来源：sun.jvm.hotspot.tools.PermStat
描述：PermStat 的实现

```
1   private void printInternStringStatistics() {
2     class StringStat implements StringTable.StringVisitor {
3       private int count;
4       private long size;
5       private OopField stringValueField;
6       StringStat() {
7         VM vm = VM.getVM();
8         SystemDictionary sysDict = vm.getSystemDictionary();
9         InstanceKlass strKlass = sysDict.getStringKlass();
10        // String has a field named 'value' of type 'char[]'.
11        stringValueField = (OopField) strKlass.findField("value", "[C");
12      }
13      private long stringSize(Instance instance) {
14        // We include String content in size calculation.
15        return instance.getObjectSize() + stringValueField.getValue(instance).getObjectSize();
16      }
17      public void visit(Instance str) {
18        count++;
19        size += stringSize(str);
20      }
21      public void print() {
22          System.out.println(count + " intern Strings occupying " + size + " bytes.");
23      }
24    }
25    StringStat stat = new StringStat();
26    StringTable strTable = VM.getVM().getStringTable();
27    strTable.stringsDo(stat);
28    stat.print();
29  }
```

printInternStringStatistics()方法输出示例：

```
5381 intern Strings occupying 447536 bytes.
```

类似地，printClassLoaderStatistics()方法也是使用同一方式输出信息。

5. "-finalizerinfo" 选项

通过 SystemDictionaryHelper.findInstanceKlass("java.lang.ref.Finalizer")获得 Finalizer 实例。

6. "-dump" 选项

在 HeapGraphWriter 接口类的抽象实现类 AbstractHeapGraphWriter，以及两个具体实现的子类 HeapHprofBinWriter.java 和 HeapGXLWriter 中，其注释完整地描述了 HPROF 格式。Hotspot 内部程序 hprof_io.h 和 hprof_io.c 中声明和定义了 HPROF 文件格式。

HeapGraphWriter 接口唯一定义了一个 write() 函数。在其抽象实现类，write() 函数充分利用了 VM.getVM() 提供的几种功能。

- VM.getVM().getSymbolTable()：获得字符表。
- VM.getVM().getObjectHeap()：获取堆信息。
- VM.getVM().getThreads()：获得线程信息。
- VM.getVM().getJNIHandles()：获得 JNI 全局句柄。

在实际应用中，jmap 获得的原始格式信息，还不能供我们直接阅读使用。一般来说，可以使用一些工具解析 HPROF 文件，然后再将加工过的信息呈现给我们，接下来，我们将接触这样的工具，比如 Oracle JDK 自带的 jhat 和 GUI 工具 MAT。

> **练习 2**
> 在源代码中找到 HPROF 格式描述并阅读，加深对 HPROF 格式的理解。

9.5 堆转储分析

在应用程序中，可以通过加载动态链接库 hprof.dll 集成 HPROF 分析功能，如清单 9-17 所示。

清单 9-17
```
D:\develop\logs\HPROF>javac -J-agentlib:hprof=heap=dump,format=b HelloWorld.java
Dumping Java heap ... done.
```

运行完毕后，打开工作目录，会发现新增一个 HPROF 格式文件和一个临时文件，如图 9-6 所示。

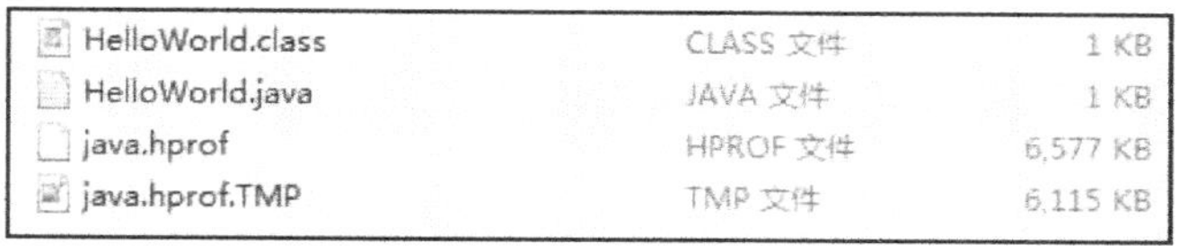

文件名	类型	大小
HelloWorld.class	CLASS 文件	1 KB
HelloWorld.java	JAVA 文件	1 KB
java.hprof	HPROF 文件	6,577 KB
java.hprof.TMP	TMP 文件	6,115 KB

图 9-6 用 hprof 生成 heap dump 二进制文件

利用 Heap Dump 文件分析工具，可以打开 java.hprof 文件进行分析。

9.5.1 Heap Dump 分析工具：jhat

一般来说，Heap Dump 文件比较大，因此打开耗时较长，占用内存也较大。推荐在配置比较好的机器上进行离线分析，如果默认堆空间的配置仍然不满足要求，则可以调整 -Xmx 参数。目前市面上能见到的分析工具有很多，除了 Oracle JDK 官方自带的 jhat 命令工具，还有一些

GUI 工具，如 MAT（Eclipse Memory Analyzer Tool）和 IBM HeapAnalyzer 等工具，其中后者用于分析基于 IBM JRE 的应用程序产生的 Heapdump 文件，通用性要稍微差一些。

jhat 是 JDK 自带工具，能够解析 Heap Dump 文件，并启动一个 HTTP 服务器，将堆中的对象信息以动态网页的形式呈现出来。用户可以在浏览器中访问这个服务，通过不同的访问请求动态获取 heap 分析报告。

jhat 的命令格式如下：

```
jhat [ options ] <heap-dump-file>
```

其中，heap-dump-file 表示二进制 heap dump 文件。目前，有多种方式可以生成 heap dump 文件，例如：

- 在运行时使用 jmap –dump;
- 在运行时使用 jconsole 工具选项，基于 HotSpotDiagnosticMXBean;
- 运行时 JVM 抛出 OutOfMemoryError 异常时自动生成，前提是须开启 VM 选项 -XX:+HeapDumpOnOutOfMemoryError;
- 使用 HPROF。启动虚拟机时加入选项-Xrunhprof:head=site，会生成 java.hprof.txt 文件。该配置会导致 JVM 运行非常的慢，不适合生产环境。

接下来，我们将利用 jhat 对前面生成的 java.hprof 文件进行分析，具体过程如下。

（1）启动 jhat，读取 java.hprof 文件，具体命令如图 9-7 所示。

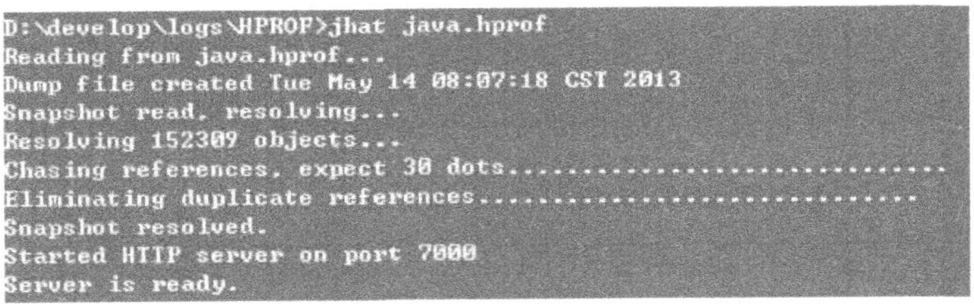

```
D:\develop\logs\HPROF>jhat java.hprof
Reading from java.hprof...
Dump file created Tue May 14 08:07:18 CST 2013
Snapshot read, resolving...
Resolving 152309 objects...
Chasing references, expect 30 dots..............................
Eliminating duplicate references..............................
Snapshot resolved.
Started HTTP server on port 7000
Server is ready.
```

图 9-7 使用 jhat 启动 hprof 文件

当看到显示“Server is ready.”的时候，就说明 jhat 解析成功了，并在本地开启了一个 HTTP 服务器供你使用。

（2）打开浏览器，在地址栏中输入“http://localhost:7000”或“http://127.0.0.1:7000”便可以进行浏览和查询了。HTTP 服务器的端口可由-port 选项指定，若没有指定特殊端口的话，默认使用 7000 端口。主页按照包分组列出对象信息，如图 9-8 所示。

除了浏览静态对象信息，jhat 还提供了其他查询方式帮助用户快速查询到自己感兴趣的对象。如对象查询语言 OQL，其语法与 SQL 比较类似。感兴趣的读者可以在浏览器中打开地址“http://localhost:7000/oqlhelp/”参阅 OQL 帮助文档，如图 9-9 所示。

9.5 堆转储分析

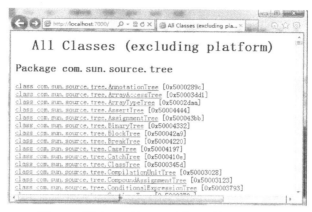

图 9-8 通过 jhat 的 http 服务器浏览对象信息

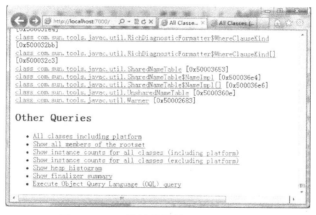

图 9-9 jhat 提供的其他对象查询方式

接下来，我们将看到 jhat 是如何实现的。jhat 启动后，将按照以下几个基本步骤运行。

（1）解析。通过 com.sun.tools.hat.internal.parser.Reader 类的静态方法 readFile()，从含有 heap dump 信息的 HPROF 文件中得到一个堆快照，返回一个用来描述堆快照的 Snapshot 类型对象实例。Snapshot 对象通过执行 resolve()方法，完成对堆对象的解析工作。对象解析后的 Snapshot 对象，拥有一些容器成员，这些容器包含着解析出来的对象信息，例如，Hashtable 类型的成员 heapObjects 和 fakeClasses 容纳堆中所有的对象。

（2）创建 HTTP 服务器。创建线程 QueryListener，等待 HTTP 客户端 GET 查询请求。在默认 7000 端口或指定端口上创建 ServerSocket 并等待连接。

（3）监听对象查询 HTTP 请求。当一个 HTTP 请求到来时，创建一个新的线程 HttpReader 来处理该请求。服务器将每一个请求都视作一个查询请求。在服务器后台实现了各种查询业务的处理器（handler）。当请求到达时，逐一进行匹配，当判断请求为预定的请求之一时，便创建相应的 handler 对象，并将 Snapshot 对象实例传入 handler。运行 handler 的 run()方法执行具体查询逻辑。这些 handler 的具体信息如表 9-2 所示。

表 9-2　　　　　　　　　　　jhat 的各种查询请求对应的 handler

请求 URL	Handler	请求 URL	Handler
/	AllClassesQuery	/oql/	OQLQuery
/oqlhelp/	OQLHelp	/allClassesWithPlatform/	AllClassesQuery
/showRoots/	AllRootsQuery	/showInstanceCounts/includePlatform/	InstancesCountQuery
/showInstanceCounts/	InstancesCountQuery	/instances/	InstancesQuery
/newInstances/	InstancesQuery	/allInstances/	InstancesQuery
/allNewInstances/	InstancesQuery	/object/	ObjectQuery
/class/	ClassQuery	/roots/	RootsQuery
/allRoots/	RootsQuery	/reachableFrom/	ReachableQuery
/rootStack/	RootStackQuery	/histo/	HistogramQuery
/refsByType/	RefsByTypeQuery	/finalizerSummary/	FinalizerSummaryQuery
/finalizerObjects/	FinalizerObjectsQuery		

（4）返回查询结果。运行各个 handler 的 run 方法，按照客户端查询条件，从第一步解析出的 Snapshot 对象中进行相应查询，并将查询结果以页面形式返回给和客户端。

通过对 jhat 的使用方法和基本实现原理的介绍，我们已经了解了轻量级工具 jhat 是如何为我们提供分析结果的。jhat 具有很强的灵活性，它允许我们使用不同的命令达成各种分析目的。不过，它所提供数据在加工层次上十分有限。有时候，我们期望能以一种更为直观的方式呈现结果，或者获得一种历史数据对比的途径，这个时候，基于 GUI 的分析工具就可以发挥更加明显的作用。接下来，让我们了解 GUI 分析工具——MAT。

9.5.2　实战：MAT 分析过程

我们将通过本次实战操作，介绍如何使用 MAT 分析堆转储文件。利用 MAT，我们可以生成堆转储；查看对象占用内存空间，包括查看单个对象的内存分配信息、利用 OQL 定制对象查询、对照分析对象占用内存空间、分析 Java 集合对象使用情况；分析类加载器；分析内存泄露；分析线程以及 Java Finalizer 等。

1．生成 Heap Dump

在 Eclipse 中打开 MAT 视图后，通过菜单 "Acquire Heap Dump" 列举本机正在运行的 Java 进程，如图 9-10 所示。

选中目标进程，配置目标 HPROF 文件存放的位置后开启堆转储过程，如图 9-11 所示。

9.5 堆转储分析

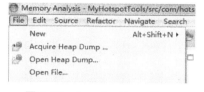

图 9-10 Acquire Heap Dump

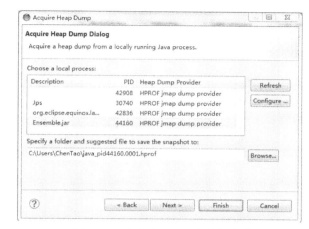

图 9-11 自定义 hprof 文件保存位置

HPROF 文件创建完毕后，MAT 将自动打开文件，接下来，我们就可以开始各种内存分析任务了。

2. 查看对象分配了多少空间

在 MAT 中，可以统计某种类型的对象实例占用了多少内存空间。实例的内存大小有两种表示方式：首先，Shallow Size 表示对象本身占用的内存大小，而不计入其引用的对象大小。对于数组类型的对象，其值等于数组元素对象的大小总和。其次，Retained Size 表示对象本身以及其引用的对象的大小总和。Retained Size 对于 GC 很有意义，当对象被回收时，Retained Size 表示总共可以释放掉的堆内存空间大小。

MAT 还提供了一种风格类似 SQL 的**对象查询语言**（Object Query Language，**缩写 OQL**），用做在 Heap Dump 文件中自定义对象查询。利用 OQL，可以满足复杂、精细的查询任务，十分灵活便捷，但前提是需要用户熟悉基本的 OQL 语言。感兴趣的读者请参考 MAT 官网的 OQL 帮助文档。

3. 内存泄漏

MAT 设计的初衷是帮助用户找出内存泄漏原因，最大程度降低应用程序的内存消耗。在分析这类问题时，获得对象消耗空间的统计信息是至关重要的。MAT 最突出的特点便是提供了一系列内存统计和加工工具，将可读性很高的统计数据以富有表现力的视图形式呈现给用户，为用户定位和解决内存问题提供直观且高效的参考信息。

使用 MAT 打开 HPROF 文件后，进入"Overview"页面。在"Overview"页面中，MAT 会呈现应用程序的内存消耗基本信息。将应用程序消耗内存空间最高的对象以饼状图的方式呈现给用户，如图 9-12 所示。

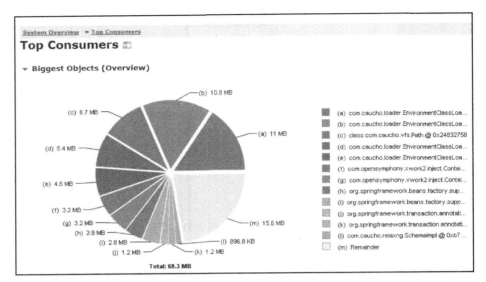

图 9-12　使用 MAT 查看对象占用内存空间

MAT 允许查看由不同类加载器所加载对象消耗内存空间的比例，如图 9-13 所示。

Biggest Top-Level Dominator Class Loaders

Label	Number of Objects	Used Heap Size	Retained Heap Size	Retained Heap, %
com.caucho.loader.EnvironmentClassLoader @ 0x8f48598	3,790	67,936	20,700,648	28.48%
com.caucho.loader.EnvironmentClassLoader @ 0x745b8b8	3,334	61,064	20,555,112	28.28%
sun.misc.Launcher$AppClassLoader @ 0x6d37610	2,898	148,568	12,143,920	16.71%
<system class loader>	36,314	1,822,056	8,632,048	11.88%
com.caucho.loader.EnvironmentClassLoader @ 0xafb0e50	17	424	5,639,352	7.76%
com.caucho.loader.EnvironmentClassLoader @ 0x6d453d8	324	7,752	4,866,912	6.70%
Σ Total: 6 entries	46,677	2,107,800	72,537,992	

图 9-13　不同类加载器所加载对象消耗内存空间

如果要定位引起内存泄露的对象，查看所有对象消耗内存空间的排名会起到很重要的作用。如图 9-14 所示，MAT 中的“Dominator Tree”功能，可以将对象消耗堆空间的比例按从高到低的顺序呈现出来。其中，“Class Name”一栏是 Java 类的权限定名称，“Shallow Heap”和“Retained Heap”分别是指该类型对象本身所消耗内存大小，以及对象本身和它引用的对象的大小总和。“Percentage”一栏表示的是对象消耗的“Retained Heap”大小所占比例。

Class Name	Shallow Heap	Retained Heap	Percentage
ensemble.pages.CategoryPage$1 @ 0xc3066780	384	2,891,584	12.37%
java.net.URLClassLoader @ 0xc438b268 Native Stack	80	971,568	4.16%
ensemble.pages.CategoryPage @ 0xc437bf30	64	700,528	3.00%
class java.lang.ref.Finalizer @ 0xc3c94cb8 System Class	16	536,656	2.30%
com.sun.javafx.css.Stylesheet @ 0xc42fddd0	24	520,032	2.22%
com.sun.prism.Image @ 0xc43b2690	56	498,144	2.13%
com.sun.prism.Image @ 0xc448a8c0	56	498,144	2.13%
com.sun.prism.Image @ 0xc37265a0	56	495,144	2.12%
javafx.scene.layout.TilePane @ 0xc3345678	432	459,176	1.96%
ensemble.controls.SimplePropertySheet @ 0xc45052b8	464	406,608	1.74%
class com.sun.t2k.T2KFontFactory @ 0xc37f8c38	88	273,736	1.17%
com.sun.javafx.css.Stylesheet @ 0xc37ebe50	24	209,000	0.89%
com.sun.prism.Image @ 0xc3e19ae0	56	197,552	0.84%
ensemble.pages.SamplePage @ 0xc3078d68	88	136,472	0.58%
com.sun.prism.d3d.D3DContext @ 0xc4379580	120	99,448	0.43%
com.sun.javafx.scene.control.skin.VirtualFlow @ 0xc3dd04e8	512	89,352	0.38%
com.sun.javafx.scene.control.skin.ScrollPaneSkin @ 0xc3edf6c0	568	88,360	0.38%
com.sun.javafx.scene.control.skin.ScrollPaneSkin @ 0xc47e1b98	568	88,112	0.38%

图 9-14 "Dominator Tree"功能显示对象消耗内存空间排名

MAT 提供了十分丰富的内存分析功能,限于篇幅,这里不能逐一介绍。建议感兴趣的读者到官网(*http://www.eclipse.org/mat/*)下载并使用。

> **练习 3**
> 下载并安装 MAT,并应用在你的项目中。

9.6 线程转储分析

在现实应用中,当程序性能遇到瓶颈时,我们需要能够及时地找到"病因"所在,这就要求我们从程序运行快照中找到端倪,定位出影响大局的是哪些线程。毋庸置疑,在线程分析过程中,线程转储工具将发挥着基础作用。

9.6.1 jstack

由于线程分析是虚拟机应用维护的基本需求之一,因此在 Oracle JDK 中自带了一款轻量级的线程分析工具 jstack。它的命令格式同前面介绍的工具是一致的,如下所示:

```
jstack [ option ] pid
jstack [ option ] executable core
jstack [ option ] [server-id@]remote-hostname-or-IP
```

其中 option 表示 jstack 的命令选项,可以是以下 3 种情况。

- -F:强制执行线程转储。
- -m:混合模式,输出 Java 和本地栈帧。
- -l:输出关于锁的信息。

与其他工具一样，在各个 JDK 版本中，jstack 的参数及含义，可能会有所不同，请读者留意。接下来，我们将深入 jstack 内部，看一看它是如何实现的。

在 jstack 命令的主体程序 JStack 中，集成了两个继承自 Tool 的工具来实现功能，它们分别是 StackTrace 和 Pstack。

当程序需要执行线程转储时，将向虚拟机下发 "thread_dump" 命令，期望虚拟机将线程转储信息提供给客户端程序。当 Attach Listener 线程捕捉到命令后，将触发虚拟机执行相应的 VM operation，以响应 "thread_dump" 命令，如清单 9-18 所示。

清单 9-18
来源：hotspot/src/share/vm/services/attachListener.cpp
描述："thread_dump" 命令的实现

```
1   // Implementation of "threaddump" command - essentially a remote ctrl-break
2   static jint thread_dump(AttachOperation* op, outputStream* out) {
3     bool print_concurrent_locks = false;
4     if (op->arg(0) != NULL && strcmp(op->arg(0), "-l") == 0) {
5       print_concurrent_locks = true;
6     }
7     // thread stacks
8     VM_PrintThreads op1(out, print_concurrent_locks);
9     VMThread::execute(&op1);

10    // JNI global handles
11    VM_PrintJNI op2(out);
12    VMThread::execute(&op2);

13    // Deadlock detection
14    VM_FindDeadlocks op3(out);
15    VMThread::execute(&op3);

16    return JNI_OK;
17  }
```

该方法里创建了 3 个 VM_Operation，分别如下。

- VM_PrintThreads：输出线程信息。
- VM_PrintJNI：输出 JNI 信息。
- VM_FindDeadlocks：死锁检测并输出分析结果。

分别交由 VMThread 执行。VMThread 线程执行完毕后，通过输出流 out 将结果返回给客户端程序。

9.6.2 实战：如何分析资源等待

当服务器难以接受请求，应用程序响应极慢或者不响应，观察 JVM 呈 "僵死" 现象时，应当考虑 JVM 是否遇到资源等待瓶颈了。遇到这种情况，我们可以按照如下步骤进行分析，判断应用程序在哪个环节出了问题。

(1) 获取线程转储信息。
(2) 排除死锁。
(3) 定位资源瓶颈。
(4) 判断引起资源瓶颈的程序来源，对症下药。

1. 获取线程转储信息

一般来说，可以使用 jstack 工具直接得到线程转储日志。此外，利用一些 GUI 工具也可以达到同样的目的，如 Visual VM 等。

有时为了反映线程状态的动态变化，需要以短暂间隔接连保存多份线程转储信息，这时使用 "kill -3 <pid>" 命令向进程发送信号这种方式就显得比较方便。

2. 判断是否死锁

如果程序出现死锁，将在线程转储信息中的显著位置记录死锁出现的位置。如果排除了死锁的可能性，那么接下来就需要仔细分析线程的整体分布情况。

3. 定位资源瓶颈

定位资源瓶颈的基本思路是：**明确应用程序所等待的资源**。

下面以生产环境中真实遇到的一个案例来讲解资源瓶颈的定位方法。该问题的现象是应用程序响应极慢，观察 JVM 呈 "僵死" 现象。如图 9-15 所示，在线程转储日志中，搜索关键字 "locked"，确认大批线程在请求进入临界区，等待数据库连接。

有时，我们还需要确认一下是否在等待相同的资源，即线程等待释放的对象锁是否来自同一对象，例如，我们搜索关键字 "locked <0x00002b73c7d16908>" 得到这个数量，如图 9-16 所示。

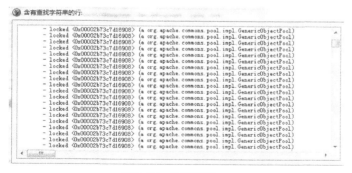

图 9-15　资源等待　　　　　　　　　图 9-16　等待相同资源的线程数量

通过上述分析可以得出结论：数据库连接池资源遇到了瓶颈。

4. 对症下药

一旦资源瓶颈得到确认，就为最终解决问题明确了努力方向。我们可以通过调用栈信息来判断具体是那部分应用程序导致了资源等待。接下来的分析过程就要灵活些，一般得要具体问题具体对待，因为各种原因可能千差万别。总体思路就是判断产生资源等待的程序来源，对症下药。

一般来说，资源等待有可能来自我们自己的应用程序，也有可能来自于第三方程序。如果发现瓶颈是来自我们自己的程序，那么算是比较幸运，接下来我们只需要调整相应的程序逻辑就可以解决问题；如果发现瓶颈是来自于第三方库，则需要继续分析具体的库。我们可以通过查阅相关资料或官方说明，或者参考别人的经验来排查问题：究竟是我们没有配置好还是第三方程序本身有 bug。

在本例中，清单 9-19 提供了调用栈信息，顺着 locked 向上回溯，可以看到问题与 Apache 的 DBCP 有关。

清单 9-19

```
"hmux-10.120.185.23:26905-510$1290190452"    daemon    prio=1    tid=0x00002aaab05868e0
nid=0x444d in Object.wait() [0x0000000064e81000..0x0000000064e82e10]
        at java.lang.Object.wait(Native Method)
        at java.lang.Object.wait(Object.java:474)
        at org.apache.commons.pool.impl.GenericObjectPool.borrowObject(GenericObjectPool.java:810)
        - locked <0x00002b73c7d16908> (a org.apache.commons.pool.impl.GenericObjectPool)
        at org.apache.commons.dbcp.PoolingDataSource.getConnection(PoolingDataSource.java:96)
        at org.apache.commons.dbcp.BasicDataSource.getConnection(BasicDataSource.java:880)
        at org.springframework.orm.hibernate3.LocalDataSourceConnectionProvider.getConnection(LocalDataSourceConnectionProvider.java:81)
        at org.hibernate.jdbc.ConnectionManager.openConnection(ConnectionManager.java:417)
        at org.hibernate.jdbc.ConnectionManager.getConnection(ConnectionManager.java:144)
        at org.hibernate.jdbc.AbstractBatcher.prepareQueryStatement(AbstractBatcher.java:105)
……
```

DBCP 是 Apache 上的一个 Java 数据库连接池项项目。由于建立数据库连接是一个非常耗时耗资源的行为，所以通过连接池预先为数据库建立一些连接，放在内存中，当应用程序需要建立数据库连接时只需要向连接池申请一个就行，使用完毕后再归还给连接池。DBCP 在日常应用中得到了广泛使用。

清单 9-19 反映出的问题在于，DBCP 最大连接数的默认配置已不能满足当前应用程序的实际需求，解决办法是根据项目自身的软硬件环境，调整最大连接数等线程池属性，缓解资源等待的紧张状况。

一般来说，分析资源等待问题，可以按照上述基本步骤进行分析：首先获取详细的线程信息，在排除死锁后找到资源瓶颈，如果能够联系日志和实际应用程序定位出导致资源等待的源头，那么最终给出一个解决办法则是水到渠成了。

9.7 小结

　　JDK 提供了一些实践中常用的命令行工具，通过这些工具，我们可以进行系统配置，或者对虚拟机运行状况展开性能监控或故障分析工作。具体来说，我们可以查看虚拟机运行状况、进行虚拟机参数配置、查看和分析堆内存空间的使用情况、了解线程运行状况、对应用程序进行死锁监控和检测等等。除此之外，我们也可以将这些功能集成到我们自己的系统中去，甚至可以对这些工具进行功能扩展，以满足我们的个性化定制需求。

　　本章内容较为丰富，深入浅出地讲解 JDK 自带的轻量级工具如 jps、jinfo、jmap、jhat、jstack 等以及第三方的图形化分析工具的使用。同时，剖析了支撑这些工具的虚拟机底层技术，如 Attach、HPROF 和 PerfData 等机制，使读者了解了这些工具的内部运作原理。本章还提供了一些功能扩展实例，以帮助读者掌握功能扩展以及进行系统集成的方法，具有很强的实践意义。